KB073125

소방유체역학

문제 풀이

허원회 편저

일진사

머리말

산업 구조의 대형화 및 다양화로 소방대상물이 고층·심층화되고, 고압가스나 위험물을 이용한 에너지 소비량의 증가 등으로 재해 발생 위험 요소가 많아지면서 소방 관련 인력에 대한 수요는 증가할 것으로 전망된다. 이에 따라 소방설비에 대한 전문 인력을 체계적으로 양성하기 위하여 제정된 자격증이 소방설비기사(기계분야)이다.

소방설비기사(기계분야) 필기시험은 총 4개의 과목인 소방원론, 소방유체역학, 소방관계법규, 소방기계시설의 구조 및 원리로 구성된다. 이 중에 수험생들이 특히 어려움을 느끼는 과목이 소방유체역학이다.

본 책은 소방유체역학 과목을 소방설비기사(기계분야) 자격시험에 맞추어 핵심 이론과 예상문제, 실전 모의고사 및 과년도 출제문제로 짜임새 있게 편집하였다. 핵심 이론은 한국산업인력공단의 출제기준에 따라 일목요연하게 정리하였으며, 예상문제는 과년도 문제를 철저히 분석하여 적중률 높은 문제를 뽑아 수록하였다. 또한 부록으로 실전 모의고사와 최근에 시행된 기출문제를 수록하여 줌으로써 출제 경향을 파악하고, 이에 맞춰 시험에 충분히 대비할 수 있도록 하였다.

끝으로 이 책으로 공부하는 모든 수험자들에게 합격의 기쁨이 있기를 바라며, 내용상 미흡한 부분이나 오류가 있다면 앞으로 독자들의 충고와 지적을 수렴하여 더 좋은 책이 될 수 있도록 수정 보완할 것을 약속드린다. 또한 이 책이 나오기까지 여러모로 도와주신 모든 분들과 도서출판 **일진사** 직원 여러분께 깊은 감사를 드린다.

저자 씀

소방설비기계기사 출제기준(필기)

직무 분야	안전관리	자격 종목	소방설비기사(기계분야)	적용 기간	2019. 1. 1 ~ 2022. 12. 31
○ 직무내용 : 소방시설(기계)의 설계, 공사, 감리 및 점검업체 등에서 설계 도서류를 작성하거나 소방설비 도서류를 바탕으로 공사 관련 업무를 수행하고, 완공된 소방설비의 점검 및 유지관리 업무와 소방계획 수립을 통해 소화, 화재 통보 및 피난 등의 훈련을 실시하는 소방안전관리자로서의 주요 사항을 수행하는 직무					
필 기 검정방법	객관식	문제수	80	시험 시간	2시간

필 기 과목명	주요 항목	세부 항목
소방유체역학 (20)	1. 소방유체역학	(1) 유체의 기본적 성질 ① 유체의 정의 및 성질 ② 차원 및 단위 ③ 밀도, 비중, 비중량, 음속, 압축률 ④ 체적탄성계수, 표면장력, 모세관 현상 등 ⑤ 유체의 점성 및 점성 측정 (2) 유체정역학 ① 정지 및 강체유동(등가속도) 유체의 압력 변화, 부력 ② 마노미터(액주계), 압력 측정 ③ 평면 및 곡면에 작용하는 유체력 (3) 유체유동의 해석 ① 유체운동학의 기초, 연속방정식과 응용 ② 베르누이 방정식의 기초 및 기본 응용 ③ 에너지 방정식과 응용 ④ 수력기울기선, 에너지선 ⑤ 유량 측정(속도계수, 유량계수, 수축계수), 피토관, 속도 및 압력 측정 ⑥ 운동량 이론과 응용 (4) 관내의 유동 ① 유체의 유동형태(층류, 난류), 완전발달유동 ② 무차원수, 레이놀즈수, 관내 유량 측정 ③ 관내 유동에서의 마찰손실 ④ 부차적 손실, 등가길이, 비원형관손실 (5) 펌프 및 송풍기의 성능 특성 ① 기본 개념, 상사법칙, 비속도, 펌프의 동작(직렬, 병렬) 및 특성곡선, 펌프 및 송풍기 종류 ② 펌프 및 송풍기의 동력 계산 ③ 수격, 서징, 캐비테이션, NPSH, 방수압과 방수량
	2. 소방 관련 열역학	(1) 열역학 기초 및 열역학 법칙 ① 기본 개념(비열, 일, 열, 온도, 에너지, 엔트로피 등) ② 물질의 상태량(수증기 포함) ③ 열역학 1법칙(밀폐계, 교축과정 및 노즐) ④ 열역학 2법칙 (2) 상태변화 ① 상태변화(폴리트로픽 과정 등)에 따른 일, 열, 에너지 등 상태량의 변화량 (3) 이상기체 및 카르노 사이클 ① 이상기체의 상태방정식 ② 카르노 사이클 ③ 가역 사이클 효율 ④ 혼합가스의 성분 (4) 열전달 기초 ① 전도, 대류, 복사의 기초

차 례

Chapter 1 유체의 기본적 성질

1-1 유체의 정의 ····· 9
1-2 유체의 단위와 차원 ····· 10
1-3 주요 물리량의 단위 및 관계식 ····· 10
1-4 유체의 성질 ····· 13
1-5 뉴턴의 법칙 ····· 16
• 예상문제 ····· 17

Chapter 2 유체 정역학

2-1 압력(pressure) ····· 24
2-2 정지 유체의 압력 ····· 24
2-3 정지 유체 내의 압력 변화 ····· 25
2-4 대기압, 계기압력, 절대압력 ····· 27
2-5 액주계 ····· 28
2-6 평면에 작용하는 힘 ····· 30
• 예상문제 ····· 33

Chapter 3 유체 운동학

3-1 흐름의 상태 ····· 41
3-2 유선, 유적선, 유맥선 ····· 43
3-3 연속방정식 ····· 44

3-4 오일러의 운동방정식과 베르누이 방정식 46
3-5 운동에너지의 수정계수(α) 50
3-6 동압과 정압 51
3-7 공률(power) 52
3-8 각운동량(angular momentum) 53
3-9 분류에 의한 추진 54
3-10 상대속도와 절대속도 55
3-11 운동량(모멘텀) 방정식 56
• 예상문제 57

Chapter 4 관내의 유동

4-1 층류와 난류 68
4-2 수평 원관 속에서의 층류 유동(하겐-푸아죄유의 방정식) 70
4-3 난류 73
4-4 유체 경계층 76
4-5 물체 주위의 유동 78
4-6 관 속의 손실수두(h_L) 81
4-7 비원형 단면을 갖는 관로에서의 관마찰 85
4-8 부차적 손실 85
• 예상문제 89

Chapter 5 펌프 및 송풍기의 특성

5-1 펌프(pump)의 종류 97
5-2 펌프의 운전 99
5-3 펌프(송풍기)의 상사 법칙 100
5-4 비속도(specific speed : 비교회전도) 100
5-5 열펌프 및 냉동기의 성능계수 101
5-6 송풍기 101
5-7 펌프 및 송풍기의 동력 계산 102

5-8 유효(정미)흡입양정(NPSH) ······ 103
5-9 공동 현상(cavitation) ······ 104
5-10 수격 작용(water hammering) ······ 106
5-11 서징 현상(surging : 맥동 현상) ······ 108
5-12 방수압과 방수량 ······ 110
• **예상문제** ······ 111

Chapter 6 열역학 기초 및 열역학 법칙

6-1 엔탈피(enthalpy) H ······ 120
6-2 열역학 법칙 ······ 120
6-3 이상기체(ideal gas) 상태변화 ······ 122
6-4 열전달(heat transformation) ······ 124
• **예상문제** ······ 126

부 록

I 실전 모의고사

• 제1회 실전 모의고사 ······ 138
• 제2회 실전 모의고사 ······ 143
• 제3회 실전 모의고사 ······ 149

II 과년도 출제문제

• 2015년도 시행문제 ······ 155
• 2016년도 시행문제 ······ 174
• 2017년도 시행문제 ······ 195
• 2018년도 시행문제 ······ 215
• 2019년도 시행문제 ······ 235
• 2020년도 시행문제 ······ 256

Chapter 1

유체의 기본적 성질

1-1 유체의 정의

유체(fluid)란 아무리 작은 전단력(shear force)이라도 물질 내부에 작용하면 정지 상태로 있을 수 없는 물질(연속적으로 변형하는 물질로서 일반적으로 상온에서 유체는 액체와 기체를 포함한다.)을 말한다.

① 압축성 유체(compressible fluid) : 압력 변화에 대해 밀도(ρ) 변화가 있는 유체

즉, $\frac{\partial \rho}{\partial p} \neq 0$, 상온에서 기체 상태로 존재하는 물질 예 공기, 산소, 수소, 질소 등

$$\rho = \frac{P}{RT} = f(P,\ T)$$

여기서, P : 절대압력(kPa), R : 기체상수(kJ/kg · K), T : 절대온도(K)($= t_c + 273.15$)

② 비압축성 유체(incompressible fluid) : 압력 변화에 대해 밀도(ρ) 변화가 없는 유체

즉, $\frac{\partial \rho}{\partial p} = 0$, 상온에서 액체 상태로 존재하는 물질 예 물, 기름, 수은(Hg) 등

예제 1. 유체의 정의를 올바르게 설명한 것은?

① 유동하는 물질은 모두 유체라고 한다.
② 점성이 없고, 비압축성인 물질을 유체라고 한다.
③ 극히 작은 전단력이라 할지라도 물질 내부에 전단력이 생기면 정지 상태로 있을 수 없는 물질을 유체라고 한다.
④ 용기 안에 충만될 때까지 항상 팽창하는 물질을 말한다.

해설 유체란 그 내부에 극히 작은 전단력이 존재하기만 하면 연속적으로 변형하는 물질을 말한다. 특히 점성이 없고 비압축성인 유체를 이상 유체(ideal fluid) 또는 완전 유체(perfect fluid)라고 한다. 정답 ③

예제 2. 실제 유체란 어느 것인가?

① 이상 유체 ② 유동 시 마찰이 존재하는 유체
③ 마찰 전단응력이 존재하지 않는 유체 ④ 비점성 유체

해설 실제 유체(real fluid)란 점성 유체로 유동 시 마찰이 존재하는 유체이고, 이상 유체(완전 유체)란 점성이 없고(비점성이고) 비압축성인 유체이다. 정답 ②

1-2 유체의 단위와 차원

물리량	중력(공학) 단위	중력 차원	SI 단위(국제 단위)	절대(질량) 차원
길이(l)	m	L	m	L
시간(t)	s	T	s	T
운동량(모멘텀)	kgf · s	FT	N · s	MLT^{-1}
힘(F)	kgf	F	N	MLT^{-2}
속도(V)	m/s	LT^{-1}	m/s	LT^{-1}
가속도(a)	m/s^2	LT^{-2}	m/s^2	LT^{-2}
질량(m)	kgf · s^2/m	FT^2L^{-1}	kg	M
압력(P)	kgf/m^2	FL^{-2}	Pa(N/m^2)	$ML^{-1}T^{-2}$
밀도(비질량)(ρ)	kgf · s^2/m^4	FT^2L^{-4}	N · s^2/m^4(kg/m^3)	ML^{-3}
비중량(γ)	kgf/m^3	FL^{-3}	N/m^3	$ML^{-2}T^{-2}$
비체적(v)	m^3/kgf	L^3F^{-1}	m^3/kg	L^3M^{-1}

1-3 주요 물리량의 단위 및 관계식

(1) 섭씨온도(t_C)와 화씨온도(t_F)의 관계식

$$t_C = \frac{5}{9}(t_F - 32)[℃] \qquad t_F = \frac{9}{5}t_C + 32 = 1.8t_C + 32[°F]$$

(2) 힘(force)

힘(F)은 질량(m)과 가속도(a)의 곱이다.

① 국제 단위(SI 단위) : 1 kg의 질량을 1 m/s^{2}으로 가속하는 힘을 1 N이라 한다.

$$F = ma = 1\,\text{kg} \times 1\,\text{m/s}^2 = 1\,\text{N}$$

② 중력(공학) 단위 : 질량이 1 kg인 물체에 가해지는 힘(중력)을 1 kgf라 한다.

$$W = mg = 1\,\text{kg} \times 9.8\,\text{m/s}^2 = 1\,\text{kgf} = 9.8\,\text{N}$$

암기 중력 단위 환산

$$1\,\text{kgf} = 9.8\,\text{N} \qquad 1\,\text{N} = \frac{1}{9.8}\,\text{kgf}$$

예제 3. 다음 중 단위가 틀린 것은?

① $1\,N = 1\,kg \cdot m/s^2$　② $1\,J = 1\,N \cdot m$

③ $1\,W = 1\,J/s$　④ $1\,dyne = 1\,kg \cdot m$

해설 CGS 절대단위에서는 1 g의 질량을 $1\,cm/s^2$으로 가속하는 힘을 1 dyne(다인)이라고 한다. $1\,dyne = 1\,g \times 1\,cm^2/s = 10^{-5}\,N$ ($1\,N = 10^5\,dyne$)

정답 ④

(3) 열량 및 비열

① 열량의 관계식 : 1 kcal = 2.205 CHU = 3.968 BTU ≒ 4.2 kJ

암기 열량 단위

- 1 kcal : 순수한 물 1 kgf를 표준 대기압(101.325 kPa) 상태하에서 1℃ 높이는 데 필요한 열량
- 1 CHU : 순수한 물 1 lbf를 14.5℃에서 15.5℃로 1℃ 높이는 데 필요한 열량
- 1 BTU : 순수한 물 1 lbf를 60℉에서 61℉로 1℉ 높이는 데 필요한 열량

② 물의 비열(C) = 1 kcal/kgf · ℃ = 4.186 kJ/kg · K

③ 얼음의 비열(C) = 0.5 kcal/kgf · ℃ = 2.098 kJ/kg · K

④ 비열이 온도만의 함수 $f(t)$인 경우 $Q = mC_m(t_2 - t_1)$[kJ]

⑤ 평균비열(C_m) = $\dfrac{1}{t_2 - t_1}\displaystyle\int_{t_1}^{t_2} C(t)dt$[kJ/kg · K]

⑥ 비열(C)이 일정할 때 가열량(Q) = $mC(t_2 - t_1)$[kJ]

예제 4. 20℃의 물 소화약제 0.4 kg을 사용하여 거실의 화재를 소화하였다. 이 물 소화약제 0.4 kg이 기화하는 데 흡수한 열량은 몇 kJ인가?

① 1036.4　② 888.7　③ 1051.7　④ 934.6

해설 $Q = mC(t_2 - t_1) + m\gamma_0 = 0.4 \times 4.186 \times (100 - 20) + 0.4 \times 2256$

$= 1036.35\,kJ ≒ 1036.4\,kJ$

물의 증발열(기화열) = 539 kcal/kg ≒ 2256 kJ/kg

정답 ①

(4) 일량(work)

일(W) = 힘(F) × 변위(S)

1 J = 1 N · m

(5) 동력(power)

단위시간(s)당 행한 일량(J)으로 일률 또는 공률이라 한다.

$$1\,W = 1\,J/s = 10^{-3}\,kW$$

$$1\,kW = 1000\,W = 1\,kJ/s = 60\,kJ/min = 3600\,kJ/h$$
$$= 1.36\,PS = 102\,kgf \cdot m/s = 860\,kcal/h$$

암기 전력의 정의 및 계산

- 전력(electric power) : 단위시간(s)당 전기적 에너지(J)
- 전력(P)= 전압(V)× 전류(I)= $I^2R = \dfrac{V^2}{R}$ [W]

(6) 압력(pressure)

단위면적(A)당 수직방향으로 작용하는 힘(F)

$$P = \frac{F}{A}\,[Pa = N/m^2]$$

$$P = \gamma h = \gamma_w Sh = 9800\,Sh\,[Pa] = 9.8\,Sh\,[kPa]$$

여기서, P : 압력(Pa), γ : 비중량(N/m^3), h : 높이(m), F : 힘(N), A : 단면적(m^2)

① 절대압력(P_a) : 완전 진공(압력이 0인 상태)을 기준으로 측정한 압력

절대압력(P_a) = 대기압(P_0) ± 게이지압력(P_g)

② 게이지압력(P_g) : 국소(지방) 대기압을 기준으로 측정한 압력

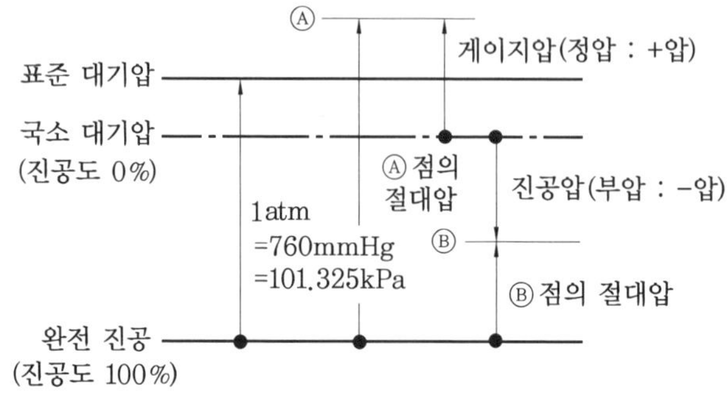

절대압력과 게이지압력의 관계

암기 표준 대기압

표준 대기압(1 atm) = 760 mmHg(수은주) = 10.332 mAq(수주)
= 1.0332 kgf/cm^2 = 10332 kgf/m^2 = 14.7 psi(lb/in^2)
= 1.01325 bar(1 bar = 10^5 Pa) = 101325 Pa(N/m^2) = 101.325 kPa

예제 5. 게이지압력이 1225.86 kPa인 용기에서 대기의 압력이 105.9 kPa였다면, 이 용기의 절대압력(kPa)은?

① 1225.86　　② 1331.76

③ 1119.95　　④ 1442

해설 절대압력(P_a) = 대기압(P_0) + 게이지압력(P_g)

$= 105.9 + 1225.86 = 1331.76$ kPa

정답 ②

(7) 부피(체적)

$1\,\text{m}^3 = 1000$ L(리터)　　$1\,\text{L} = 1000$ cc$(1\,\text{cc} = 1\,\text{cm}^3)$

1 배럴(barrel) = 42갤런(gallon)　　1 갤런(gallon) = 3.785412 L

1-4 유체의 성질

(1) 점성계수(viscosity coefficient) μ

각 유체에 따른 점성(끈끈한 정도, 유체의 흐름을 방해하는 성질)을 나타내는 값(μ)이다.

$$\mu = \frac{\tau}{\frac{du}{dy}} = \frac{\tau dy}{du} = \frac{\text{N/m}^2 \times \text{m}}{\text{m/s}} = \text{N} \cdot \text{s/m}^2 = \text{Pa} \cdot \text{s} = \text{kg/m} \cdot \text{s}$$

암기 점성계수(μ)의 CGS계 유도 단위 및 차원

- $1\,\text{poise} = 1\,\text{g/cm} \cdot \text{s} = 1\,\text{dyne} \cdot \text{s/cm}^2 = \frac{1}{10}\text{Pa} \cdot \text{s} = \frac{1}{98}\text{kgf} \cdot \text{s/m}^2 = \frac{1}{479}\text{lb} \cdot \text{s/ft}^2$
- 차원 : $FTL^{-2} = (MLT^{-2})TL^{-2} = ML^{-1}T^{-1}$

(2) 동점성계수(kinematic viscosity) ν

유체의 절대 점성계수(μ)를 그 유체의 밀도(ρ)로 나눈 값(ν)이다.

$$\nu = \frac{\mu}{\rho} = \frac{\mu g}{\gamma}\,[\text{m}^2/\text{s}]$$

여기서, μ : 절대 점성계수$(\text{Pa} \cdot \text{s} = \text{N} \cdot \text{s/m}^2)$

ρ : 밀도$(\text{kg/m}^3 = \text{N} \cdot \text{s}^2/\text{m}^4)$

암기 동점성계수(ν)의 CGS계 유도 단위 및 차원

1 stokes = 1 cm^2/s = 10^{-4} m^2/s, 차원 : L^2T^{-1}

(3) 비중량(specific weight) γ

단위 체적(V)당 유체의 무게(W)로 정의한다.

$$\gamma = \frac{W}{V} = \frac{mg}{V} = \rho g \, [\mathrm{N/m^3}]$$

여기서, γ : 비중량(N/m^3), ρ : 밀도(kg/m^3 = N · s^2/m^4), g : 중력가속도(9.8m/s^2)
W : 중량(무게)(N), V : 체적(m^3)

(4) 밀도(density) ρ

단위 체적(V)당 유체의 질량(m)으로 비질량이라고도 하며, 비체적의 역수이다.

$$\rho = \frac{m}{V} = \frac{1}{v_s} \, [\mathrm{kg/m^3,\ N \cdot s^2/m^4}]$$

여기서, ρ : 밀도(kg/m^3 = N · s^2/m^4), m : 질량(kg), V : 체적(m^3), v_s : 비체적(m^3/kg)

암기 물의 밀도 및 비중량

- 4℃ 순수한 물의 밀도(ρ_w) = 1000 kg/m^3 = 1000 N · s^2/m^4 = 102 kgf · s^2/m^4
- 4℃ 순수한 물의 비중량(γ) = 9800 N/m^3 = 9.8 kN/m^3 = 1000 kgf/m^3
  = 1 tonf/m^3 = 1 kgf/L

※ 4℃ 순수한 물의 경우 1 L = 1 kgf

예제 6. 유체의 비중량 γ, 밀도 ρ 및 중력가속도 g와의 관계는?

① $\gamma = \frac{\rho}{g}$　② $\gamma = \rho g$　③ $\gamma = \frac{g}{\rho}$　④ $\gamma = \frac{\rho}{g^2}$

해설 $\gamma = \frac{W}{V} = \frac{mg}{V} = \rho g \, [\mathrm{N/m^3}]$

정답 ②

(5) 비체적(specific volume) v_s

단위 질량(m)의 유체가 갖는 체적(V)으로 밀도의 역수이다.

$$v_s = \frac{V}{m} = \frac{1}{\rho} \, [\mathrm{m^3/kg}]$$

여기서, v_s : 비체적(m^3/kg), m : 질량(kg)
V : 체적(m^3), ρ : 밀도(kg/m^3)

(6) 비중(specific gravity) S

비중(S)은 상대밀도라고도 하며 단위가 없는 무차원수이다.

$$S = \frac{\rho}{\rho_w} = \frac{\gamma}{\gamma_w}$$

여기서, ρ : 어떤(상대) 물질의 밀도(kg/m^3)
ρ_w : 물의 밀도(1000 kg/m^3 = N · s^2/m^4)
γ : 어떤(상대) 물질의 비중량(N/m^3)
γ_w : 물의 비중량(9800 N/m^3)

암기 비중의 기준

기체(gas)의 비중은 공기를 기준으로 하고 액체(liquid)나 고체(solid)의 비중은 물을 기준으로 한다. 공기의 밀도(ρ_{air}) = 1.29 g/L(kg/m^3), 물의 밀도(ρ_w) = 1000 kg/m^3(N · s^2/m^4)

(7) 체적탄성계수(bulk modulus of elasticity) K

유체에 작용한 압력 변화량(dP)과 체적 감소율$\left(-\frac{dV}{V}\right)$과의 비로 체적탄성계수($K$)가 크다는 것은 압축하기 어렵다는 것이다.

$$K = \frac{dP}{-\frac{dV}{V}} \text{[Pa]}$$

여기서, K : 체적탄성계수(Pa), dP : 압력 변화량(Pa)
$-\frac{dV}{V}$: 체적의 감소율

암기 체적의 감소율

체적의 감소율$\left(-\frac{dV}{V}\right)$은 상대적으로 밀도의 증가율$\left(\frac{d\rho}{\rho}\right)$과 비중량의 증가율$\left(\frac{d\gamma}{\gamma}\right)$을 의미한다. 즉, $-\frac{dV}{V} = \frac{d\rho}{\rho} = \frac{d\gamma}{\gamma}$

(8) 압축률(modulus of compressibility) β

압축률(β)은 체적탄성계수(K)의 역수이다.

$$\beta = \frac{1}{K} \text{[Pa}^{-1}\text{]}, \quad K = \frac{1}{\beta} \text{[Pa]}$$

여기서, β : 압축률(Pa^{-1}), K : 체적탄성계수(Pa)

1-5 뉴턴의 법칙

(1) 뉴턴의 운동 법칙

① 제1법칙(관성의 법칙) : 물체가 외부에서 작용하는 힘이 없으면, 정지해 있는 물체는 계속 정지해 있고, 운동하고 있는 물체는 계속 운동 상태를 유지하려는 성질이다.

② 제2법칙(가속도의 법칙) : 물체에 힘을 가하면 힘의 방향으로 가속도가 생기고 물체에 가한 힘은 질량과 가속도에 비례한다.

$F = ma$[N] → m 일정할 때 $F \propto a$

③ 제3법칙(작용 · 반작용의 법칙) : 물체에 힘을 가하면 다른 물체에는 반작용이 일어나고, 힘의 크기와 작용선은 서로 같으나 방향이 서로 반대이다.

예제 7. 200 g의 무게는 몇 N인가?(단, 중력가속도는 980 cm/s^{2}이라고 한다.)

① 1.96　② 193　③ 19600　④ 196000

해설 $W = mg = 0.2 \times 9.8 = 1.96$ N

별해 $W = mg = 200 \times 980 = 196000$ dyne $= 196000 \times 10^{-5}$ N $= 1.96$ N

정답 ①

(2) 뉴턴의 점성 법칙(Newton's viscosity law)

$$\tau = \mu \frac{du}{dy} \text{[Pa]} \left(\mu = C,\ \tau \propto \frac{du}{dy} \right)$$

여기서, τ : 전단응력(Pa = N/m^2)

μ : 절대 점성계수(Pa · s)

$\frac{du}{dy}$: 속도구배 = 전단변형률 = 각변형률(s^{-1})

암기 뉴턴 유체

뉴턴의 점성 법칙 $\tau = \mu \frac{du}{dy}$[Pa]을 만족시키는 유체를 뉴턴 유체(Newtonian fluid), 만족시키지 않는 유체를 비뉴턴 유체(non-Newtonian fluid)라고 한다.

예제 8. 다음 중 Newton의 점성 법칙과 관계없는 항은?

① 전단응력　② 속도구배　③ 점성계수　④ 압력

해설 뉴턴의 점성 법칙은 전단응력, 점성계수, 속도구배(전단변형률, 각변형률)와 관계있다.

정답 ④

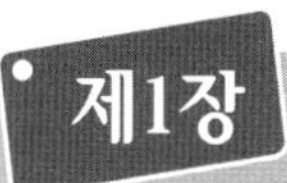

예상문제

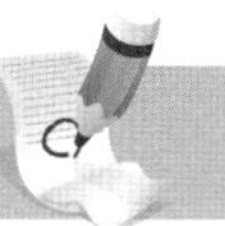

01. 이상 유체를 바르게 설명한 것은?

① 점성이 없고 비압축성인 유체
② 점성이 없고 $Pv = RT$를 만족시키는 유체
③ Newton의 점성 법칙을 만족시키는 유체
④ 점성이 있고 마찰손실이 있는 유체

해설 (1) 이상 유체(ideal fluid) : 점성이 없고(비점성이고) 비압축성인 유체
(2) 실제 유체(real fluid) : 이상 유체(완전 유체)와 반대 개념이며 점성과 압축성을 가진 모든 유체로 해석이 까다롭다.(실제 유체란 점성 유체를 의미한다.)

02. 질량 M, 길이 L, 시간 T로 표시할 때 운동량의 차원은 어느 것인가?

① MLT　　② $ML^{-1}T$
③ MLT^{-2}　　④ MLT^{-1}

해설 운동량(momentum)은 물체의 질량(m)과 속도(v)의 곱으로 단위는 kg·m/s, 차원은 MLT^{-1}이다.

03. 단위가 틀린 것은?

① $1\,\text{N} = 1\,\text{kg} \cdot \text{m/s}^2$　　② $1\,\text{J} = 1\,\text{N} \cdot \text{m}$
③ $1\,\text{W} = 1\,\text{J/s}$　　④ $1\,\text{dyne} = 1\,\text{kg/cm}^2$

해설 $1\,\text{N} = 1\,\text{kg} \times 1\,\text{m/s}^2 = 1000\,\text{g} \times 100\,\text{cm/s}^2 = 10^5\,\text{dyne}$
$1\,\text{dyne} = 1\,\text{g} \times 1\,\text{cm/s}^2$

04. 탄산가스(CO_2) 5 kg을 일정한 압력하에 10℃에서 50℃까지 가열하는 데 필요한 열량(kcal)은?(이때 정압비열은 0.19 kcal/kg·℃이다.)

① 9.5　　② 38
③ 47.4　　④ 58

정답 1. ① 2. ④ 3. ④ 4. ②

해설 $Q = GC_p(t_2 - t_1) = 5 \times 0.19(50-10) = 38\text{ kcal}(159.07\text{ kJ})$

※ $1\text{ kcal} = 4.186\text{ kJ}$

05. 탄산가스 5 kg을 일정 압력하에 10℃에서 80℃까지 가열하는 데 285 kJ의 열량을 소비하였다. 이때 정압비열(kJ/kg · K)은 얼마인가?

① 0.8143 ② 0.2943
③ 0.3943 ④ 0.4943

해설 $Q = mC_p(t_2 - t_1)[\text{kJ}]$

$$C_p = \frac{Q}{m(t_2 - t_1)} = \frac{285}{5(80-10)} = 0.8143\text{ kJ/kg}\cdot\text{K}$$

06. 표준 대기압 1 atm과 같지 않은 것은?

① 101.325 kPa ② 760 mmHg
③ 10.33 mAq ④ 2.0 bar

해설 표준 대기압(1 atm) = 760 mmHg
= 101.325 kPa = 10.33 mAq(mH_2O) = 1.0332 kgf/cm^2 = 10332 kgf/m^2
= 14.7 psi(lb/in^2) = 1.01325 bar = 101325 Pa(N/m^2) = 1013.25 mbar
※ 1 bar = 10^5 Pa(N/m^2) = 100 kPa

07. 다음의 단위 환산 중 옳지 않은 것은?

① 1 atm = 1013.25 mbar = 760 mmHg ② 10 mAq = 735.5 mmHg
③ 1 bar = 10^5 Pa = 100 kPa ④ 1 Pa = 75 mmHg

해설 101325 Pa : 760 mmHg = 1 Pa : x

$$x = \frac{760}{101325} \times 1 = 7.5 \times 10^{-3}\text{ mmHg}$$

08. 전양정이 80 m, 유량이 0.8 m^3/min일 때 펌프 축동력은 몇 kW인가? (단, 펌프 효율은 85 %이다.)

① 10.3 ② 11.3 ③ 12.3 ④ 13.3

해설 $$L_s = \frac{\gamma_w QH}{\eta_p} = \frac{9.8QH}{\eta_p} = \frac{9.8 \times \left(\frac{0.8}{60}\right) \times 80}{0.85} \fallingdotseq 12.3\text{kW}$$

정답 5. ① 6. ④ 7. ④ 8. ③

09. 24.85 mH_2O의 단위는 kPa로 환산하면 얼마나 되는가?

① 102.6 ② 202.6 ③ 243.7 ④ 252.4

해설 $10.332 : 101.325 = 24.85 : P$

$$P = \frac{24.85}{10.332} \times 101.325 = 243.7\ \text{kPa}$$

10. 1 atm, 4℃에서의 물의 비중량은(kN/m^3)? (단, 중력의 가속도(g)는 9.8 m/s^2이다.)

① 9.8 ② 5.1 ③ 2.5 ④ 1.7

해설 표준 대기압(1 atm) 상태에서 4℃ 순수한 물의 비중량(γ_w) $= 9800\ N/m^3 = 9.8\ kN/m^3$

11. 어떤 물체의 밀도가 842.8 $N \cdot s^2/m^4$이다. 이 액체의 비체적은 몇 m^3/kg인가?

① 1.186×10^{-5} ② 1.186×10^{-3}

③ 2.03×10^{-3} ④ 2.03×10^{-5}

해설 비체적(v)은 단위질량(m)당 체적(V)으로 밀도(ρ)의 역수이다.

$$\therefore v = \frac{1}{\rho} = \frac{1}{842.8} = 1.186 \times 10^{-3}\ m^3/kg$$

밀도(비질량) $\rho = \frac{m}{V}\ [kg/m^3 = N \cdot s^2/m^4]$

12. 무게가 44100 N인 어떤 기름의 체적이 5.36 m^3이다. 이 기름의 비중량은 얼마인가?

① 1.19 kN/m^3 ② 8.23 kN/m^3

③ 1190 kN/m^3 ④ 8400 kN/m^3

해설 $\gamma = \frac{W}{V} = \frac{44100}{5.36} = 8227.61\ N/m^3 ≒ 8.23\ kN/m^3$

13. 수은의 비중은 13.55이다. 수은의 비체적(m^3/kg)은?

① 13.55 ② $\frac{1}{13.55} \times 10^{-3}$ ③ $\frac{1}{13.55}$ ④ 13.55×10^{-3}

해설 $S_{Hg} = \frac{\rho_{Hg}}{\rho_w} = \frac{\gamma_{Hg}}{\gamma_w}$

정답 9. ③ 10. ① 11. ② 12. ② 13. ②

$\rho_{Hg} = \rho_w S_{Hg} = 1000 \times 13.55 = 13550\ \mathrm{kg/m^3}$

$\therefore$ 수은의 비체적$(v) = \dfrac{1}{\rho_{Hg}} = \dfrac{1}{13550}\ \mathrm{m^3/kg} = \dfrac{1}{13.55} \times 10^{-3}\ \mathrm{m^3/kg}$

14. 국소 대기압이 750 mmHg이고, 계기압력이 29.42 kPa일 때 절대압력은 몇 kPa인가?

① 129.41 ② 12.94
③ 102.61 ④ 10.26

해설 $P_a = P_0 + P_g = \dfrac{750}{760} \times 101.325 + 29.42 \fallingdotseq 129.41\ \mathrm{kPa}$

15. 소방차에 설치된 펌프에 흡입되는 물의 압력을 진공계로 재어 보니 75 mmHg이었다. 이때 기압계는 760 mmHg를 가리키고 있다고 할 때 절대압력은 몇 kPa인가?

① 913.3 ② 9.133
③ 91.33 ④ 0.9133

해설 $P_a = P_0 - P_g = 101.325 - \dfrac{75}{760} \times 101.325 = 101.325\left(1 - \dfrac{75}{760}\right) \fallingdotseq 91.33\ \mathrm{kPa}$

16. 푸아즈(poise)는 유체의 점도를 나타낸다. 다음 중 점도의 단위로서 옳게 표시된 것은?

① g/cm · s ② $\mathrm{m^2/s}$
③ g · cm/s ④ $\mathrm{cm/g \cdot s^2}$

해설 점성계수(μ)의 유도 단위

$1\ \mathrm{poise} = 1\ \mathrm{g/cm \cdot s} = 1\ \mathrm{dyne \cdot s/cm^2}$

17. $9.8\ \mathrm{N \cdot s/m^2}$은 몇 poise인가?

① 9.8 ② 98
③ 980 ④ 9800

해설 $1\ \mathrm{poise} = 1\ \mathrm{dyne \cdot s/cm^2} = 1\ \mathrm{g/cm \cdot s} = \dfrac{1}{10}\ \mathrm{N \cdot s/m^2 (Pa \cdot s)}$

$\therefore 1\ \mathrm{N \cdot s/m^2 (Pa \cdot s)} = 10\ \mathrm{poise}$이므로

$9.8\ \mathrm{N \cdot s/m^2} = 9.8 \times 10\ \mathrm{poise} (= 98\ \mathrm{poise})$

정답 14. ① 15. ③ 16. ① 17. ②

18. 점성계수가 0.9 poise이고 밀도가 931 N · s^2/m^4인 유체의 동점성계수는 몇 stokes인가?

① 9.66×10^{-2} ② 9.66×10^{-4} ③ 9.66×10^{-1} ④ 9.66×10^{-3}

해설 동점성계수의 유도 단위 1 stokes = 1 cm^2/s(= $1\times10^{-4}m^2/s$)

$$\nu=\frac{\mu}{\rho}=\frac{0.9}{931\times10^{-3}}=0.966\ cm^2/s(stokes)$$

19. 압력이 P일 때, 체적 V인 유체에 압력을 ΔP만큼 증가시켰을 경우 체적이 ΔV만큼 감소되었다면 이 유체의 체적탄성계수(K)는 어떻게 표현할 수 있는가?

① $K=-\dfrac{\Delta V}{\Delta P/\Delta V}$ ② $K=-\dfrac{\Delta P}{\Delta V/V}$

③ $K=-\dfrac{\Delta P}{\Delta V/P}$ ④ $K=-\dfrac{V}{\Delta V/P}$

해설 체적탄성계수(K) = $-\dfrac{\Delta P}{\dfrac{\Delta V}{V}}$ [Pa]

여기서, ΔP : 압력 변화량(Pa), ΔV : 체적 변화, V : 본래 체적

※ (−)부호는 압력의 증가에 따른 체적의 감소(−)를 의미한다.

20. 물의 체적탄성계수가 245×10^4 kPa일 때 물의 체적을 1 % 감소시키기 위해서는 몇 kPa의 압력을 가하여야 하는가?

① 20000 ② 24500 ③ 30000 ④ 34500

해설 체적탄성계수(K) = $-\dfrac{\Delta P}{\Delta V/V}$ [kPa]에서

$$\Delta P=K\left(-\frac{\Delta V}{V}\right)=245\times10^4\times\left(\frac{1}{100}\right)=24500\ kPa$$

21. 상온, 상압의 물의 부피를 2 % 압축하는 데 필요한 압력은 몇 kPa인가? (단, 상온, 상압 시 물의 압축률은 $4.844\times10^{-7}\dfrac{1}{kPa}$)

① 19817 ② 21031 ③ 39625 ④ 41288

정답 18. ③ 19. ② 20. ② 21. ④

해설 $K = -\dfrac{\Delta P}{\Delta V/V}$[kPa]에서

$$\Delta P = K\left(-\frac{\Delta V}{V}\right) = \left(\frac{1}{\beta}\right) \times \left(-\frac{\Delta V}{V}\right) = \left(\frac{1}{4.844 \times 10^{-7}}\right) \times 0.02 \fallingdotseq 41288\,\text{kPa}$$

22. 이상기체를 등온압축시킬 때 체적탄성계수는?(단, P : 절대압력, k : 비열비, v : 비체적)

① P ② v ③ kP ④ kv

해설 (1) 이상기체를 등온변화(등온압축)시키면 Boyle's law($Pv=c$)을 만족시키므로

양변 미분 $d(Pv)=0$, $Pdv+vdP=0\,(Pdv=-vdP)$

$$P = -\frac{vdP}{dv} = K\,[\text{kPa}]$$

$\therefore K = P$ [kPa]

(2) 가역단열압축시키면 $Pv^k = c$

양변 미분 $d(Pv^k)=0$, $dPv^k + kPv^{k-1}dv = 0$

$\therefore K = kP$[kPa]

23. 유체의 압축률에 대한 서술로서 맞지 않는 것은?

① 체적탄성계수의 역수에 해당한다.
② 체적탄성계수가 클수록 압축하기 힘들다.
③ 압축률은 단위 압력 변화에 대한 체적의 변형도를 말한다.
④ 체적의 감소는 밀도의 감소와 같은 의미를 갖는다.

해설 $K = -\dfrac{\Delta P}{\Delta V/V} = \dfrac{\Delta P}{\Delta\rho/\rho} = \dfrac{\Delta P}{\Delta\gamma/\gamma}$[kPa]

24. 압축률에 대한 설명으로서 틀린 것은?

① 압축률은 체적탄성계수의 역수이다.
② 유체의 체적 감소는 밀도의 감소와 같은 의미를 가진다.
③ 압축률은 단위 압력 변화에 대한 체적의 변형도를 뜻한다.
④ 압축률이 작은 것은 압축하기 어렵다.

해설 (1) 체적탄성계수(K)는 압축률(β)과 역수 관계이다$\left(K = \dfrac{1}{\beta},\ \beta = \dfrac{1}{K}\right)$.

(2) 체적탄성계수(K)는 압력에 비례하며 단위와 차원이 압력과 같다.(체적탄성계수가 크다는 것은 압축하기가 힘들다는 것을 의미한다.)

정답 22. ① 23. ④ 24. ②

(3) (−)부호는 압력의 증가에 따른 체적의 감소(−)를 의미한다.

(4) 체적의 감소율$\left(-\frac{\Delta V}{V}\right)$은 상대적으로 밀도의 증가$\left(\frac{d\rho}{\rho}\right)$와 비중량의 증가$\left(\frac{d\gamma}{\gamma}\right)$를 의미한다$\left(-\frac{dV}{V}=\frac{d\rho}{\rho}=\frac{d\gamma}{\gamma}\right)$.

25. 비중이 1.03인 바닷물에 전체 부피의 15 %가 밖에 떠 있는 빙산이 있다. 이 빙산의 비중은?

① 0.876 ② 0.927 ③ 1.927 ④ 0.156

해설 바닷물 속에 잠긴 부피(V) $=100-15=85\,\%$

부력(F_B) $=\gamma V=\gamma_w SV=9800\times1.03\times85$

빙산의 무게(W) $=\gamma' V'=9800S_1\times100=980000S_1$

부력(F_B) = 빙산의 무게(W)이므로

$\therefore\ S_1=0.876$

26. 어떤 물체의 대기 중에서 무게는 59.6 N이고 물속에서의 무게는 40 N이었다. 이 물체의 체적과 비중량은?

① $V=2\times10^{-3}\,\text{m}^3$, $\gamma=29800\,\text{N/m}^3$ ② $V=10^{-3}\,\text{m}^3$, $\gamma=59600\,\text{N/m}^3$

③ $V=4\times10^{-3}\,\text{m}^3$, $\gamma=14900\,\text{N/m}^3$ ④ $V=5\times10^{-3}\,\text{m}^3$, $\gamma=11920\,\text{N/m}^3$

해설 대기(공기) 중의 무게 = 물속의 무게+부력(F_B)

$G_a=W+\gamma_w V$

잠겨진 체적(V)$=\frac{G_a-W}{\gamma_w}=\frac{59.6-40}{9800}=2\times10^{-3}\,\text{m}^3$

$$\gamma=\frac{G_a}{V}=\frac{59.6}{2\times10^{-3}}=29800\ \text{N/m}^3$$

27. 물을 담은 그릇을 수평방향으로 5.65 m/s^{2}로 운동시킬 때 그릇 속의 물은 수평에 대하여 얼마의 각도로 기울어지겠는가?

① 15° ② 30° ③ 45° ④ 60°

해설 $\tan\theta=\frac{a_x}{g}$

$$\theta=\tan^{-1}\left(\frac{a_x}{g}\right)=\tan^{-1}\left(\frac{5.65}{9.8}\right)=30°$$

정답 25. ① 26. ① 27. ②

Chapter 2 유체 정역학

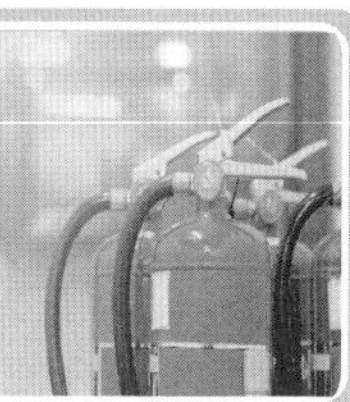

2-1 압력(pressure)

유체가 벽 또는 가상면의 단위면적에 수직으로 작용하는 힘을 유체의 압력(pressure)이라 하고, 면 전체에 작용하는 힘을 전압력(total pressure)이라고 한다.

$P=\dfrac{F}{A}$ 여기서, P : 압력, F : 면에 수직으로 작용하는 힘, A : 단면적

① 압력의 차원 : $[FL^{-2}]$

② 압력의 단위 : kgf/m^2, $\text{Pa(N/m}^2)$, dyne/cm^2, mmHg, bar, mmAq

$1\ \text{N/m}^2 = 1\ \text{Pa}$(Pascal의 약자)

$1\ \text{bar} = 10^5\ \text{N/m}^2 = 100\ \text{kPa} = 1000\ \text{mbar}$

$1\ \text{kgf/cm}^2 = 10\ \text{mAq}$(Aq는 Aqua의 약자로 물을 의미한다.)

예제 1. 압력의 차원은?

① $[ML^{-1}T^{-1}]$ ② $[ML^{-1}T^{-2}]$

③ $[ML^{-2}T^{-2}]$ ④ $[MLT]$

해설 $[FL^{-2}]=[MLT^{-2}L^{-2}]=[ML^{-1}T^{-2}]$

예제 2. 19.6 N/m²는 몇 mmAq인가?

① 2 ② 200

③ 19.6 ④ 1960

해설 $19.6\ \text{N/m}^2 = 2\ \text{kgf/m}^2 = 2\times10^{-4}\ \text{kgf/cm}^2 = 2\times10^{-3}\ \text{mAq} = 2\ \text{mmAq}$

별해 $101325 : 10332 = 19.6 : h$

$\therefore\ h=\dfrac{19.6\times10332}{101325}\fallingdotseq 2\ \text{mmAq}$(수주)

2-2 정지 유체의 압력

① 유체의 압력은 임의의 면에 수직으로 작용한다.

② 유체 내부의 임의의 한 점에 있어서 압력은 모든 방향에서 같다.

③ 밀폐된 용기의 유체에 가한 압력은 같은 세기로 모든 방향으로 전달된다. 이것을 파스칼의 원리(principle of Pascal)라 한다.

즉, $p_1 = p_2$이므로 $\dfrac{W_1}{A_1} = \dfrac{W_2}{A_2}$

④ 유체 속의 동일 수평면에 있는 두 점의 압력은 크기가 같다.

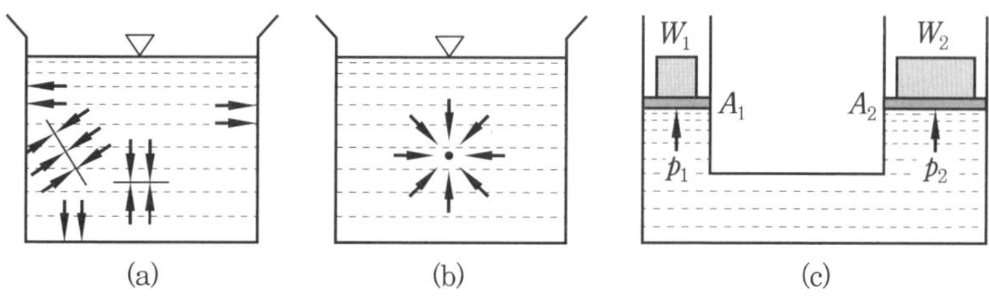

정지 유체에서의 압력

예제 3. 유체 내부의 한 점에 작용하는 압력이 모든 방향에서 같을 경우는 다음 중 어느 것인가?

① 유체가 마찰이 없고, 압축성일 때 ② 유체가 마찰이 없고, 비압축성일 때

③ 유체가 점성이 없을 때 ④ 유체 입자 상호간에 상대운동이 없을 때

해설 정지 유체 속에서는 유체 입자 사이에 상대운동이 없기 때문에 점성에 의한 전단력은 나타나지 않으며, 한 점에 작용하는 압력은 모든 방향에서 같다. **정답** ④

2-3 정지 유체 내의 압력 변화

중력만이 작용하는 정지 유체 내에서 다음 그림과 같은 미소유체원주의 아랫면에 작용하는 압력을 p라 하면, 윗면의 압력은 $p + \dfrac{dp}{dz}dz$로 표시할 수 있다.

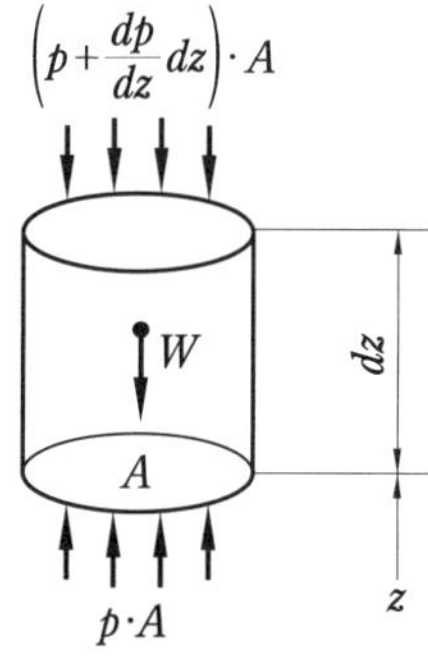

미소유체원주에 작용하는 힘

원주의 양면에 작용하는 힘과 미소유체원주의 중량 사이에 다음과 같은 힘의 평형이 성립된다.

$$pA - \left(p + \frac{dp}{dz}dz\right)A - \gamma A dz = 0$$

간단히 정리하면

$$\frac{dp}{dz} = -\gamma$$

비중량 $\gamma =$ 일정인 액체 중의 수평단면 1에서 2까지 윗 식을 적분하면

$$\int_1^2 dp = -\gamma \int_1^2 dz$$

$$\therefore p_2 - p_1 = -\gamma(z_2 - z_1)\,[\text{Pa}]$$

그림에서 $p_2 = p_0$, $z_2 - z_1 = h$이므로 윗 식은 $p_1 = p_0 + \gamma h$

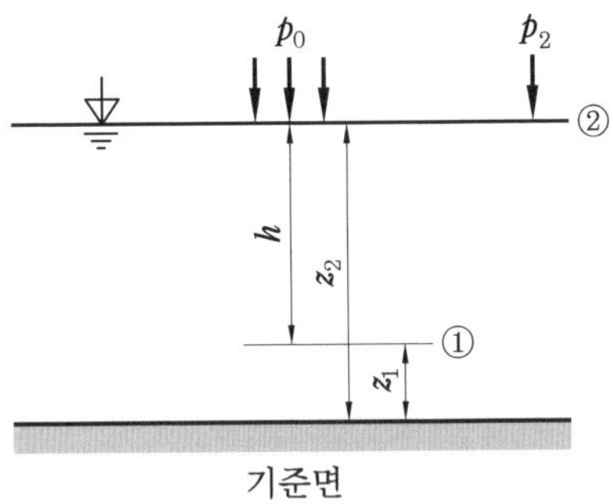

액체에 작용하는 압력

예제 4. 밑면이 2 m×2 m인 탱크에 비중이 0.8인 기름과 물이 그림과 같이 들어 있다. AB면에 작용하는 힘은 몇 kN인가?

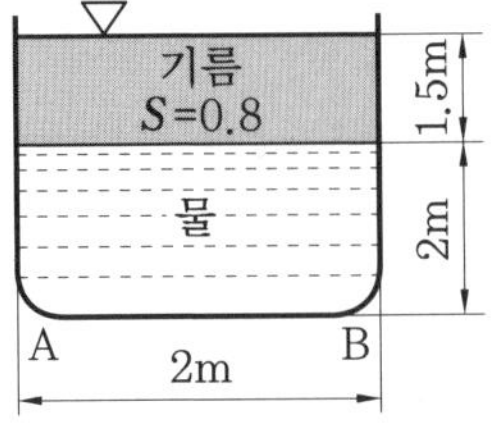

① 31.2 ② 62.5 ③ 125 ④ 250

해설 AB면에 작용하는 압력은

$p_{AB} = 9800 \times 0.8 \times 1.5 + 9800 \times 2 = 31360\ \text{N/m}^2$

따라서 AB면에 작용하는 힘은

$F = p \cdot A = 31360 \times 4 = 125440\ \text{N} \fallingdotseq 125\ \text{kN}$

정답 ③

2-4 대기압, 계기압력, 절대압력

(1) 대기압(atmospheric pressure)

지구를 둘러싼 공기를 대기라 하고, 대기에 의하여 누르는 압력을 대기압이라 한다. 대기압에는 그 지방의 고도와 날씨 등에 따라 변하는 국소 대기압(local atmospheric pressure)과 해면에서의 국소 대기압의 평균값인 표준 대기압(standard atmospheric pressure)이 있다. 표준 대기압의 크기는 다음과 같다.

$$\begin{aligned} 1\,\text{atm} &= 760\,\text{mmHg}(\text{수은주}) \\ &= 1.0332\,\text{kg/cm}^2 = 10332\,\text{kg/m}^2 = 10.332\,\text{mAq} = 14.7\,\text{psi}(\text{lb/in}^2) \\ &= 1.01325\,\text{bar} = 1013.25\,\text{mbar}(\text{millibar}) = 101325\,\text{Pa}(\text{N/m}^2) \\ &= 101.325\,\text{kPa} \end{aligned}$$

(2) 계기압력(gage pressure)

국소 대기압을 기준으로 하여 측정한 압력이다.

(3) 절대압력(absolute pressure)

완전 진공을 기준으로 하여 측정한 압력이다.

$$\text{절대압력} = \text{국소대기압} \begin{matrix} + \text{ 계기압력} \\ - \text{ 진공압력} \end{matrix}$$

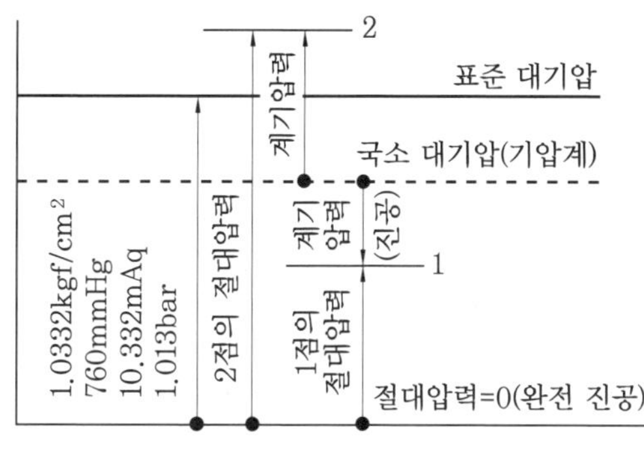

압력 측정의 단위와 척도

예제 5. 비중이 S인 액체의 표면으로부터 x [m] 깊이에 있는 점의 압력은 수은주로 몇 mm인가?(단, 수은의 비중은 13.6이다.)

① $13.6Sx$　　② $13600Sx$

③ $\dfrac{100Sx}{13.6}$　　④ $\dfrac{Sx}{13.6}$

해설 압력 $p = 1000Sx\,[\text{kgf/m}^2]$

수은주 $= \dfrac{p}{\gamma} = \dfrac{1000Sx}{13.6 \times 1000} = \dfrac{Sx}{13.6}\,[\text{m}] = \dfrac{1000Sx}{13.6}\,[\text{mm}]$ 정답 ③

예제 6. 진공압력을 절대압력으로 환산하면 다음 중 어느 것인가?

① 진공압력+표준 대기압력 ② 표준 대기압력-진공압력

③ 국소 대기압+진공압력 ④ 국소 대기압-진공압력

해설 절대압력 = 국소 대기압-진공압력 정답 ④

예제 7. 그림과 같이 수문 AB가 받는 수평성분 F_H와 수직성분 F_V는 각각 몇 N인가?

① $F_H = 9800$, $F_V = 15000$

② $F_H = 14700$, $F_V = 23091$

③ $F_H = 19600$, $F_V = 1500$

④ $F_H = 14700$, $F_V = 16964$

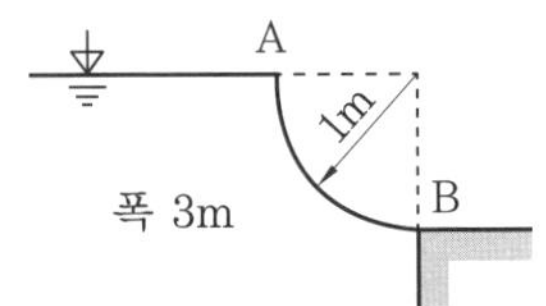

해설 곡면 AB에 작용하는 수평성분 F_H는 곡면 AB의 투영면적에 작용하는 힘과 같다.

즉, $F_H = \gamma \bar{h} A = 9800 \times 0.5 \times (1 \times 3) = 14700\text{ N}$

곡면 AB에 수직상방으로 작용하는 힘 F_V는 AB 위의 가상의 물 무게에 해당한다.

즉, $F_V = \gamma V = 9800 \times \left(\dfrac{\pi \times 1^2}{4} \times 3\right) = 23091\text{ N}$ 정답 ②

2-5 액주계

액주의 높이에 의하여 압력이나 압력차를 측정하는 경우에 사용되는 계기를 액주계(manometer)라 한다.

(1) 수은 기압계(mercury barometer)

대기압을 측정하기 위한 기압계이다.

$$p_0 = p_v + \gamma h$$

여기서, p_0 : 대기압

h : 수은 높이

γ : 수은의 비중량

p_v : 수은의 증기압(아주 작아 무시할 정도)

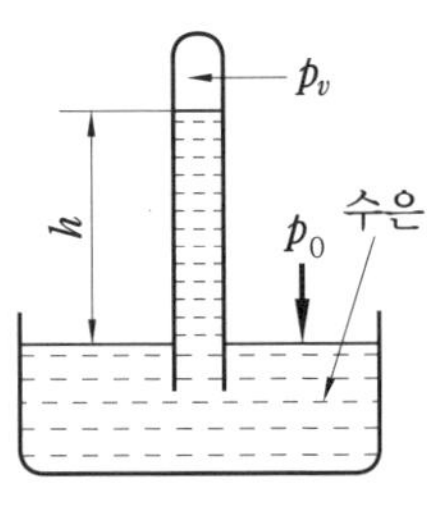

수은 기압계

(2) 간단한 액주계

그림 (a)는 피에조미터로서, 대기압보다 약간 높은 압력을 측정할 때 사용된다.
압력 p_A(계기압력)는 $p_A = \gamma h$

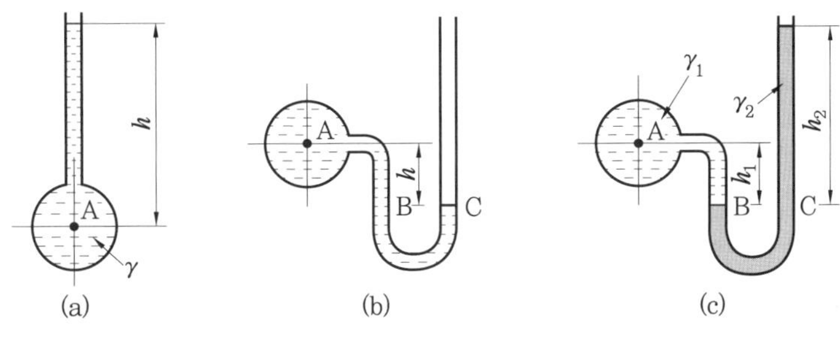

간단한 액주계

낮은 압력이나 낮은 진공압력을 측정할 때는 그림 (b)와 같은 U자관 액주계를 사용한다. 이 액주계의 점 B와 점 C에서 압력이 같으므로

$$p_B = p_C : p_A + \gamma h = p_C = 0$$

$$\therefore \; p_A = -\gamma h$$

높은 압력이나 높은 진공압력을 측정할 때는 그림 (c)에서 보듯이 U자관 액주계에 제2의 유체를 사용한다. 이 액주계의 점 B와 점 C에서 압력이 같으므로

$$p_B = p_C : p_A + \gamma_1 h_1 = \gamma_2 h_2$$

$$\therefore \; p_A = \gamma_2 h_2 - \gamma_1 h_1$$

(3) 시차 액주계(differential manometer)

두 개의 탱크나 관내에서의 압력차를 측정하는 데 사용되는 액주계이다.

그림 (a)에서

$$p_C = p_D : p_A - \gamma_1 h_1 - \gamma_2 h_2 = p_B - \gamma_3 h_3$$

$$\therefore \; p_A - p_B = \gamma_1 h_1 + \gamma_2 h_2 - \gamma_3 h_3$$

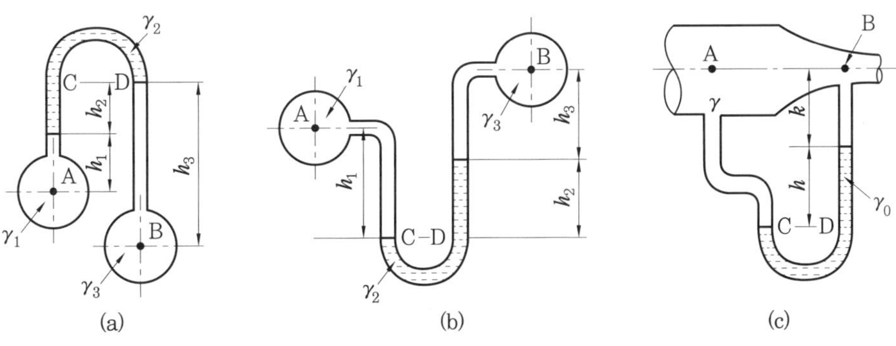

시차 액주계

그림 (b)에서

$$p_C = p_D : p_A + \gamma_1 h_1 = p_B + \gamma_3 h_3 + \gamma_2 h_2$$

$$\therefore\ p_A - p_B = \gamma_3 h_3 + \gamma_2 h_2 - \gamma_1 h_1$$

그림 (c)에서

$$p_C = p_D : p_A + \gamma(k+h) = p_B + \gamma k + \gamma_0 h$$

$$\therefore\ p_A - p_B = (\gamma_0 - \gamma)h$$

예제 8. 다음 그림과 같은 시차 액주계에서 압력차 $p_x - p_y$는?(단, γ_1, γ_2, γ_3는 각 액체의 비중량이다.)

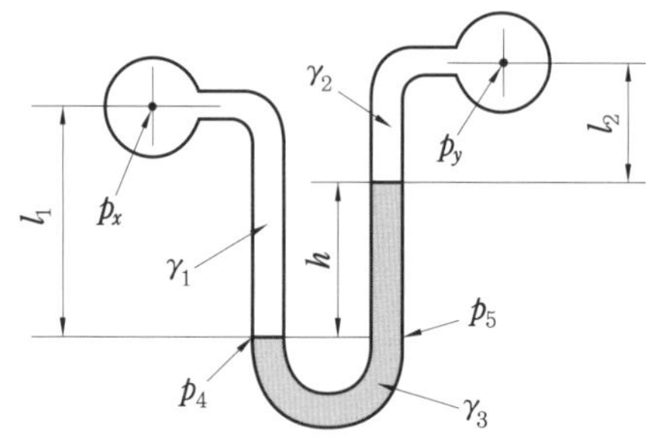

① $p_x - p_y = \gamma_2 l_2 + \gamma_3 h - \gamma_1 l_1$

② $p_x - p_y = -\gamma_2 l_2 + \gamma_3 h - \gamma_1 l_1$

③ $p_x - p_y = \gamma_1 l_1 - \gamma_2 l_2 - \gamma_3 h$

④ $p_x - p_y = \gamma_1 l_1 + \gamma_2 l_2 - \gamma_3 h$

해설 $p_4 = p_5$이므로

$p_x + \gamma_1 l_1 = p_y + \gamma_2 l_2 + \gamma_3 h$

$\therefore\ p_x - p_y = \gamma_2 l_2 + \gamma_3 h - \gamma_1 l_1$

정답 ①

2-6 평면에 작용하는 힘

(1) 수평면에 작용하는 힘

$$F = \gamma h A\,[\text{N}]$$

여기서, F : 수평면에 작용하는 힘(N)

γ : 비중량(N/m^3)

h : 깊이(m)

A : 면적(m^2)

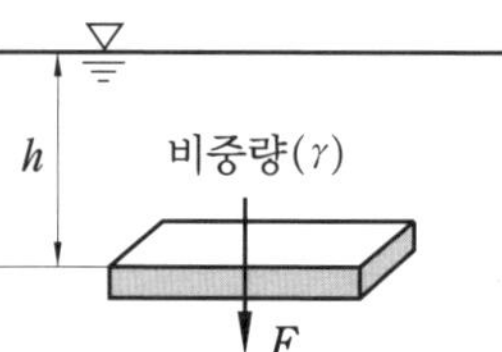

수평면에 작용하는 힘

(2) 경사면에 작용하는 힘

$$F = \gamma \bar{h} A = \gamma \bar{y} \sin\theta A \,[\text{N}]$$

압력 중심(y_p)은 도심($\bar{y}$)보다 항상 $\left(\dfrac{I_G}{A\bar{y}}\right)$ 아래에 있다.

$$\text{압력 중심}(y_p) = \bar{y} + \frac{I_G}{A\bar{y}} \,[\text{m}]$$

예제 9. 그림과 같이 30°로 경사진 0.5 m×3 m의 수문 평판 AB가 있다. A점에서 힌지(hinge)로 연결되어 있을 때 B에서 이 수문을 열기 위한 힘은 몇 N인가?

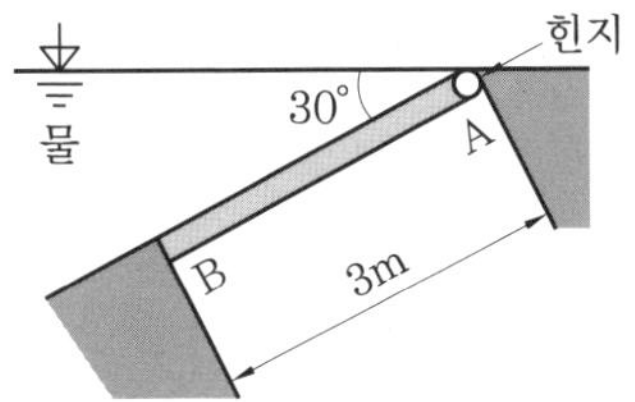

① 7350　　② 11025
③ 9450　　④ 12500

해설 수문 AB가 받는 전압력 F는

$F = \gamma \bar{y} \sin\theta A = 9800 \times 1.5 \times \sin 30° \times (0.5 \times 3) = 11025\,\text{N}$

힘의 작용점인 압력 중심(y_p)은

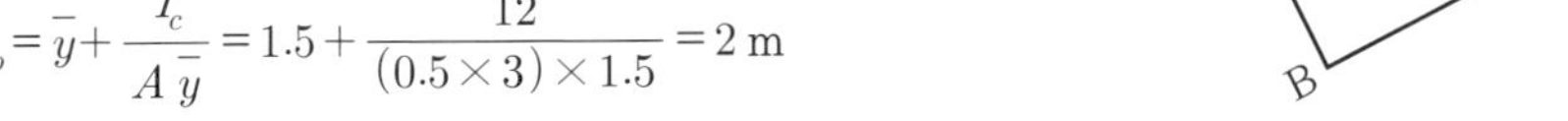

$$y_p = \bar{y} + \frac{I_c}{A\bar{y}} = 1.5 + \frac{\dfrac{0.5 \times 3^3}{12}}{(0.5 \times 3) \times 1.5} = 2\,\text{m}$$

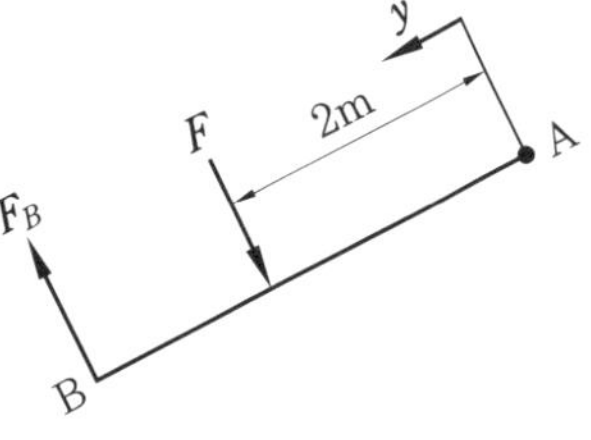

오른쪽 자유물체도에서 점 A에 관한 모멘트의 합은 0이므로

$\Sigma M_A = 0$; $F_B \times 3 - F \times 2 = 0$

$\therefore\ F_B = \dfrac{2}{3} F = 7350\,\text{N}$

정답 ①

예제 10. 그림과 같은 탱크에 물이 들어 있다. 밑변 AB에 작용하는 힘은 얼마인가? (단, 탱크의 폭은 1.5 m이다.)

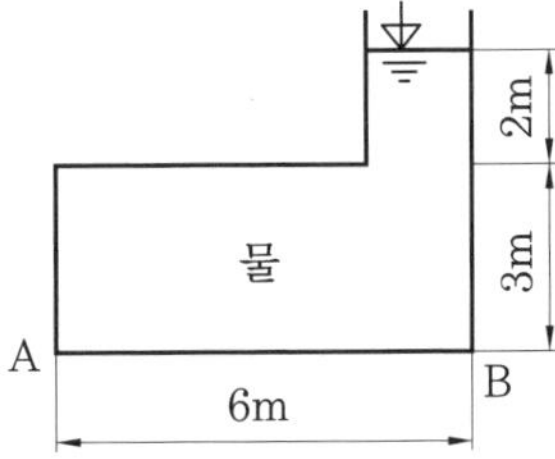

① 4900 kN　　② 490 kN
③ 441 kN　　④ 412 kN

해설 밑변 AB에서 압력은

$p=\gamma h=9800\times(2+3)=49000\ \mathrm{N/m^2(Pa)}=49\ \mathrm{kN/m^2(kPa)}$

따라서 AB면에 작용하는 힘은

$F=p\cdot A=49\times(6\times1.5)=441\ \mathrm{kN}$

정답 ③

(3) 부력

물체가 정지 유체 속에 부분적으로 또는 완전히 잠겨 있을 때는 유체에 접촉하고 있는 모든 부분은 유체의 압력을 받고 있다. 이 압력은 깊이 잠겨 있는 부분일수록 크고, 유체 압력에 의한 힘은 항상 수직 상방으로 작용하는데 이 힘을 부력(buoyant force)이라고 한다.

(4) 물체의 무게(weight)

$$W=\gamma V=9800SV\,[\mathrm{N}]$$

여기서, W : 물체의 무게(N)

γ : 물체의 비중량(N/m^3)

S : 물체의 비중

V : 유체 중에 잠겨진 물체의 체적(m^3)

참고 Archimedes의 원리

① 유체 속에 잠겨 있는 물체는 그 물체가 배제하는 유체의 무게와 같은 크기의 힘에 의한 부력을 수직 상방으로 받는다.

$F_B=\gamma V\,[\mathrm{N}]$

여기서, γ : 유체비중량(N/m^3) V : 유체 중에 잠겨진 체적(m^3)

② 유체 위에 떠 있는 부양체는 자체의 무게와 같은 무게의 유체를 배제한다.

$W=\gamma V$(배제된 체적) [N]

예제 11. 유체 속에 잠겨진 물체에 작용되는 부력은?

① 물체의 중량보다 크다.
② 그 물체에 의하여 배제된 액체의 무게와 같다.
③ 물체의 중력과 같다.
④ 유체의 비중량과 관계가 있다.

해설 부력이란 정지한 유체 중에 잠겨져 있거나 떠 있는 물체가 유체로부터 받는 전압력의 크기를 말하며 유체 중에 잠겨진 물체는 그 물체에 의하여 배제된 유체(액체)의 무게만큼 부력을 받는다.

정답 ②

예상문제

01. 다음 그림과 같은 탱크에 물이 들어 있다. A–B면(5 m×3 m)에 작용하는 힘은?

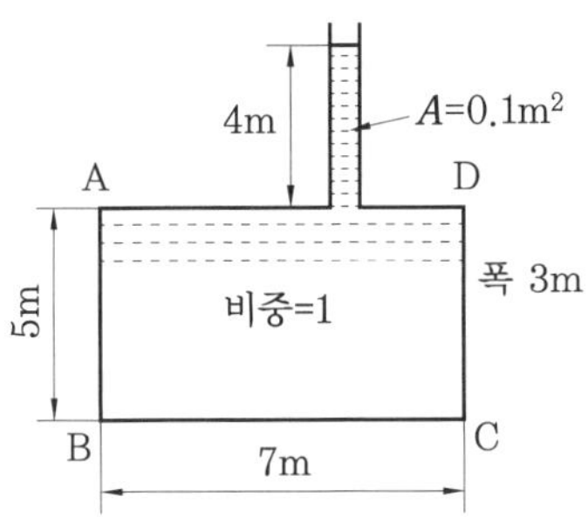

① 0.95 kN ② 10 kN ③ 95 kN ④ 956 kN

해설 $F=\gamma_w \bar{h} A=9.8\times\left(4+\dfrac{5}{2}\right)\times(3\times5)\fallingdotseq 956\ \text{kN}$

※ 물의 비중량 $=9800\ \text{N/m}^3=9.8\ \text{kN/m}^3$

02. 그림과 같은 수문이 열리지 않도록 하기 위하여 그 하단 A점에서 받쳐 주어야 할 최소 힘 F_p는 몇 kN인가?(단, 수문의 폭 : 1 m, 유체의 비중량 : 9800 N/m³)

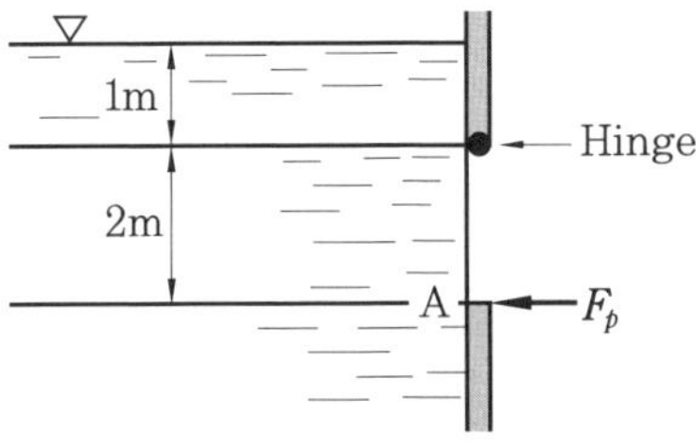

① 43 ② 27 ③ 23 ④ 13

해설 $F=\gamma_w \bar{h} A=9.8\times\left(1+\dfrac{2}{2}\right)\times(2\times1)=9.8\times2\times2=39.2\ \text{kN}$

$$y_p=\bar{y}+\frac{I_G}{A\bar{y}}=2+\frac{\dfrac{1\times2^3}{12}}{(2\times1)\times2}\fallingdotseq 2.17\ \text{m}$$

$\therefore\ \Sigma M_{Hinge}=0$

정답 1. ④ 2. ③

$$F(y_p - 1) - F_p \times 2 = 0$$

$$F_p = \frac{F(y_p - 1)}{2} = \frac{39.2(2.17-1)}{2} \fallingdotseq 23\,\text{kN}$$

03. 직경 2 m의 원형 수문이 그림과 같이 수면에서 3 m 아래에 30° 각도로 기울어져 있을 때 수문의 자중을 무시하면 수문이 받는 힘은 몇 kN인가?

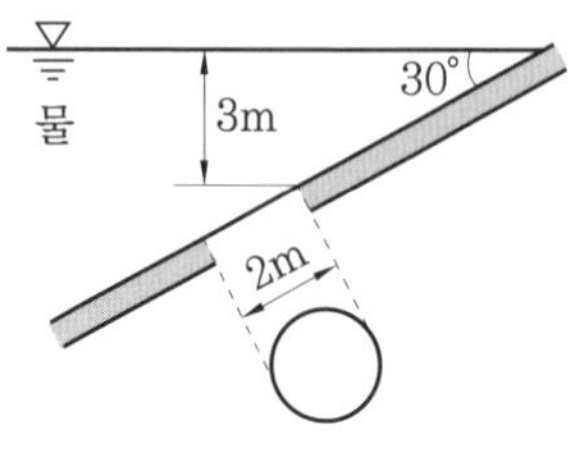

① 107.7 ② 94.2
③ 78.5 ④ 62.8

해설 $F = \gamma_w \bar{h} A = 9.8 \times (3 + 1\sin 30°) \times \frac{\pi}{4} \times 2^2 = 107.76\,\text{kN} \fallingdotseq 107.7\,\text{kN}$

별해 $F = \gamma_w \bar{y} \sin\theta A = \gamma_w (1+x) \sin\theta A\,[\text{kN}]$

$= 9.8 \times (1+x) \times \sin 30° \times \frac{\pi}{4} \times 2^2 = 9.8 \times (1+6) \times \sin 30° \times \frac{\pi}{4} \times 2^2 \fallingdotseq 107.7\text{kN}$

여기서, $x \sin 30° = 3$

$\therefore\ x = \frac{3}{\sin 30°} = 6\,\text{m}$

04. 밑면이 2 m×2 m인 탱크에 비중이 0.8인 기름과 물이 다음 그림과 같이 들어 있다. AB면에 작용하는 압력은 몇 kPa인가?

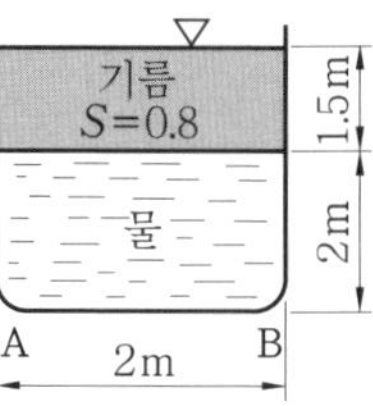

① 34.3 ② 343
③ 31.36 ④ 313.6

해설 $p_{AB} = \gamma_1 h_1 + \gamma_2 h_2 = 9800 s_1 h_1 + 9800 h_2$

$= 9800 \times 0.8 \times 1.5 + 9800 \times 2 = 31360\,\text{N/m}^2 = 31.36\,\text{kPa}$

정답 3. ① 4. ③

05. 그림과 같이 60° 기울어진 4 m×8 m의 수문이 A 지점에서 힌지(hinge)로 연결되어 있을 때 이 수문을 열기 위한 최소 힘 F'는 몇 kN인가?

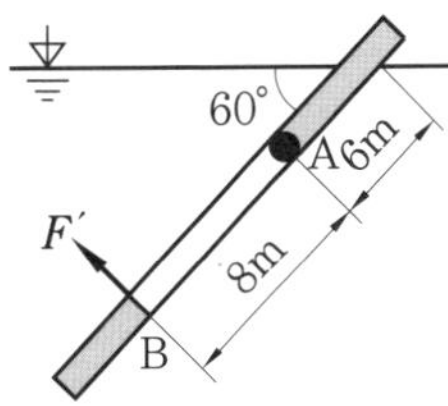

① 1450
② 1540
③ 1590
④ 1650

해설 $F=\gamma_w \bar{y}\sin\theta A=9.8\times\left(6+\dfrac{8}{2}\right)\sin 60°\times(4\times 8)=2715.86\,\text{kN}$

$$y_p=\bar{y}+\frac{I_G}{A\bar{y}}=10+\frac{\dfrac{bh^3}{12}}{(4\times 8)\times 10}=10+\frac{\dfrac{4\times 8^3}{12}}{32\times 10}=10.53\,\text{m}$$

$\sum M_{Hinge}=0$

$F(y_p-6)-8\times F'=0$

$$F'=\frac{F(y_p-6)}{8}=\frac{2715.86(10.53-6)}{8}=1537.86\,\text{kN}\fallingdotseq 1540\,\text{kN}$$

06. 다음 그림과 같은 탱크에 물이 1.2 m만큼 담겨져 있다. 탱크가 4.9 m/s²의 일정한 가속도를 받고 있을 때 높이가 1.8 m인 경우에 물이 넘쳐 흐르게 되는 탱크의 길이는 얼마인가?

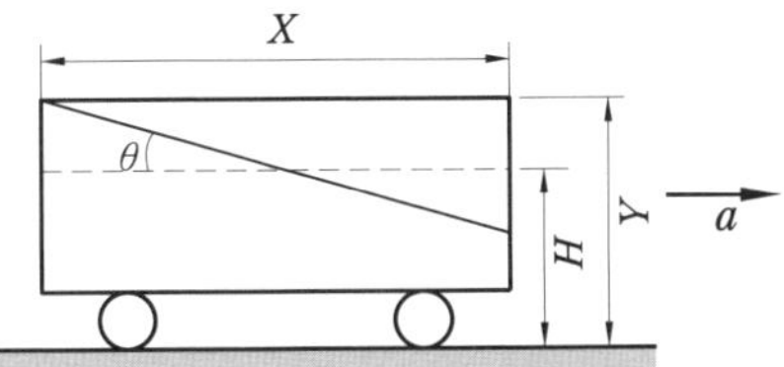

① 2.8 m
② 4.8 m
③ 1.2 m
④ 2.4 m

해설 $\tan\theta=\dfrac{a_x}{g}=\dfrac{4.9}{9.8}=0.5$, $\tan\theta=\dfrac{(Y-H)}{\dfrac{X}{2}}=0.5$

$$\therefore\ X=\frac{2(Y-H)}{0.5}=\frac{2\times(1.8-1.2)}{0.5}=2.4\,\text{m}$$

정답 5. ② 6. ④

07. 오른쪽 그림과 같이 지름이 10 cm인 원통에 물이 담겨져 있다. 중심축에 대하여 300 rpm의 속도로 원통을 회전시키고 있다면, 수면의 최고점과 최저점의 높이차는 얼마인가?

① 12.6 cm
② 4 cm
③ 40 cm
④ 1.26 cm

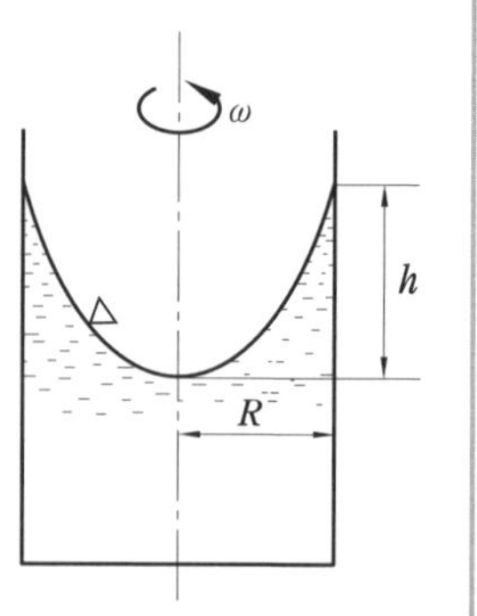

해설 $h=\dfrac{\omega^2 R^2}{2g}=\dfrac{(2\pi\times 300\div 60)^2\times 0.05^2}{2\times 9.8}=0.1258\text{ m}=12.6\text{ cm}$

08. 다음 그림과 같은 시차 액주계의 압력차(ΔP)는?

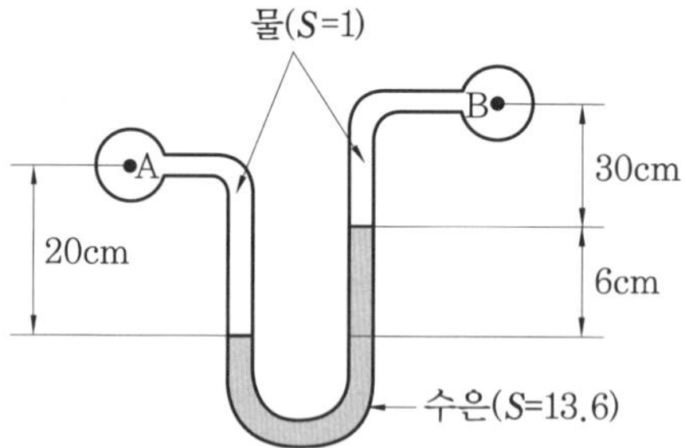

① 8.977 kPa
② 0.897 kPa
③ 89.76 kPa
④ 0.089 kPa

해설 $P_C=P_D$이므로 $P_A+9.8\times 0.2=P_B+9.8\times 0.3+(9.8\times 13.6)\times 0.06$

$(P_A-P_B)=9.8\times 0.3+(9.8\times 13.6)\times 0.06-9.8\times 0.2=8.9768\text{ kPa}\fallingdotseq 8.977\text{ kPa}$

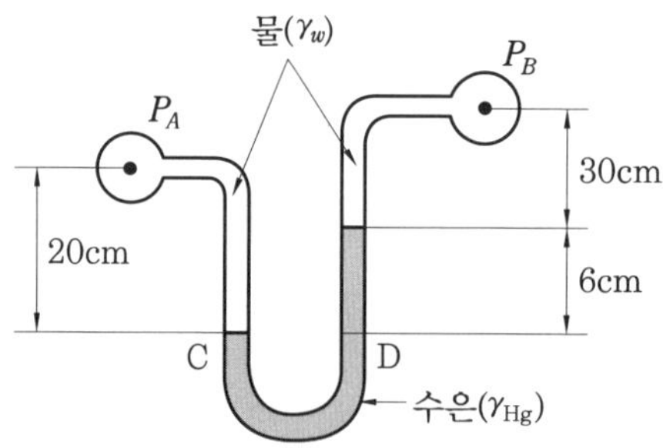

정답 7. ① 8. ①

09. 오른쪽 그림과 같이 액주계에서 $\gamma_1 = 9.8\ \text{kN/m}^3$, $\gamma_2 = 133.28\ \text{kN/m}^3$, $h_1 = 500$ mm, $h_2 = 800$ mm일 때 관 중심 A의 게이지압은 얼마인가?

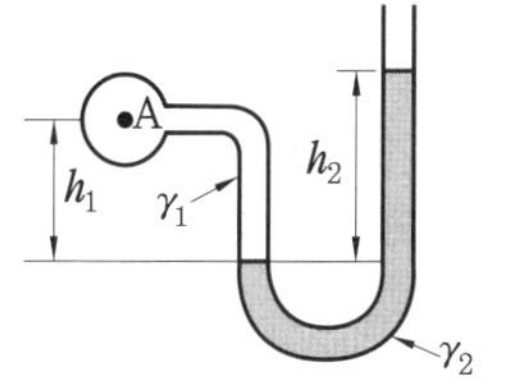

① 101.7 kPa ② 109.6 kPa
③ 126.47 kPa ④ 131.7 kPa

해설 $P_C = P_D$이므로 $P_A + \gamma_1 h_1 = \gamma_2 h_2$

$\therefore\ P_A = \gamma_2 h_2 - \gamma_1 h_1 = 133.28 \times 0.8 - 9.8 \times 0.5 = 101.72\ \text{kPa}$

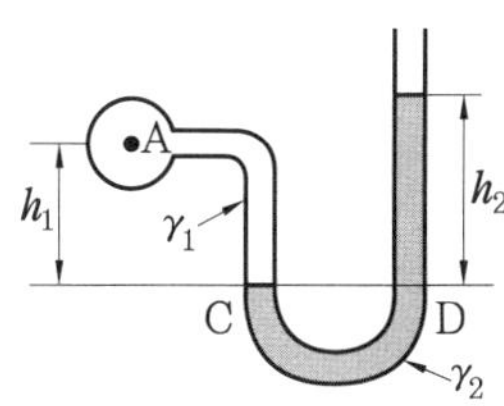

10. 관로의 유량을 측정하기 위하여 오리피스를 설치한다. 이때 오리피스에서 생기는 압력차를 계산하면 얼마인가? (단, 액주계 액체의 비중은 2.50, 흐르는 유체의 비중은 0.85, 마노미터의 읽음은 400 mm이다.)

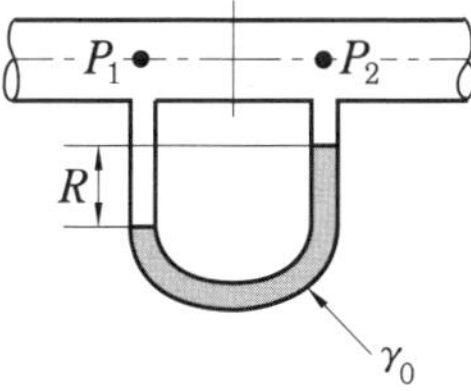

① 9.8 kPa ② 63.24 kPa ③ 6.468 kPa ④ 98.0 kPa

해설 $\Delta P (= P_1 - P_2) = (\gamma_0 - \gamma) R = 9.8 (S_0 - S) R$

$= 9.8 (2.50 - 0.85) \times 0.4 = 6.468\ \text{kPa}$

11. 정지 유체에 있어서 비중량을 γ, 밀도를 ρ라고 할 때 압력변화 dp와 깊이 dy와의 관계는?

① $dp = -ddy$ ② $dy = dp$
③ $dp = -\gamma dy$ ④ $dp = -\rho dy$

해설 $dp = -\rho g dy = -\gamma dy$ [kPa]

- 부호는 기준면으로부터 위로 올라갈수록 압력이 감소(−)함을 의미한다.

정답 9. ① 10. ③ 11. ③

12. 피스톤 A_2의 반지름이 A_1의 반지름의 2배일 때 피스톤 A_1과 A_2에 작용하는 압력을 각각 p_1, p_2라 하면 p_1과 p_2 사이의 관계는?

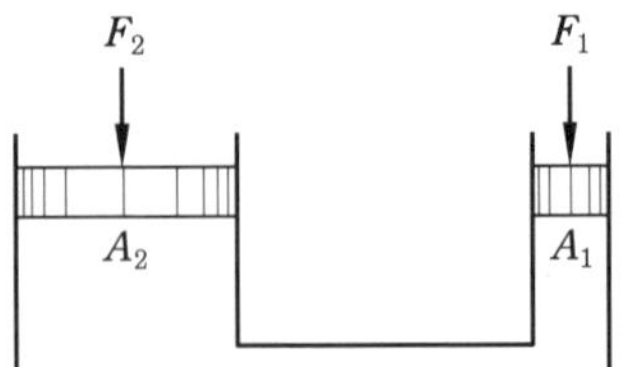

① $p_1 = p_2$ ② $p_2 = 2p_1$

③ $p_1 = 2p_2$ ④ $p_2 = 4p_1$

해설 밀폐된 용기의 유체에 가한 압력은 같은 세기로 모든 방향으로 전달된다.

13. 압력이 p[Pa]일 때 비중이 S인 액체의 수두(head)는 몇 mm인가?

① $\dfrac{p}{9.8S}$ ② $\dfrac{p}{1000S}$ ③ Sp ④ $1000Sp$

해설 $p = \gamma_w Sh = 9800\,Sh$[Pa]이므로

$$\therefore\ h = \frac{p}{9800S}[\text{mAq}] = \frac{p}{9.8S}[\text{mmAq}]$$

14. 비중이 S인 액체의 수면으로부터 x[m] 깊이에 있는 점의 압력은 수은주로 몇 mm인가? (단, 수은주 비중은 13.6이다.)

① $13.6Sx$ ② $13600Sx$ ③ $\dfrac{1000Sx}{13.6}$ ④ $\dfrac{Sx}{13.6}$

해설 $p = \gamma_w Sh = 9800\,Sh$[Pa]

$$h = \frac{p}{\gamma_{Hg}} = \frac{9800Sx}{9800 \times 13.6} = \frac{Sx}{13.6}[\text{mHg}]$$

$$= \frac{1000Sx}{13.6}[\text{mmHg}]$$

15. 폭×높이 $= a \times b$인 직사각형 수문의 도심이 수면에서 h의 깊이에 있을 때 압력 중심의 위치는 수면 아래 어디에 있는가?

① $\dfrac{2}{3}h$ ② $\dfrac{1}{3}h$ ③ $h + \dfrac{bh^2}{12}$ ④ $h + \dfrac{b^2}{12h}$

해설 $$y_F = \bar{y} + \frac{I_G}{A\bar{y}} = h + \frac{\frac{ab^3}{12}}{(ab)h} = h + \frac{b^2}{12h}[\text{m}]$$

정답 12. ① 13. ① 14. ③ 15. ④

16. 표준 대기압이 아닌 것은?

① 101325 N/m^2 ② 1.01325 bar ③ 14.7 kg/cm^2 ④ 760 mmHg

해설 표준 대기압(1 atm) = 760 mmHg = 1.01325 bar = 101325 Pa(N/m^2)
= 101.325 kPa = 14.7 psi(lb/m^2)

17. 높이 10 m 되는 기름통에 비중이 0.9인 액체가 가득 차 있을 때 밑바닥에서의 압력은 얼마인가?

① 45.8 kPa ② 88.2 kPa ③ 92.2 kPa ④ 192.3 kPa

해설 $p = \gamma h = \gamma_w S h = 9.8 \times 0.9 \times 10 = 88.2$ kPa

18. U자관에서 어떤 액체 25 cm의 높이와 수은 3.3 cm 높이가 평행을 이루고 있다. 이 액체의 비중은?(단, 수은의 비중은 13.6이다.)

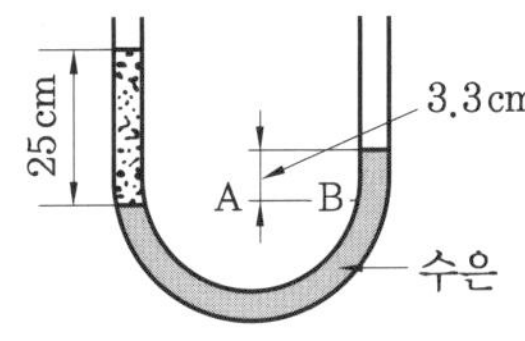

① 1.8 ② 1.52
③ 2.067 ④ 15.2

해설 $p_A = p_B$이므로 $9800 \times S \times 0.25 = 9800 \times 13.6 \times 0.033$
$\therefore S = 1.8$

19. 비중이 0.8인 판자를 물에 띄우면 전체의 몇 %가 물속에 가라앉는가?

① 20 % ② 40 % ③ 60 % ④ 80 %

해설 판자의 체적을 V, 판자의 잠긴 체적을 V_1이라 하면 판자의 무게(W) = 부력(F_B)이므로

$$\frac{V_1}{V} = \frac{800}{1000} = 0.8$$

20. 비중이 0.25인 물체를 물 위에 띄웠을 때 물 밖으로 나오는 부피는 전체 부피의 얼마에 해당되는가?

① $\frac{1}{4}$ ② $\frac{1}{2}$ ③ $\frac{3}{4}$ ④ $\frac{1}{3}$

정답 16. ③ 17. ② 18. ① 19. ④ 20. ③

해설 $1000\times V\times 0.25=1000\times 1\times V(1-x)$

$\therefore\ x=0.75=\dfrac{3}{4}$

21. 다음 그림은 어떤 물체를 물, 수은, 알코올 속에 넣었을 때 떠 있는 모양을 나타낸 것이다. 부력이 가장 큰 것은?

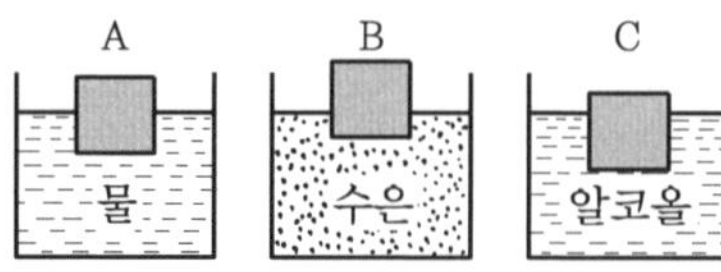

① A
② B
③ C
④ 부력은 같다.

해설 물체 무게 = 액체의 부력(즉, 무게는 변하지 않으므로 어느 액체에 넣어도 부력은 같다.)

22. 수은면에 쇠덩어리가 떠 있다. 이 쇠덩어리가 보이지 않을 때까지 물을 부었을 때 쇠덩어리의 수은 속에 있는 부분과 물속에 있는 부분의 부피의 비는 얼마인가? (단, 쇠의 비중은 7.8, 수은의 비중은 13.6이다.)

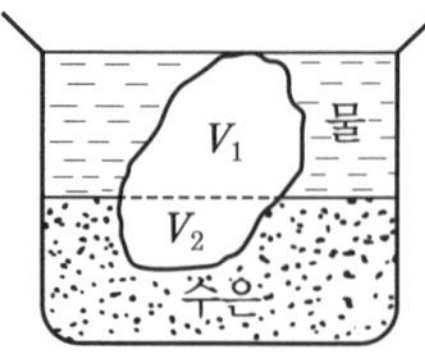

① $\dfrac{34}{29}$ ② $\dfrac{78}{136}$ ③ $\dfrac{5}{7}$ ④ $\dfrac{4}{3}$

해설 쇠덩어리의 물속과 수은 속에 있는 부피를 V_1, V_2라 하면

쇠의 무게 = 물에 의한 부력 + 수은에 의한 부력

$7.8(V_1+V_2)=V_1+13.6\,V_2$

$\therefore\ 6.8\,V_1=5.8\,V_2$

$\therefore\ \dfrac{V_2}{V_1}=\dfrac{6.8}{5.8}=\dfrac{34}{29}$

정답 21. ④ 22. ①

Chapter 3

유체 운동학

3-1 흐름의 상태

(1) 정상 유동과 비정상 유동

① 정상 유동(steady flow) : 유동장 내의 임의의 점에서 흐름의 특성이 시간에 따라 변화하지 않는 흐름을 말한다. 그러므로 정상 유동에서는 어떤 점의 속도 V, 밀도 ρ, 압력 p, 온도 T라 하면,

$$\frac{\partial V}{\partial t}=0,\ \frac{\partial \rho}{\partial t}=0,\ \frac{\partial p}{\partial t}=0,\ \frac{\partial T}{\partial t}=0$$

② 비정상 유동(unsteady flow) : 유체의 흐름의 특성이 시간에 따라 변화하는 흐름을 말한다.

$$\frac{\partial V}{\partial t}\neq 0,\ \frac{\partial \rho}{\partial t}\neq 0,\ \frac{\partial p}{\partial t}\neq 0,\ \frac{\partial T}{\partial t}\neq 0$$

(2) 균속도 유동과 비균속도 유동

① 균속도 유동(uniform flow) : 어떤 순간에 유동장 내의 속도 벡터가 위치와 관계없이 일정할 때의 흐름을 말한다.

$$\frac{\partial V}{\partial s}=0$$

여기서, s : 임의의 방향의 좌표

② 비균속도 유동(nonuniform flow) : 어떤 순간에 유동장의 속도 벡터가 위치에 따라 변하는 흐름을 말한다.

$$\frac{\partial V}{\partial s}\neq 0$$

• 정상 균속도 유동$\left(\frac{\partial V}{\partial t}=0,\ \frac{\partial V}{\partial s}=0\right)$

t=10초		t=30초	
3m/s →	3m/s →	3m/s →	3m/s →
1	2	1	2

• 정상 비균속도 유동$\left(\dfrac{\partial V}{\partial t}=0,\ \dfrac{\partial V}{\partial s}\neq 0\right)$

t=10초		t=30초	
3m/s	5m/s	3m/s	5m/s
1	2	1	2

• 비정상 균속도 유동$\left(\dfrac{\partial V}{\partial t}\neq 0,\ \dfrac{\partial V}{\partial s}=0\right)$

t=10초		t=30초	
5m/s	5m/s	6m/s	6m/s
1	2	1	2

• 비정상 비균속유동$\left(\dfrac{\partial V}{\partial t}\neq 0,\ \dfrac{\partial V}{\partial s}\neq 0\right)$

t=10초		t=30초	
3m/s	6m/s	8m/s	9m/s
1	2	1	2

예제 1. 다음 중 정상 유동은 어떤 경우에 일어나는가?

① 유동장 내의 임의의 점에서 흐름의 특성이 시간에 따라 변하지 않을 때
② 어떤 순간에 인접한 유체 입자들의 흐름이 특성이 같을 때
③ 흐름의 특성이 시간에 따라 점진적으로 변할 때
④ 뉴턴의 점성 법칙에 따를 때

해설 정상 유동이란 유동장에서 유체의 흐름의 특성이 시간에 따라 변하지 않는 흐름을 말한다.

즉, $\dfrac{\partial V}{\partial t}=0,\ \dfrac{\partial T}{\partial t}=0,\ \dfrac{\partial P}{\partial t}=0,\ \dfrac{\partial \rho}{\partial t}=0$

정답 ①

예제 2. 다음 중 균속도 유동은 어느 경우에 일어나는가?

① 정상 유동일 때는 언제나 생긴다.
② 임의의 점에서 속도 벡터가 일정하게 유지될 때
③ 어떤 순간에 유동장의 임의의 모든 점에서 속도 벡터가 동일할 때
④ 뉴턴의 점성 법칙에 따를 때

해설 균속도 유동이란 어떤 순간에 인접한 유체 입자들의 속도 벡터가 같을 때의 유동을 말한다.

즉, $\dfrac{\partial V}{\partial s}=0$

정답 ③

3-2 유선, 유적선, 유맥선

(1) 유선(stream line)

어떤 순간에 유동장 내에 그려진 가상 곡선으로 그 곡선상의 임의의 점에서 그은 접선 방향이 그 점 위에 있는 유체 입자의 속도 방향과 일치하도록 그려진 연속적인 선을 말한다. 유선 위의 미소 벡터를 $dr = dxi + dyj + dzk$라 하고, 속도 벡터를 $V = ui + vj + wk$라 하면 유선에서 그은 접선과 속도의 방향은 항상 일치하므로 유선의 방정식은 다음과 같이 얻어진다.

$$V \times dr = 0 \text{ 또는 } \frac{dx}{u} = \frac{dy}{v} = \frac{dz}{w}$$

비정상 유동에서는 유체의 흐름이 시간에 따라 변화하므로 유선도 시간에 따라 변하지만, 정상 유동에서는 유선은 시간에 따라 변하지 않는다.

(2) 유적선(path line)

한 유체 입자가 일정한 기간 내에 움직인 경로를 말한다.

(3) 유맥선(streak line)

공간 내의 한 점을 지나는 모든 유체 입자들의 순간 궤적을 말한다.

예제 3. 유선(stream line)이란?

① 유동 단면의 중심을 연결한 선이다.
② 항상 유체 입자의 경로이다.
③ 모든 점에서 속도 벡터에 수직하게 그려진 가상 곡선이다.
④ 유동장 내에서 속도 벡터의 방향과 일치하도록 그려진 가상 곡선이다.

정답 ④

예제 4. 2차원 유동장에서 속도가 $V = 5yi + j$일 때 점 (2, 1)에서 유선의 기울기를 구하면 얼마인가?

① $\frac{1}{2}$　② $\frac{1}{3}$　③ $\frac{1}{4}$　④ $\frac{1}{5}$

해설 유선의 방정식에서 $\frac{dx}{5y} = \frac{dy}{1}$ 이므로 $\left.\frac{dy}{dx}\right|_{(2,\,1)} = \left.\frac{1}{5y}\right|_{(2,\,1)} = \frac{1}{5}$　**정답** ④

3-3 연속방정식

다음 그림과 같은 관(pipe) 내의 1차원 정상 유동에서는 어디에서도 질량이 증가되거나 손실되지 않는다. 즉, 이것을 질량 보존의 법칙이라 한다. 질량 보존의 법칙을 흐르는 유체에 적용하여 얻어진 방정식을 연속방정식(continuity equation)이라 한다.

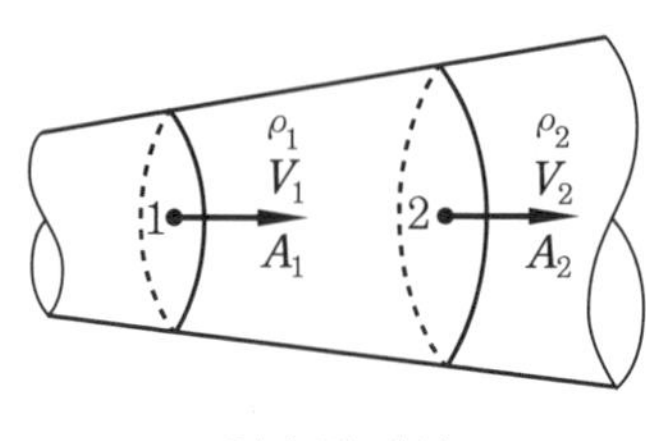

연속방정식

단면 1과 2에서 단면적을 A_1, A_2라 하고 그 면에서 속도와 밀도를 각각 V_1, V_2, ρ_1, ρ_2라 하면 단위시간에 A_1을 통하여 이동하는 유체의 질량은 $\rho_1 A_1 V_1$, A_2를 통하여 이동하는 질량은 $\rho_2 A_2 V_2$이다.

질량 보존의 법칙에 의하여 이 두 질량은 같아야 하므로

$$\dot{m} = \rho_1 A_1 V_1 = \rho_2 A_2 V_2$$

여기서 $\dot{m}$을 질량 유량(mass flow rate)이라 하고 이 식을 연속 방정식이라 하며, 미분형은 다음과 같이 구한다.

연속방정식 $\rho A V =$ 상수에서 양변에 log를 취하면

$$\ln\rho + \ln A + \ln V = \ln c$$

미분하면 $\dfrac{d\rho}{\rho} + \dfrac{dA}{A} + \dfrac{dV}{V} = 0$

$\therefore\ d(\rho A V) = 0$ 또는 $\dfrac{d\rho}{\rho} + \dfrac{dA}{A} + \dfrac{dV}{V} = 0$

연속방정식에 g를 곱하면 $\dot{G} = \gamma_1 A_1 V_1 = \gamma_2 A_2 V_2$

여기서 $\dot{G}$를 중량유량(weight flow rate)이라 한다.

연속방정식에서 $\rho_1 = \rho_2$이면 $Q = A_1 V_1 = A_2 V_2$

여기서 Q는 체적유량(volumetric flow rate)이라 한다.

일반적인 3차원 비정상 유동의 연속방정식은

$$\frac{\partial}{\partial x}(\rho u) + \frac{\partial}{\partial y}(\rho v) + \frac{\partial}{\partial z}(\rho w) = -\frac{\partial \rho}{\partial t}$$

연산자 $\nabla = \frac{\partial}{\partial x}i + \frac{\partial}{\partial y}j + \frac{\partial}{\partial z}k$와 속도 벡터 $V = ui + vj + wk$를 이용하면

$$\nabla \cdot (\rho V) = \left(\frac{\partial}{\partial x}i + \frac{\partial}{\partial y}j + \frac{\partial}{\partial z}k\right) \cdot (\rho ui + \rho vj + \rho wk)$$

$$= \frac{\partial(\rho u)}{\partial x} + \frac{\partial(\rho v)}{\partial y} + \frac{\partial(\rho w)}{\partial z}$$ 이므로 $\nabla \cdot (\rho V) = -\frac{\partial \rho}{\partial t}$

비압축성 흐름(ρ= 상수)에서는 $\frac{\partial u}{\partial x} + \frac{\partial v}{\partial y} + \frac{\partial w}{\partial z} = 0$ 또는 $\nabla \cdot V = 0$

여기서 $\nabla \cdot V$를 속도 V의 다이버젠스(divergence)라 한다.

예제 5. 연속방정식이란?

① 유선 위의 두 점에 단위체적당 운동량 법칙을 만족시켜 유도한 방정식이다.
② 질량 보존의 법칙을 유체 유동에 적용한 방정식이다.
③ 에너지와 일 사이의 관계를 기술한 방정식이다.
④ 유체의 모든 입자에 뉴턴의 운동의 법칙을 만족시킨 방정식이다.

해설 연속방정식이란 질량 보존의 법칙을 유체 유동에 적용한 방정식으로 유관 내의 유체는 도중에 생성되거나 소멸하는 경우가 없다. 정답 ②

예제 6. 지름 100 mm인 파이프에 비중 0.8인 기름이 평균유속 4 m/s로 흐를 때 질량 유량은 몇 kg/s인가?(단, 물의 밀도는 1000 kg/m³로 한다.)

① 0.25　　② 2.51
③ 25.13　　④ 28.15

해설 기름의 밀도 $\rho = \rho_w S = 1000 \times 0.8 = 800\ \mathrm{kg/m^3}$

따라서 질량 유량 $\dot{m} = \rho A V = 800 \times \frac{\pi}{4} \times 0.1^2 \times 4 = 25.13\ \mathrm{kg/s}$ 정답 ③

예제 7. 오른쪽 그림과 같이 유체가 흐를 때 출구 ③을 통하여 흘러들어오는 유량(m³/s)은 얼마인가?

① 0.05　　② 0.5
③ 5.0　　④ 7.5

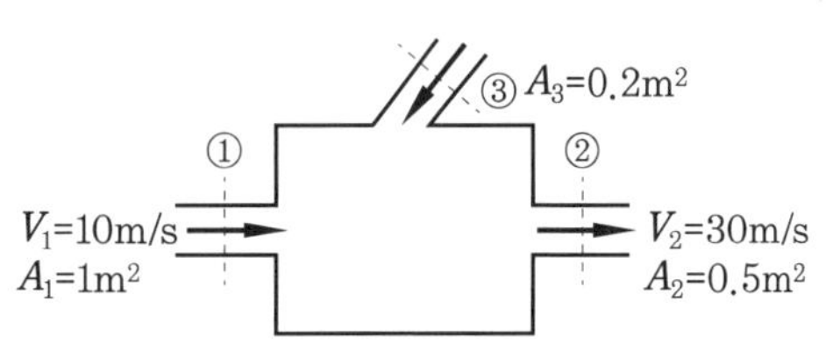

해설 연속방정식으로부터 $Q_1 + Q_3 = Q_2$

$Q_1 = A_1 V_1$, $Q_2 = A_2 V_2$이므로

$Q_3 = Q_2 - Q_1 = A_2 V_2 - A_1 V_1 = 0.5 \times 30 - 10 \times 1 = 5\ \mathrm{m^3/s}$ 정답 ③

3-4 오일러의 운동방정식과 베르누이 방정식

(1) 오일러의 운동방정식(Euler's equation of motion)

그림과 같이 질량 $\rho dAds$인 유체 입자가 유선을 따라 움직인다. 이 유체 입자의 유동 방향의 한쪽 면에 작용하는 압력을 p라 하면, 다른 쪽 면에 작용하는 압력은 $p+\dfrac{\partial p}{\partial s}ds$로 표시할 수 있다.

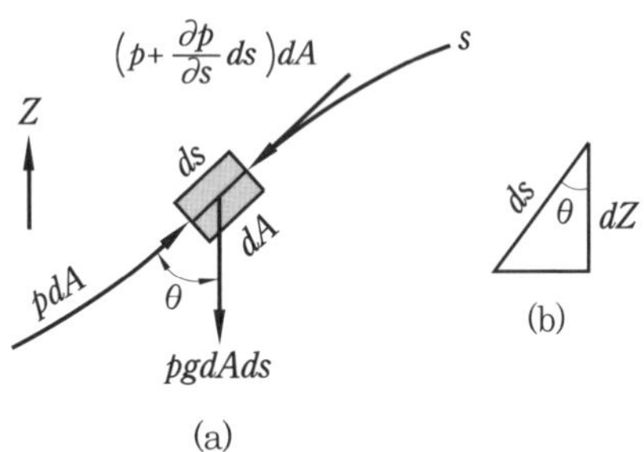

유선 위 유체 입자에 작용하는 힘

그리고 유체 입자의 무게는 $\rho gdAds$이다. 이 유체 입자에 뉴턴의 운동방정식 $\sum F_s = ma_s$를 적용하면

$$pdA-\left(p+\frac{\partial p}{\partial s}ds\right)dA-\rho gdAds\cos\theta=\rho dAds\frac{dV}{dt}$$

여기서 V는 유선을 따라 유동하는 유체 입자의 속도이다. 윗 식의 양변을 $\rho dAds$로 나누어 정리하면 $\dfrac{1}{\rho}\dfrac{\partial p}{\partial s}+g\cos\theta+\dfrac{dV}{dt}=0$

속도 V는 s와 t의 함수, 즉 $V=f(s,\ t)$이므로

$$\frac{dV}{dt}=\frac{\partial V}{\partial s}\frac{ds}{dt}+\frac{\partial V}{\partial t}=V\frac{\partial V}{\partial s}+\frac{\partial V}{\partial t}$$

그리고 그림 (b)에서 $\cos\theta=\dfrac{dZ}{ds}$

$\dfrac{dV}{dt}$와 $\cos\theta$을 윗 식에 대입하면 Euler의 운동방정식을 얻는다.

$$\frac{1}{\rho}\frac{\partial p}{\partial s}+V\frac{\partial V}{\partial s}+g\frac{dZ}{ds}+\frac{\partial V}{\partial t}=0$$

정상 유동에서는 $\dfrac{\partial V}{\partial t}=0$이므로 Euler의 운동방정식은

$$\frac{1}{\rho}\frac{\partial p}{\partial s}+V\frac{\partial V}{\partial s}+g\frac{dZ}{ds}=0 \text{ 또는 } \frac{dp}{\rho}+VdV+gdZ=0$$

윗 식이 유도될 때 사용된 가정은 다음과 같다.

① 유체 입자는 유선을 따라 움직인다.

② 유체는 마찰이 없다.(점성력이 0이다.)

③ 정상 유동이다.

(2) 베르누이 방정식(Bernoulli equation)

유선에 따른 오일러 방정식을 적분하면 베르누이 방정식을 얻는다.

$$\int_1^2 \frac{dp}{\rho}+\frac{V_2^2-V_1^2}{2}+g(Z_2-Z_1)=0$$

비압축성 유체($\rho=$일정)일 경우 윗 식은

$$\frac{p_1}{\rho}+\frac{V_1^2}{2}+gZ_1=\frac{p_2}{\rho}+\frac{V_2^2}{2}+gZ_2$$

$$\text{또는 } \frac{p_1}{\gamma}+\frac{V_1^2}{2g}+Z_1=\frac{p_2}{\gamma}+\frac{V_2^2}{2g}+Z_2=H$$

여기서 각 항의 차원은 $[L]$을 갖는다.

여기서, $\frac{p}{\gamma}$: 압력수두(pressure head), $\frac{V^2}{2g}$: 속도수두(velocity head)

비정상상태의 베르누이 방정식은 $\frac{1}{\rho}\frac{\partial p}{\partial s}+V\frac{\partial V}{\partial s}+g\frac{dZ}{ds}+\frac{\partial V}{\partial t}=0$을 적분하면 얻어진다.

$$\int_1^2 \frac{dp}{\rho}+\frac{V_2^2-V_1^2}{2}+g(Z_2-Z_1)+\int_1^2 \frac{\partial V}{\partial t}ds=0$$

비압축성 유동($\rho=$ 일정)에서

$$\frac{p_1}{\gamma}+\frac{V_1^2}{2g}+Z_1=\frac{p_2}{\gamma}+\frac{V_2^2}{2g}+Z_2+\int_1^2 \frac{1}{g}\frac{\partial V}{\partial t}ds$$

여기서, Z : 위치수두(potential head), H : 전수두(total head)

$\frac{p}{\gamma}+\frac{V^2}{2g}+Z$를 전수두선(total head line) 또는 에너지선(energy line) E.L이라고 하며, $\frac{p}{\gamma}+Z$를 연결한 선을 수력구배선(hydraulic grade line) H.G.L이라고 한다. 수력

구배선은 항상 에너지선보다 속도수두 $\dfrac{V^2}{2g}$만큼 아래에 위치한다.

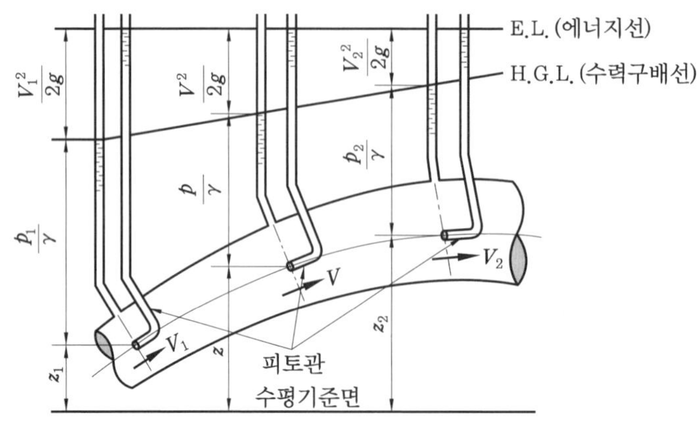

베르누이 방정식에서의 수두

실제 관로 문제에서는 유체의 마찰이 고려되어야 한다. 단면 1과 2 사이에서 손실수두(loss head)를 h_L이라 하면 수정 베르누이 방정식(modified Bernoulli equation)은 다음과 같다.

$$\frac{p_1}{\gamma}+\frac{V_1^2}{2g}+Z_1=\frac{p_2}{\gamma}+\frac{V_2^2}{2g}+Z_2+h_L$$

예제 8. 오일러(Euler)의 운동방정식 $\dfrac{dp}{\rho}+VdV+gdZ=0$을 유도하는 데 관계가 없는 가정은?

① 정상 유동
② 유체 입자가 유선을 따라 움직인다.
③ 비압축성
④ 유체의 마찰이 없다.

해설 오일러 운동방정식 유도 시 가정은 다음과 같다.

(1) 정상 유동
(2) 유체 입자는 유선을 따라 움직인다.
(3) 유체는 마찰이 없다.(점성력이 0일 것)

정답 ③

예제 9. 오른쪽 그림과 같은 물통에서 구멍 B로부터 나오는 물의 유출속도를 구하면 얼마인가?

① 9.86
② 10.86
③ 12.86
④ 13.86

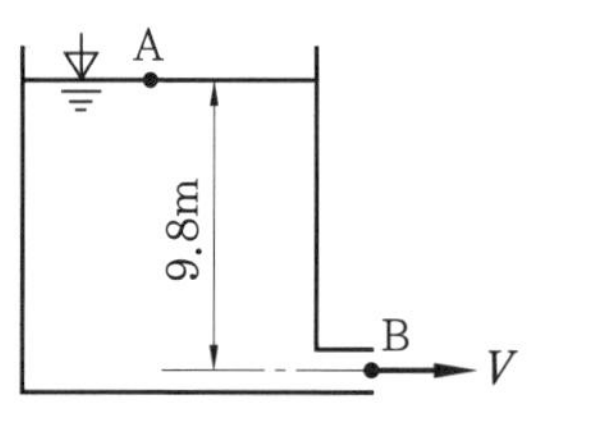

해설 A와 B에 베르누이 방정식을 적용하면

$$\frac{p_A}{\gamma}+\frac{V_A^2}{2g}+Z_A=\frac{p_B}{\gamma}+\frac{V_B^2}{2g}+Z_B$$

여기서 $p_A=p_B=0$, $V_A=0$, $Z_A-Z_B=H=9.8\text{ m}$이므로

$$\frac{V_B^2}{2g}=Z_A-Z_B=H$$

$$\therefore\ V_B=\sqrt{2gH}=\sqrt{2\times9.8\times9.8}=13.86\text{ m/s}$$

노즐의 유출속도는 물체가 H만큼 자유낙하할 때 얻는 식과 같다. 이것을 토리첼리의 정리(Torricelli's theorem)라 한다.

정답 ④

예제 10. 어떤 파이프 내에 물의 속도가 9.8 m/s, 압력이 147 kPa이다. 이 파이프가 기준면으로부터 3 m 위에 있다면, 전수두는 얼마인가?

① 20.9 m ② 21.9 m
③ 22.9 m ④ 23.9 m

해설 압력수두 $\frac{p}{\gamma}=\frac{147\times10^3}{9800}=15\text{ m}$, 속도수두 $\frac{V^2}{2g}=\frac{9.8^2}{2\times9.8}=4.9\text{ m}$, 위치수두 $Z=3\text{ m}$이다.

따라서 전수두 $H=\frac{p}{\gamma}+\frac{V^2}{2g}+Z=15+4.9+3=22.9\text{ m}$

정답 ③

예제 11. 그림에서 물이 0.72 m^3/s로 흐르고 있다. A에서 압력이 98 kPa이면, B에서 압력은 약 몇 kPa인가? (단, A점에서 B점까지의 손실은 무시한다.)

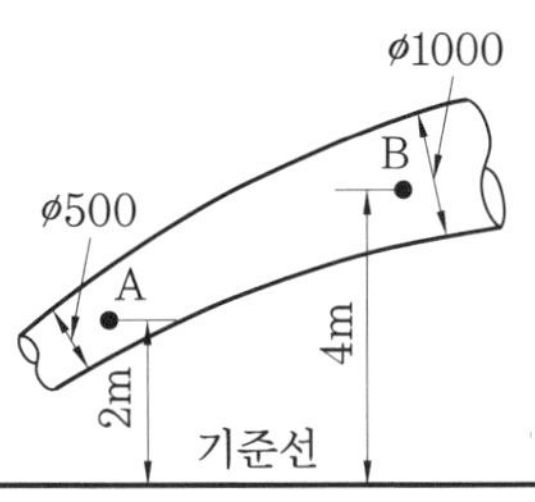

① 84.7 ② 86.7 ③ 94.7 ④ 95.7

해설 연속방정식에서 유속 V_A, V_B는

$$V_A=\frac{Q}{A_A}=\frac{0.72}{\frac{\pi}{4}\times0.5^2}=3.67\text{ m/s},\quad V_B=\frac{Q}{A_B}=\frac{0.72}{\frac{\pi}{4}\times1^2}=0.917\text{ m/s}$$

A와 B에 베르누이 방정식을 적용하면

$$\frac{P_A}{\gamma}+\frac{V_A^2}{2g}+Z_A=\frac{P_B}{\gamma}+\frac{V_B^2}{2g}+Z_B$$

$$\frac{98\times10^3}{9800}+\frac{(3.67)^2}{2\times9.8}+2=\frac{P_B}{9800}+\frac{(0.917)^2}{2\times9.8}+4$$

$$\therefore\ P_B=84742\text{ Pa}\fallingdotseq84.7\text{ kPa}$$

정답 ①

예제 12. 오른쪽 그림과 같이 공을 회전시키며 던졌다. A점에서 공을 바라본다면 공은 어느 쪽으로 운동할까?

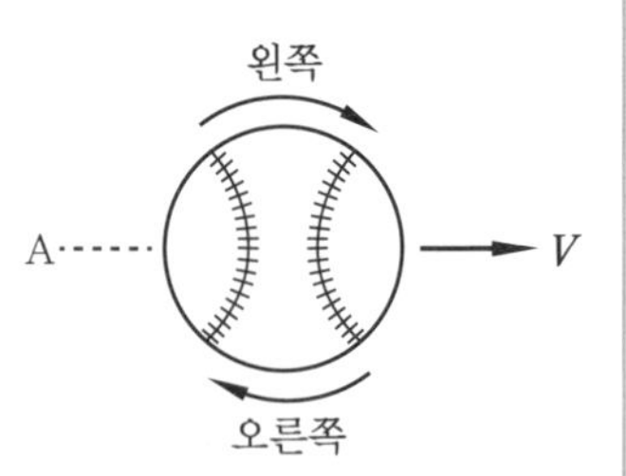

① 뉴턴의 제3법칙에 의하여 왼쪽으로 운동한다.
② 뉴턴의 제3법칙에 의하여 오른쪽으로 운동한다.
③ 베르누이의 정리에 의하여 왼쪽으로 운동한다.
④ 베르누이의 정리에 의하여 오른쪽으로 운동한다.

해설 베르누이의 정리에 의하여 공의 왼쪽은 공의 속도와 공기속도 V가 서로 상쇄되어 기류속도는 감소되므로 압력은 증가하지만, 오른쪽에서는 중첩되어 기류속도가 증가하므로 압력은 감소한다. 즉, $p_1 < p_2$이므로 공은 오른쪽으로 구부러진다. 정답 ④

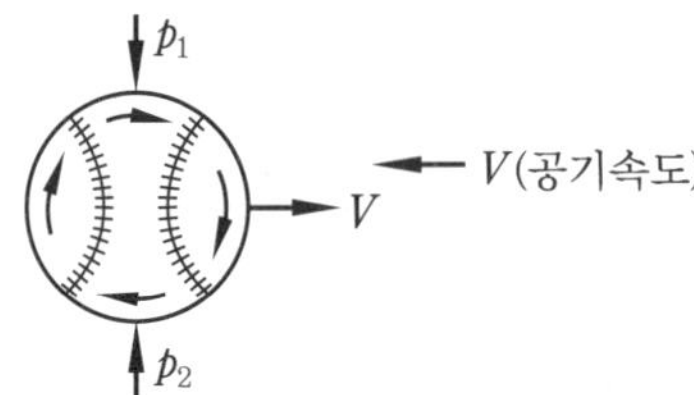

3-5 운동에너지의 수정계수(α)

개수로나 폐수로 유동에서 일반적으로 단면에서 속도 분포는 다음 그림과 같이 균일하지 않다.

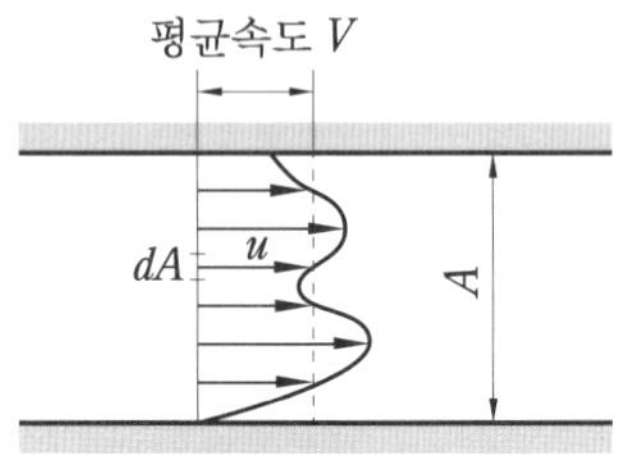

속도 분포와 평균속도

이러한 유동장에서 속도 분포를 균일하게 보고 평균속도 V에 대한 운동에너지 $\left((\rho A V)\dfrac{V^2}{2}\right)$를 참운동에너지$\left(\displaystyle\int_A \frac{u^2}{2}(\rho u dA)\right)$로 계산하는 것은 오차를 유발하게 되므로 이러한 것을 줄이기 위하여 $\alpha\rho\dfrac{AV^3}{2}$와 같은 수정된 운동에너지가 사용된다.

즉, 참운동에너지와 수정된 운동에너지를 같도록 하면

$$\int_A \rho\frac{u^3}{2}dA = \alpha\rho\frac{V^3}{2}A$$

$$\therefore\ \alpha = \frac{1}{A}\int_A \left(\frac{u}{V}\right)^3 dA$$

여기서 α를 운동에너지의 수정계수(kinetic-energy correction factor)라 한다.

관로 문제에서 운동에너지의 수정계수를 수정 베르누이 방정식에 도입하면

$$\frac{p_1}{\gamma} + \alpha_1 \frac{V_1^2}{2g} + Z_1 = \frac{p_2}{\gamma} + \alpha_2 \frac{V_2^2}{2g} + Z_2 + h_L$$

예제 **13. 파이프 내에서 완전히 발달된 층류유동의 속도 분포가** $u = u_{\max}\left[1-\left(\frac{r}{r_0}\right)^2\right]$ **일 때 평균속도** V**와 운동에너지의 수정계수** α**는 각각 얼마인가?**

① $V = u_{\max}$, $\alpha = 1.5$

② $V = \frac{u_{\max}}{2}$, $\alpha = 2$

③ $V = \frac{u_{\max}}{3}$, $\alpha = 2.5$

④ $V = \frac{u_{\max}}{4}$, $\alpha = 3$

해설 평균속도 $V = \frac{Q}{A} = \frac{1}{\pi r_0^2}\int_A u dA = \frac{1}{\pi r_0^2}\int_0^{r_0} u_{\max}\left[1-\left(\frac{r}{r_0}\right)^2\right] 2\pi r dr = \frac{u_{\max}}{2}$

운동에너지의 수정계수 $\alpha = \frac{1}{A}\int_A \left(\frac{v}{V}\right)^3 dA = \frac{1}{\pi r_0^2}\int_0^{r_0}\left[\frac{u_{\max}\left[1-\left(\frac{r}{r_0}\right)^2\right]}{\frac{u_{\max}}{2}}\right]^3 2\pi r dr = 2$

정답 ②

3-6 동압과 정압

유동장 내의 유속을 측정하기 위하여 그림과 같은 피토관(pitot tube)이 가끔 사용된다.

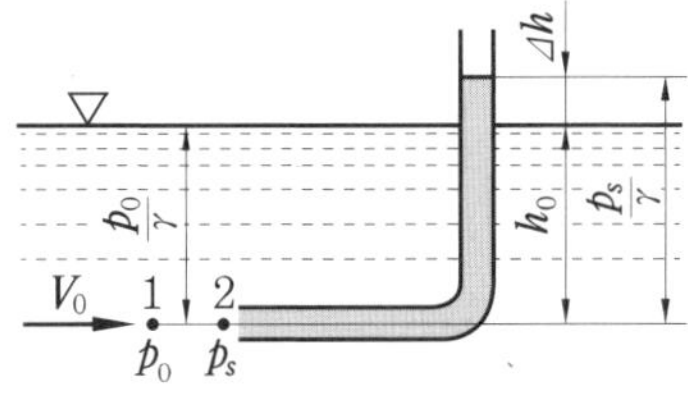

피토관

그림에서 점 1과 점 2에 베르누이 방정식을 적용하고, 관의 선단에서의 유속 V_2는 0 이고 $Z_1 = Z_2$이므로 $\frac{p_0}{\gamma} + \frac{V_0^2}{2g} = \frac{p_s}{\gamma}$

윗 식의 양변에 γ를 곱하면

$$p_s = p_0 + \frac{\rho V_0^2}{2}$$

여기서, p_s : 정체압력(stagnation pressure) 또는 총압(total pressure)

p_0 : 정압(static pressure)

$\frac{\rho V_0^2}{2}$: 동압(dynamic pressure)

그림에서 $\frac{p_0}{\gamma} = h_0$, $\frac{p_s}{\gamma} = h_0 + \Delta h$이므로 $h_0 + \frac{V_0^2}{2g} = h_0 + \Delta h$

$\therefore V_0 = \sqrt{2g\Delta h}$ [m/s]

예제 14. 오른쪽 그림과 같이 잔잔히 흐르는 강에 깊이 6 m 지점에 물체를 고정시키고 물체 표면에 작용하는 압력을 측정한 결과 최대 67 kPa의 압력을 받았다. 이 깊이에서 흐르는 물의 속도는 얼마인가?

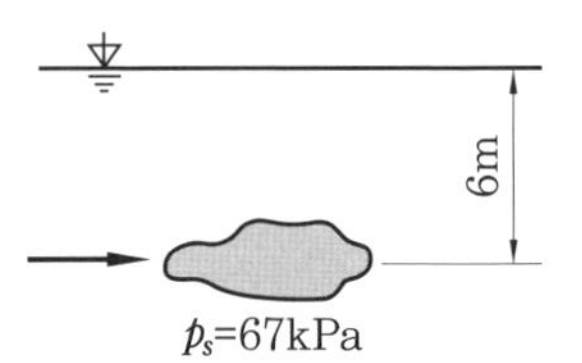

① 1.05　　② 2.05

③ 3.05　　④ 4.05

해설 깊이 6 m인 곳에서 정압 $p_0 = \gamma h = 9800 \times 6 = 58800$ Pa(N/m²)

문제에서 정체압력 $p_s = 67$ kPa이므로

$p_s = p_0 + \frac{\rho V^2}{2}$에서

$$V = \sqrt{\frac{2(p_s - p_0)}{\rho}} = \sqrt{\frac{2(67 \times 10^3 - 58800)}{1000}} = 4.05 \text{ m/s}$$

정답 ④

3-7 공률(power)

펌프 또는 터빈을 지나는 유동에 대한 에너지 방정식은

$$\text{펌프 : } \frac{p_1}{\gamma} + \frac{V_1^2}{2g} + Z_1 + H_p = \frac{p_2}{\gamma} + \frac{V_2^2}{2g} + Z_2$$

$$\text{터빈 : } \frac{p_1}{\gamma} + \frac{V_1^2}{2g} + Z_1 = \frac{p_2}{\gamma} + \frac{V_2^2}{2g} + Z_2 + H_T$$

이때 전달된 동력은

$$P = \frac{\gamma Q H}{75} \text{[PS]} = \frac{\gamma Q H}{102} \text{[kW]}$$ (γ의 단위 : kgf/m³)

$$= \gamma QH\,[\mathrm{W}] = \frac{\gamma QH}{1000}\,[\mathrm{kW}]$$ (γ의 단위 : $\mathrm{N/m^3}$)

여기서, Q : 유체의 유량($\mathrm{m^3/s}$), H : 수두(m)

예제 15. 다음 그림과 같은 터빈에서 얻어지는 최대동력은 몇 kW인가? (단, H = 100 m, Q = 10 $\mathrm{m^3/s}$이다.)

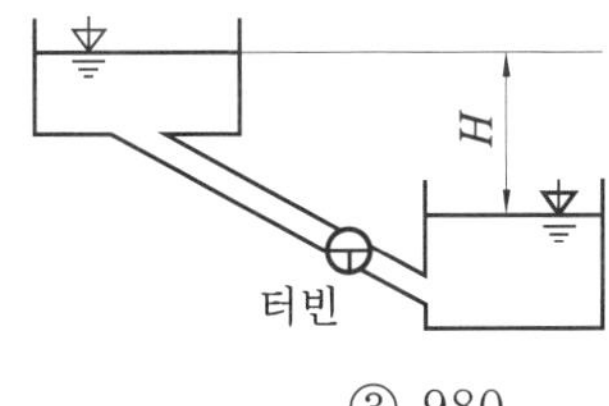

① 9.8 ② 98 ③ 980 ④ 9800

해설 최대동력(kW) = $9.8QH = 9.8\times10\times100 = 9800$ kW

정답 ④

3-8 각운동량(angular momentum)

곡선상에서 운동하는 질량 m인 물체가 있다. 이때 한 점을 중심으로 하여 작용하는 모멘트 T는 각운동량 법칙에 의하여 다음과 같이 쓸 수 있다.

$$T = \frac{d}{dt}(mVr)$$

여기서, mVr(= 운동량×반지름) : 각운동량

예를 들면 그림과 같은 원심 펌프에서 임펠러(impeller)의 입구와 출구에서 유속을 v_1, v_2, 반경을 r_1, r_2, 유량을 Q라 하면 각운동량 법칙에서

$$T = \rho Q(r_2 v_2 \cos\alpha_2 - r_1 v_1 \cos\alpha_1) = \rho Q(r_2 v_{2u} - r_1 v_{1u})$$

여기서, $v_{1u} = v_1\cos\alpha_1$, $v_{2u} = v_2\cos\alpha_2$

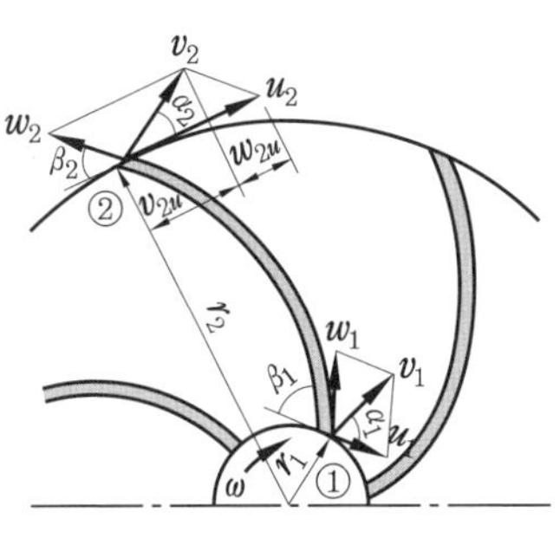

임펠러

예제 16. 그림과 같은 임펠러에서 $r_1 = 10$ cm, $r_2 = 16$ cm, $v_{1u} = 0$, $v_{2u} = 3$ m/s, $Q = 0.2$ m³/s이다. 이때 임펠러가 받는 토크는 몇 N · m인가? (단, 사용되는 유체는 물이다.)

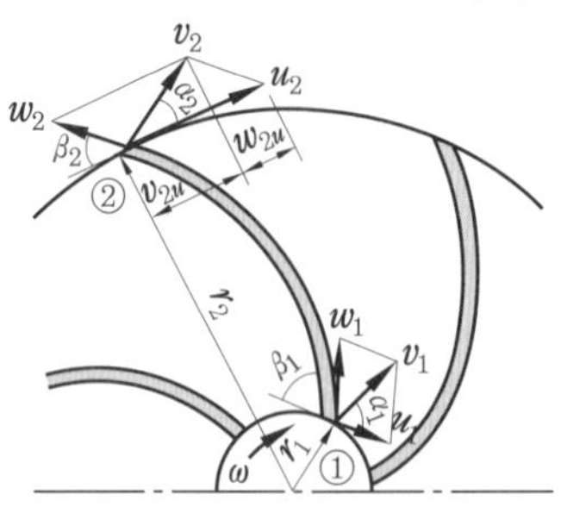

① 48 ② 76 ③ 96 ④ 118

해설 $T = \rho Q(r_2 v_{2u} - r_1 v_{1u}) = \dfrac{9800}{9.8} \times 0.2 \times (0.16 \times 3 - 0.1 \times 0) = 96$ N · m(J) **정답** ③

3-9 분류에 의한 추진

(1) 탱크에 붙어 있는 노즐에 의한 추진

오른쪽 그림과 같이 수면으로부터 h 깊이에 있는 노즐의 유속은 다음과 같다.

$$V = \sqrt{2gh} \text{ [m/s]}$$

이 탱크에 운동량 방정식을 적용하면 추력 F는

$$F = \rho Q V$$

여기서 $Q = AV$이므로

$$F = \rho A V^2 = \rho A(2gh) = 2\gamma A h \text{ [N]}$$

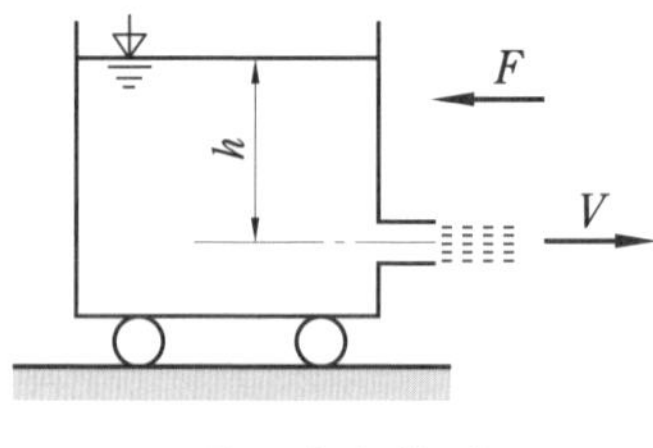

탱크차의 추진

(2) 제트기의 추진

오른쪽 그림은 터보제트기의 개략도이다. 좌측 입구에서 V_1의 속력으로 흡입된 공기를 압축기로 압축하여 연소실에서 이것에 연료를 혼합 연소시킨다.

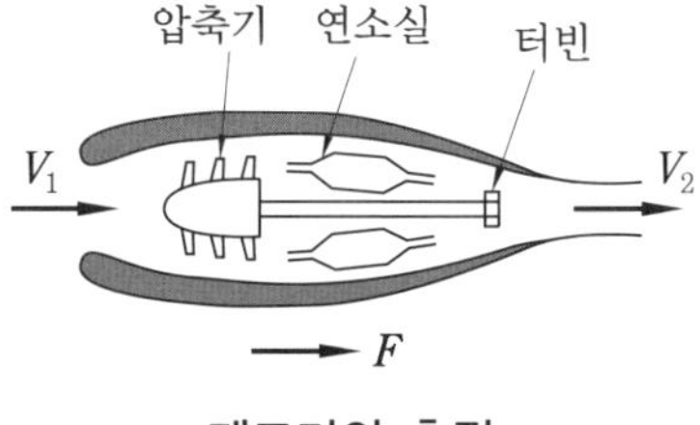

제트기의 추진

고온, 고압으로 된 가스를 노즐에서 V_2의 속력으로 분출시켜 그 반작용으로 제트기를 좌측으로 진행시킨다.

이때 제트기의 추력은 다음과 같다.

$$F = \rho_2 Q_2 V_2 - \rho_1 Q_1 V_1$$

(3) 로켓의 추진

오른쪽 그림과 같은 로켓의 추진력 F는 운동량 방정식에서

$$F = \rho Q V$$

여기서, ρQ : 분사되는 질량, V : 분사속도

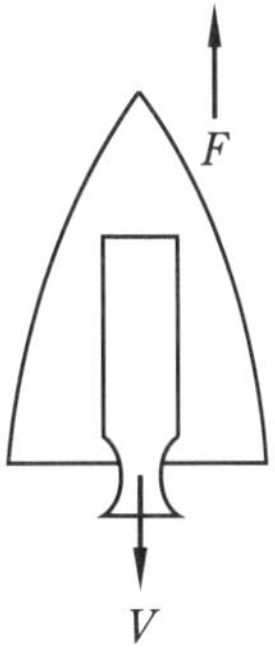

로켓의 추진

3-10 상대속도와 절대속도

운동 좌표계에 대한 물체의 속도를 상대속도(relative velocity)라 하고, 정지 좌표계에 대한 물체의 속도를 절대속도(absolute velocity)라 한다.

예를 들면 그림과 같이 A는 50 m/s, B는 60 m/s로 달리고 있고, C는 정지하여 있을 경우를 생각하여 보자.

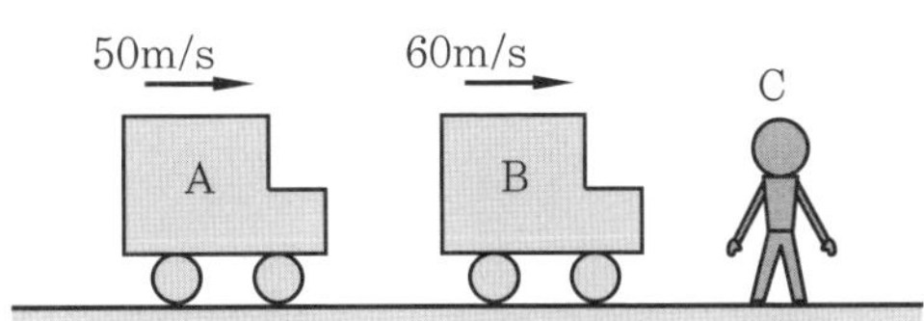

A에 탄 사람이 B를 볼 때 $V_B - V_A = 60 - 50 = 10$ m/s로 움직이는 것으로 보인다.

즉, A에 대한 B의 상대속도 $V_{B/A}$는 10 m/s이지만 정지하여 있는 C는 B가 60 m/s로 움직이는 것으로 보인다.

즉, B의 절대속도는 60 m/s로 다음과 같이 표시된다.

$$V_B = V_{B/A} + V_A \text{[m/s]}$$

3-11 운동량(모멘텀) 방정식

(1) 역적(impulse : 충격력)과 운동량(momentum)

$$\Sigma F = ma = m\frac{dV}{dt}[\mathrm{N}] \qquad \underset{\text{역적}}{\Sigma F dt} = \underset{\text{운동량}}{d(mV)}$$

① 운동량(mV)의 단위 : kg · m/s

② 운동량(mV)의 차원 : MLT^{-1}

(2) 운동량 방정식

$$\Sigma F = \rho Q(V_2 - V_1)[\mathrm{N}]$$

예제 17. 다음 그림과 같은 노즐에서 유체가 분출하여 고정 평판에 충돌할 때 유량 Q_1, Q_2는 얼마인가?

① $Q_1 = \frac{Q}{2}(1+\cos\theta)$, $Q_2 = \frac{Q}{2}(1-\cos\theta)$

② $Q_1 = \frac{Q}{2}(1-\cos\theta)$, $Q_2 = \frac{Q}{2}(1+\cos\theta)$

③ $Q_1 = \frac{Q}{2}(1+\sin\theta)$, $Q_2 = \frac{Q}{2}(1-\sin\theta)$

④ $Q_1 = \frac{Q}{2}(1-\sin\theta)$, $Q_2 = \frac{Q}{2}(1+\sin\theta)$

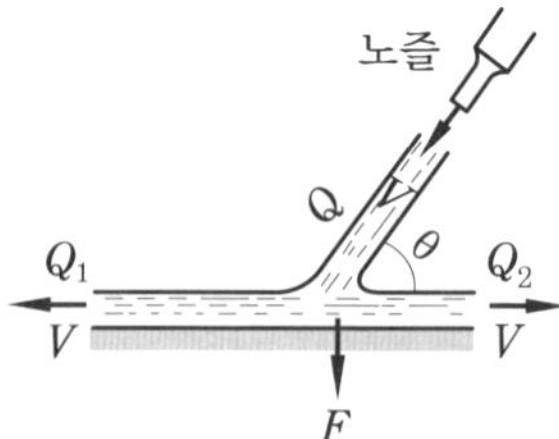

해설 유체가 충돌 전과 후에 압력과 높이가 변화하지 않았으므로 베르누이 방정식에 의하여 유체가 나가는 속도는 들어오는 속도 V와 같다.

x방향에 운동량 방정식을 적용하면

$\Sigma F_x = 0 = (\rho Q_2 V - \rho Q_1 V) - (-\rho Q V\cos\theta)$

$\therefore Q_1 - Q_2 = Q\cos\theta$ ··················①

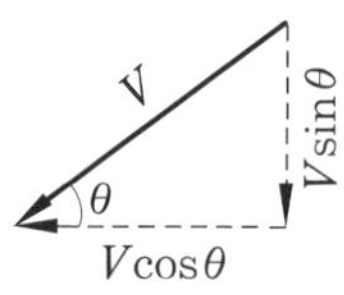

연속 방정식에서

$Q = Q_1 + Q_2$ ····························②

①, ② 두 식을 풀면

$Q_1 = \frac{Q}{2}(1+\cos\theta)[\mathrm{m^3/s}]$

$Q_2 = \frac{Q}{2}(1-\cos\theta)[\mathrm{m^3/s}]$

정답 ①

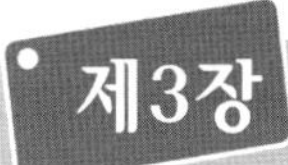

예상문제

01. 다음 중에서 정상 비균속도 유동을 나타내는 식은?(단, V는 속도 벡터, s는 임의의 방향의 좌표, t는 시간이다.)

① $\frac{\partial V}{\partial t}=0,\ \frac{\partial V}{\partial s}=0$　② $\frac{\partial V}{\partial t}\neq 0,\ \frac{\partial V}{\partial s}=0$

③ $\frac{\partial V}{\partial t}=0,\ \frac{\partial V}{\partial s}\neq 0$　④ $\frac{\partial V}{\partial t}\neq 0,\ \frac{\partial V}{\partial s}\neq 0$

해설 정상 비균속도 유동은 유동장에서 시간에 따라 흐름의 특성이 변하지 않고, 단지 임의의 점마다 속도 벡터가 변하는 흐름을 말한다.

02. 어떤 2차원 유동장 내에서 속도 벡터가 $V=2xi+yj$일 때 점 (1, 2)을 지나는 유선의 기울기는 얼마인가?

① 1　② $\frac{1}{2}$　③ $\frac{1}{4}$　④ $\frac{1}{8}$

해설 유선의 방정식으로부터 $\frac{dx}{2x}=\frac{dy}{y}$ 이므로 $\left.\frac{dy}{dx}\right|_{(1,\ 2)}=\left.\frac{y}{2x}\right|_{(1,\ 2)}=\frac{2}{2\cdot 1}=1$

03. 다음 중 유적선(path line)에 대한 설명으로 옳은 것은?

① 한 유체 입자가 일정 기간 동안에 움직인 경로
② 속도 벡터 방향과 일치하도록 그려진 가상적인 곡선
③ 층류에서만 정의되는 선
④ 공간 내의 한 점을 지나는 유체 입자들의 순간 궤적

해설 유적선(path line)이란 한 유체 입자가 일정 기간 동안에 움직인 경로로 정상 유동인 경우 유선과 일치한다. ②는 유선, ④는 유맥선에 대한 설명이다.

04. 다음 식 중에서 연속방정식이 아닌 것은?

① $V\times dr=0$　② $d(\rho AV)=0$

③ $\frac{dA}{A}+\frac{d\rho}{\rho}+\frac{dV}{V}=0$　④ $\nabla\cdot\rho V=-\frac{\partial\rho}{\partial t}$

정답 1. ③　2. ①　3. ①　4. ①

해설 $V \times dr = 0$는 유선의 방정식이다.
여기서, 속도 벡터(V)$= ui + vj + wk$, 미소 변위 벡터(dr)$= dxi + dyj + dzk$

05. 단면 0.3 m×0.5 m인 도관(duct) 속을 공기가 흐르고 있다. 도관 속에 흐르는 공기의 유량이 0.45 m^3/s일 때 공기 질량 유량($\dot{m}$)과 평균속도(V)는 얼마인가?(단, 공기의 밀도(ρ) = 2 kg/m^3이다.)

① $\dot{m}$ = 0.7 kg/s, V = 3 m/s
② $\dot{m}$ = 0.9 kg/s, V = 6 m/s
③ $\dot{m}$ = 0.7 kg/s, V = 6 m/s
④ $\dot{m}$ = 0.9 kg/s, V = 3 m/s

해설 $\dot{m} = \rho A V = \rho Q = 2 \times 0.45 = 0.9\ \text{kg/s}$, $V = \dfrac{Q}{A} = \dfrac{0.45}{0.3 \times 0.5} = 3\ \text{m/s}$.

06. 다음 중에서 2차원 비압축성유동의 연속방정식을 만족하지 않는 속도 벡터는?

① $V = (16y - 12x)i + (12y - 9x)j$
② $V = -5xi + 5yj$
③ $V = (2x^2 + y^2)i + (-4xy)j$
④ $V = (4xy + y^2)i + (6xy + 3x)j$

해설 ① $\nabla \cdot V = \dfrac{\partial}{\partial x}(16y - 12x) + \dfrac{\partial}{\partial y}(12y - 9x) = -12 + 12 = 0$ ∴ 만족한다.

② $\nabla \cdot V = \dfrac{\partial}{\partial x}(-5x) + \dfrac{\partial}{\partial y}(+5y) = -5 + 5 = 0$ ∴ 만족한다.

③ $\nabla \cdot V = \dfrac{\partial}{\partial x}(2x^2 + y^2) + \dfrac{\partial}{\partial y}(-4xy) = 4x - 4x = 0$ ∴ 만족한다.

④ $\nabla \cdot V = \dfrac{\partial}{\partial x}(4xy + y^2) + \dfrac{\partial}{\partial y}(6xy + 3x) = 4y + 6x \neq 0$ ∴ 만족하지 않는다.

07. 오른쪽 그림에서 유속 V는 몇 m/s인가?

① 19.8
② 18.78
③ 39.6
④ 39.8

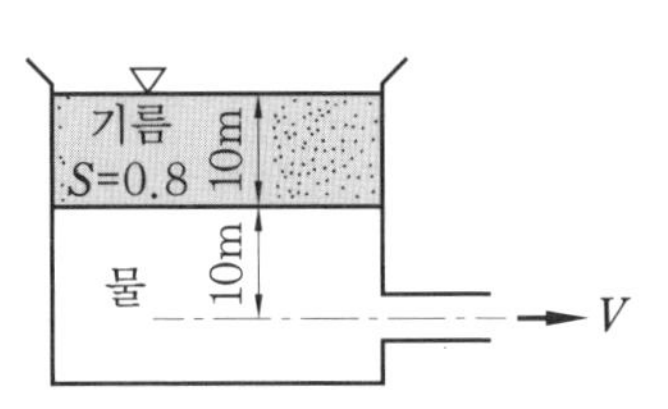

해설 기름의 깊이로 생기는 압력과 같은 압력을 만드는 물의 깊이, 즉 상당깊이 h_e는
$1000 \times 0.8 \times 10 = 1000 \times h_e$ ∴ $h_e = 8\ \text{m}$
따라서 노즐깊이 $H = 8 + 10 = 18\ \text{m}$이므로
토리첼리 공식에 의해서
$V = \sqrt{2gH} = \sqrt{2 \times 9.8 \times 18} = 18.78\ \text{m/s}$

정답 5. ④ 6. ④ 7. ②

08. 베르누이 방정식 $\frac{p}{\gamma}+\frac{V^2}{2g}+Z=H$를 유도하는 데 필요한 가정은?

① 정상, 비압축성, 마찰 없음, 유선을 따라서
② 정상, 비압축성, 뉴턴 유체, 유선을 따라서
③ 정상, 마찰 없음, 유적선을 따라서
④ 정상, 비압축성, 마찰 없음, 유적선을 따라서

09. 오른쪽 그림과 같은 사이펀(siphon)에서 흐를 수 있는 유량은 약 몇 L/min인가? (단, 관로손실은 무시한다.)

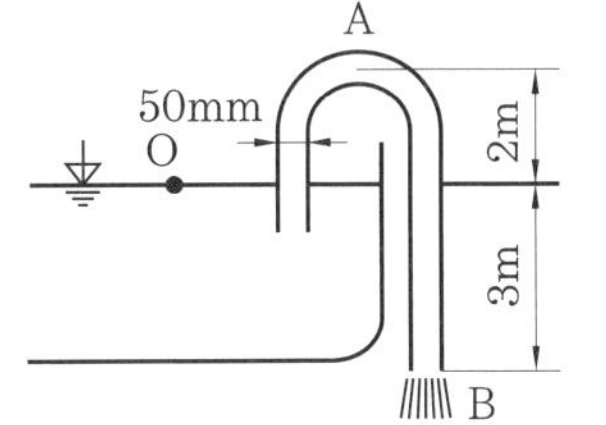

① 15　　② 900
③ 60　　④ 3611

해설 자유표면과 B점에 대하여 베르누이 방정식을 적용하면

$$\frac{p_0}{\gamma}+\frac{V_0^2}{2g}+Z_0=\frac{p_B}{\gamma}+\frac{V_B^2}{2g}+Z_B$$

여기서, $p_0=p_B=0$, $V_0=0$, $Z_0-Z_B=3\text{ m}$이므로

$V_B=\sqrt{2g(Z_0-Z_B)}=\sqrt{2\times9.8\times3}=7.668\text{ m/s}$

따라서 유량 $Q=AV=\frac{\pi(0.05)^2}{4}\times7.668\fallingdotseq0.015\text{ m}^3/\text{s}=15\text{ L/s}=900\text{ L/min}$

10. 수면의 높이가 지면에서 h인 물통 벽에 구멍을 뚫고 물을 지면에 분출시킬 때 구멍을 어디에 뚫어야 가장 멀리 떨어질 것인가?

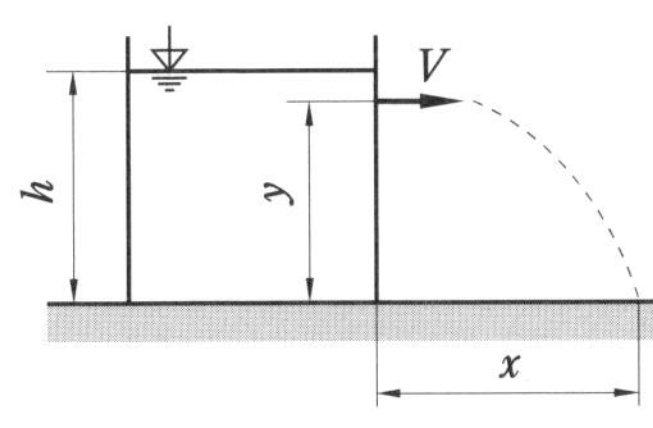

① $\frac{h}{3}$　　② $\frac{h}{2}$　　③ $\frac{h}{4}$　　④ h

해설 토리첼리 공식에서 유속 $V=\sqrt{2g(h-y)}$

여기서 자유낙하높이 $y=\frac{1}{2}gt^2$, $x=Vt$이므로

정답 8. ①　9. ②　10. ②

$\frac{x}{t} = \sqrt{2g(h-y)}$ $\therefore x = \sqrt{\frac{2y}{g}}\sqrt{2g(h-y)} = 2\sqrt{y(h-y)}$

윗 식을 y에 관해서 미분하면 $\frac{dx}{dy} = \frac{h-2y}{\sqrt{y(h-y)}}$

x가 최대가 되기 위해서는 $\frac{dx}{dy} = 0$이어야 하므로

$\therefore\ y = \frac{h}{2}$

11. 오른쪽 그림에서 수평관 목부분 ①의 지름 d_1 = 10 cm, ②의 지름 d_2 = 30 cm이다. 유량 2.1 m^3/min일 때 ①에 연결되어 있는 유리관으로 올라가는 수주의 높이는 몇 m나 되겠는가?

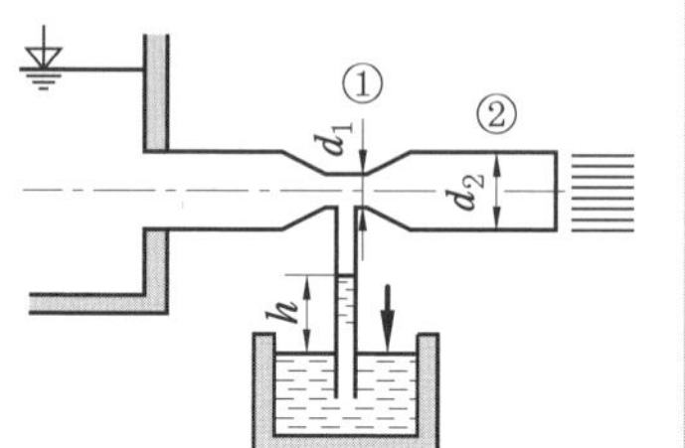

① 1.6　② 0.6
③ 1.5　④ 1

해설 유량 $Q = \frac{2.1}{60} = 0.035\ m^3/s$이므로

$$V_1 = \frac{Q_1}{A_1} = \frac{0.035}{\frac{\pi}{4}(0.1)^2} = 4.46\ m/s,\quad V_2 = \frac{Q_2}{A_2} = \frac{0.035}{\frac{\pi}{4}(0.3)^2} = 0.495\ m/s$$

①과 ②의 베르누이 방정식을 적용하면

$$\frac{p_1}{\gamma} + \frac{V_1^2}{2g} = \frac{p_2}{\gamma} + \frac{V_2^2}{2g}$$

$$\frac{p_2 - p_1}{\gamma} = \frac{V_1^2 - V_2^2}{2g} = \frac{4.46^2 - 0.495^2}{2 \times 9.8} = 1\ m$$

12. 오른쪽 그림에서 H = 6 m, h = 5.75 m이다. 이때 손실수두와 유량은?

① 1 m, 0.32 m^3/s
② 0.75 m, 0.076 m^3/s
③ 0.5 m, 0.67 m^3/s
④ 0.25 m, 0.053 m^3/s

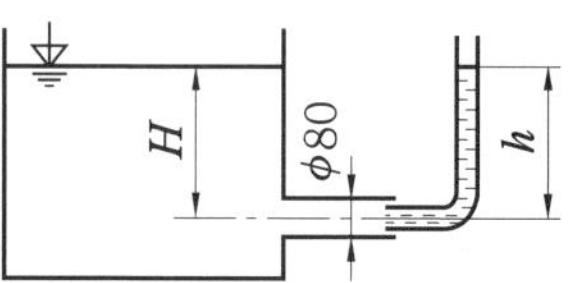

해설 $h_L = H - h = 6 - 5.75 = 0.25\ m$

유속 $V = \sqrt{2gh}$ 이므로 유량 $Q = AV = \frac{\pi(0.08)^2}{4}\sqrt{2 \times 9.8 \times 5.75} = 0.053\ m^3/s$

정답 11. ④　12. ④

13. 수력구배선 H.G.L.이란?

① 에너지선 E.L보다 위에 있어야 한다.
② 항상 수평이 된다.
③ 위치수두와 속도수두의 합을 나타내며 주로 에너지선 밑에 위치한다.
④ 위치수두와 압력수두의 합을 나타내며 주로 에너지선보다 아래에 위치한다.

14. 두 개의 가벼운 공이 천장에 매달려 있다. 공 사이로 공기를 불어 넣으면 두 개의 공은 어떻게 되겠는가?

① 뉴턴의 제3법칙에 의하여 벌어진다.
② 뉴턴의 제3법칙에 의하여 달라붙는다.
③ 베르누이의 정리에 의하여 달라붙는다.
④ 베르누이의 정리에 의하여 벌어진다.

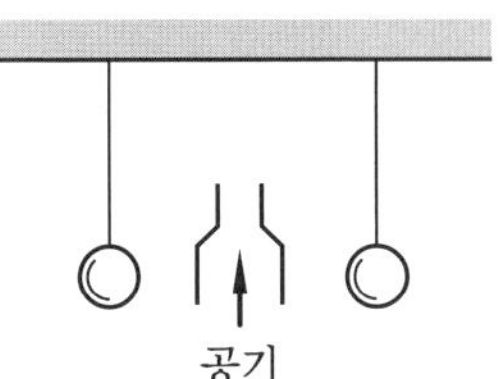

해설 베르누이의 정리에 따라 압력수두, 속도수두, 위치수두의 합은 일정하므로 노즐에 의하여 두 공 사이에 속도가 증가하면 반면에 압력은 감소한다. 그러므로 공 바깥쪽의 압력보다 낮아지므로 공은 달라붙는다.

15. 정상 유동과 관계가 있는 식은?(단, V는 속도 벡터, s는 임의의 방향의 좌표, t는 시간이다.)

① $\frac{\partial V}{\partial t}=0$ ② $\frac{\partial V}{\partial s}\neq 0$ ③ $\frac{\partial V}{\partial t}\neq 0$ ④ $\frac{\partial V}{\partial s}=0$

해설 정상 유동이란 흐름의 특성이 시간에 따라 변하지 않는 흐름을 말한다.

16. 어떤 2차원 유동장 내에서 속도 벡터가 $V=-xi+yj$일 때 점 (1, 1)을 지나는 유선의 방정식은 어느 것인가?

① $y=x$ ② $y=\frac{1}{x}$ ③ $y=x^2$ ④ $y=\frac{1}{x^2}$

해설 유선의 방정식에서 $-\frac{dx}{x}=\frac{dy}{y}$

적분하면 $\ln c-\ln x=\ln y$ $\therefore\ y=\frac{c}{x}$

점 (1, 1)을 지나므로 $c=1$이다. $\therefore\ y=\frac{1}{x}$

정답 13. ④ 14. ③ 15. ① 16. ②

17. 그림과 같은 관 내를 비압축성 유체가 흐르고 있다. 관 A의 지름은 d이고, 관 B의 지름은 $\frac{1}{2}d$이다. 관 A에서 유체의 흐름속도를 V라 하면 관 B에서 유체의 유속은?

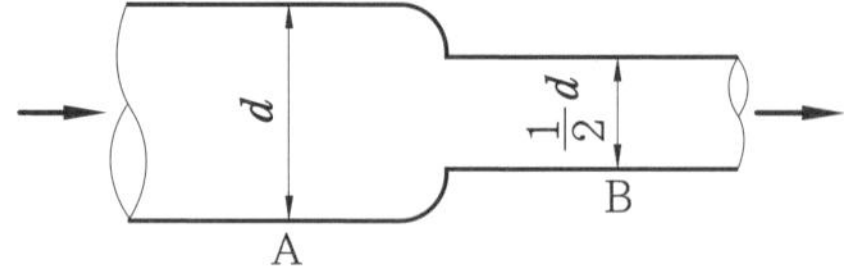

① $\frac{1}{2}V$　② $2V$　③ $\frac{1}{\sqrt{2}}V$　④ $4V$

해설 비압축성 유체에서는 $\rho_1=\rho_2$이므로 연속방정식 $Q=A_AV_A=A_BV_B[\mathrm{m^3/s}]$

$$\frac{\pi d^2}{4}\cdot V_A=\frac{\pi\left(\frac{d}{2}\right)^2}{4}\cdot V_B$$ 이므로 $V_B=4V_A=4V$

18. 비행기의 날개 주위에 흐르는 2차원 유동장이 있다. 날개 단면에서 멀리 떨어져 있는 유선 사이의 간격은 20 mm이고 그 점의 유속은 50 m/s이다. 날개 단면과 가까운 부분에서 유선의 간격이 15 mm이면, 이곳에서의 유속은 몇 m/s인가?

① 66.6　② 37.6　③ 25　④ 47.3

해설 단위폭당 유량 $q=20\times50=15\times V$

$\therefore$ $V=66.6\ \mathrm{m/s}$

19. 그림에서 물이 들어 있는 탱크 밑의 ②부분에 작은 구멍이 뚫려 있다. 이 구멍으로부터 흘러나오는 물의 속도는 다음 중 어느 것인가? (단, 물의 자유표면 ① 및 ②에서의 압력을 p_1, p_2라 하고 작은 구멍으로부터 표면까지의 높이를 h라 한다. 또 구멍은 작고 정상 유동으로 흐른다.)

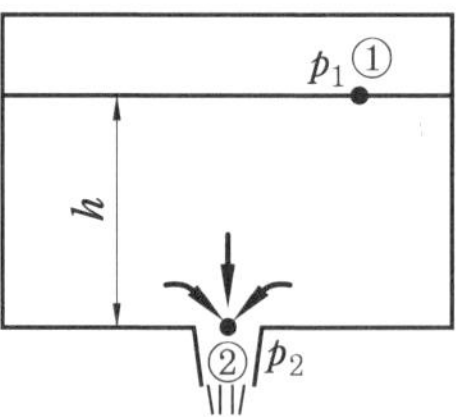

① $V_2=\sqrt{h+2g\left(\frac{p_1-p_2}{\gamma}\right)}$　② $V_2=\sqrt{h-2g\left(\frac{p_1-p_2}{\gamma}\right)}$

③ $V_2=\sqrt{2g\left(h-\frac{p_1-p_2}{\gamma}\right)}$　④ $V_2=\sqrt{2g\left(\frac{p_1-p_2}{\gamma}+h\right)}$

정답 17. ④　18. ①　19. ④

해설 ①과 ②에 베르누이 방정식을 적용하면

$$\frac{p_1}{\gamma}+0+h=\frac{p_2}{\gamma}+\frac{V_2^2}{2g}+0$$

$$\therefore \frac{V_2^2}{2g}=\frac{p_1-p_2}{\gamma}+h \rightarrow V_2=\sqrt{2g\left(\frac{p_1-p_2}{\gamma}+h\right)}\ \text{[m/s]}$$

20. Euler의 운동방정식은 유체 운동에 대하여 어떠한 관계를 표시하는가?

① 유선상의 한 점에 있어 어떤 순간에 여기를 통과하는 유체 입자의 가속도와 그것에 미치는 힘과의 관계를 표시한다.
② 유체가 가지는 에너지와 이것이 하는 일과의 관계를 표시한다.
③ 유선에 따라 유체의 질량이 어떻게 변화하는가를 표시한다.
④ 유체 입자의 운동 경로와 힘의 관계를 나타낸다.

21. 방정식 $gz+\frac{V^2}{2}+\int\frac{dp}{\rho}=$ 일정을 유도하는 데 필요한 가정은?

① 정상, 마찰이 없고, 비압축성, 유선에 따라
② 균일, 마찰이 없고, 유선에 따라, ρ는 p의 함수
③ 정상, 균일, 비압축성, 유선에 따라
④ 정상, 마찰이 없고, ρ는 p의 함수, 유선에 따라

22. 그림과 같은 물딱총의 피스톤을 미는 힘의 세기가 p[N/m^2]일 때 물이 분출되는 속도는 몇 m/s인가? (단, 물의 밀도는 ρ[kg/m^3]이고, 피스톤의 속도는 무시한다.)

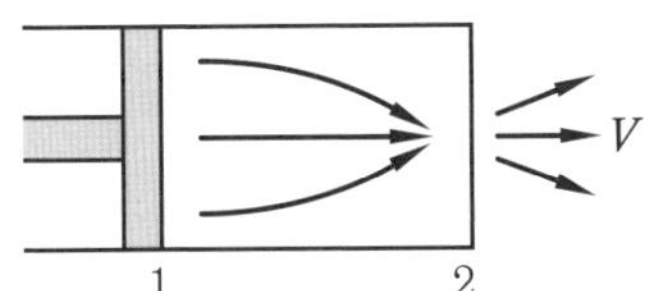

① $\sqrt{\frac{2p}{\gamma}}$　　② $\sqrt{\frac{2p}{\rho}}$
③ $\sqrt{\frac{2gp}{\rho}}$　　④ $\sqrt{2\rho p}$

해설 1과 2에 베르누이 방정식을 적용하면

$$\frac{p_1}{\gamma}+\frac{V_1^2}{2g}+Z_1=\frac{p_2}{\gamma}+\frac{V_2^2}{2g}+Z_2$$

정답 20. ①　21. ④　22. ②

$Z_1 = Z_2$, $\frac{V_1^2}{2g} = 0$, $p_1 = p$, $p_2 = 0$(대기압)이므로 $\frac{V_2^2}{2g} = \frac{p}{\gamma}$

$\therefore\ V_2 = \sqrt{\frac{2gp}{\gamma}} = \sqrt{\frac{2p}{\rho}}$

23. 오른쪽 그림과 같은 사이펀(siphon)에서 흐를 수 있는 이론적인 최대유량은 몇 m^3/h인가?

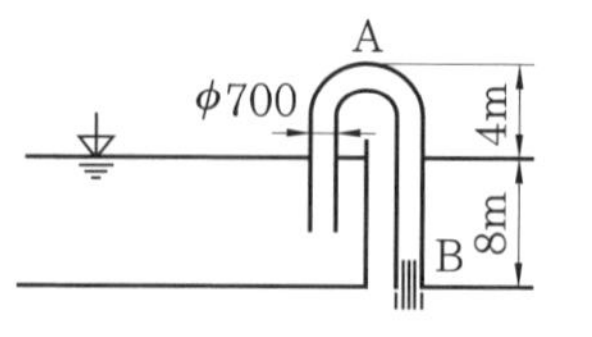

① 4818 ② 17337
③ 289 ④ 1156

해설 물의 자유표면과 B에 베르누이 방정식을 적용하면

$$0 + 0 + 8 = 0 + \frac{V_B^2}{2g} + 0$$

$$\therefore\ V_B = \sqrt{2 \times 9.8 \times 8} = 12.52\ \text{m/s}$$

그러므로 유량 $Q = AV = \frac{\pi(0.7)^2}{4} \times 12.52 = 4.815\ \text{m}^3/\text{s} = 17337\ \text{m}^3/\text{h}$

24. 오른쪽 그림에서 유량을 2배로 늘리면 액주계의 h값은 얼마인가?

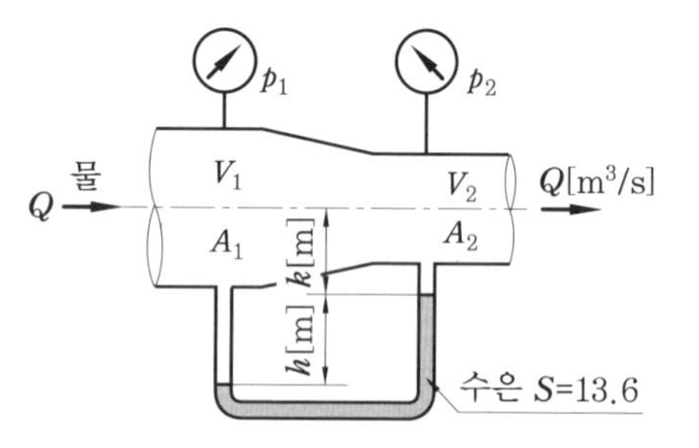

① 4배로 된다.
② 2배로 된다.
③ 변하지 않는다.
④ $\frac{1}{4}$로 된다.

해설 ①과 ②에 베르누이 방정식을 적용하면

$$\frac{p_1}{\gamma} + \frac{V_1^2}{2g} = \frac{p_2}{\gamma} + \frac{V_2^2}{2g}$$

$$\frac{p_1 - p_2}{\gamma} = \frac{V_2^2 - V_1^2}{2g} = \frac{1}{2g}\left[\left(\frac{Q}{A_2}\right)^2 - \left(\frac{Q}{A_1}\right)^2\right] = \frac{Q^2}{2g}\left[\left(\frac{1}{A_2}\right)^2 - \left(\frac{1}{A_1}\right)^2\right]$$

유량이 2배로 증가하면 압력차 $(p_1 - p_2)$는 4배로 증가한다.

25. 에너지선(E.L)에 대한 설명으로 옳은 것은?

① 수력구배선보다 속도수두만큼 위에 있다. ② 언제나 수평선이다.
③ 속도수두와 위치수두의 합이다. ④ 수력구배선보다 아래에 있다.

정답 23. ② 24. ① 25. ①

해설 에너지선은 압력수두 $\frac{p}{\gamma}$, 위치수두 Z, 속도수두 $\frac{V^2}{2g}$의 합으로 항상 수력구배선 $\left(\frac{p}{\gamma}+Z\right)$보다 속도수두만큼 위에 있다.

26. 파이프 내로 물이 흐르고 있다. 점 A에서 지름은 1 m, 압력은 1 kgf/cm^2, 속도는 1 m/s이다. A점보다 2 m 위에 있는 B점의 지름은 0.5 m, 압력은 0.2 kgf/cm^{2}이다. 이때 물은 어느 방향으로 흐르는가?

① A에서 B로 흐른다.
② B에서 A로 흐른다.
③ 흐르지 않는다.
④ 주어진 데이터로는 알 수 없다.

해설 연속방정식 $Q=A_AV_A=A_BV_B$에서 $V_B=\frac{A_A}{A_B}V_A=\frac{\frac{\pi(1)^2}{4}}{\frac{\pi(0.5)^2}{4}}\times 1=4\text{ m/s}$

그러므로 A점의 전수두 : $\frac{p_A}{\gamma}+\frac{V_A^2}{2g}=\frac{1\times10^4}{1000}+\frac{1^2}{2\times9.8}=10.051\text{ m}$

B점의 전수두 : $\frac{p_B}{\gamma}+\frac{V_B^2}{2g}+Z_B=\frac{0.2\times10^4}{1000}+\frac{4^2}{2\times9.8}+2=4.816\text{ m}$

A점의 전수두가 B점의 전수두보다 크므로 유동은 A에서 B로 흐른다.

27. 오른쪽 그림에서 노즐로부터 나오는 유속은 몇 m/s인가?(단, H= 20 m, 총손실수두는 $\frac{3V_2^2}{2g}$이다.)

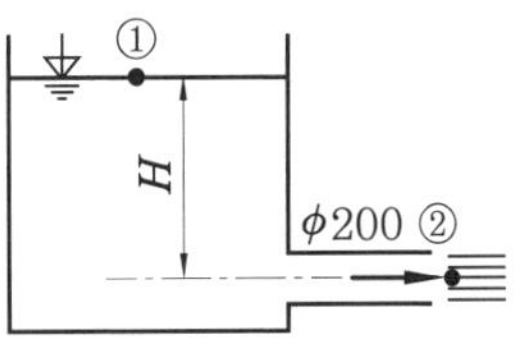

① 19.8 ② 9.9

③ 17.6 ④ 10.9

해설 물의 자유표면 ①과 노즐 끝 ②에 베르누이 방정식을 적용하면

$$\frac{p_1}{\gamma}+\frac{V_1^2}{2g}+Z_1=\frac{p_2}{\gamma}+\frac{V_2^2}{2g}+Z_2+h_L$$

여기서 $p_1=p_2=0$, $V_1=0$, $Z_1-Z_2=H=20\text{ m}$, $h_L=\frac{3V_2^2}{2g}$이므로

$$0+0+20=\frac{V_2^2}{2g}+\frac{3V_2^2}{2g}=\frac{4V_2^2}{2g}$$

$\therefore\ V_2=9.9\text{ m/s}$

정답 26. ① 27. ②

28. 물이 평균속도 19.6 m/s로 관 속을 흐르고 있다. 이때 속도수두는?

① 9.8 m ② 19.6 m ③ 29.4 m ④ 78.4 m

해설 속도수두 $\frac{V^2}{2g} = \frac{19.6^2}{2 \times 9.8} = 19.6 \text{ m}$

29. 그림과 같은 펌프계가 있다. 이 계에서의 모든 손실수두가 $\frac{KV_2^2}{2g}$라 할 때, 펌프로부터 물에 준 에너지 H_p를 계산하기 위하여 다음과 같이 에너지 방정식을 세웠다. 맞는 것은 어느 것인가? (단, 내부에너지의 변화는 무시한다.)

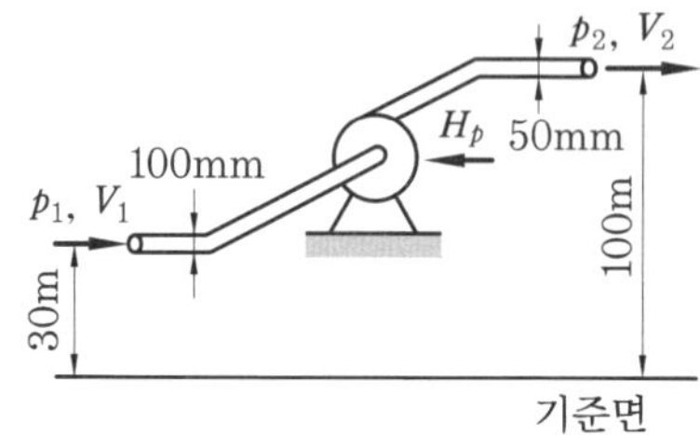

① $\frac{p_1}{\gamma} + \frac{V_1^2}{2g} + 30 + K\frac{V_2^2}{2g} = H_p + \frac{p_2}{\gamma} + \frac{V_2^2}{2g} + 100$

② $\frac{p_1}{\gamma} + \frac{V_1^2}{2g} + 30 = H_p + \frac{p_2}{\gamma} + \frac{V_2^2}{2g} + 100 + K\frac{V_2^2}{2g}$

③ $\frac{p_1}{\gamma} + \frac{V_1^2}{2g} + 30 + H_p = \frac{p_2}{\gamma} + \frac{V_2^2}{2g} + 100 + K\frac{V_2^2}{2g}$

④ $\frac{p_1}{\gamma} + \frac{V_1^2}{2g} + 30 + H_p + K\frac{V_2^2}{2g} = \frac{p_2}{\gamma} + \frac{V_2^2}{2g} + 100$

30. 펌프 양수량 0.6 m^3/min, 관로의 전손실수두 5 m인 펌프가 펌프 중심으로부터 1 m 아래에 있는 물을 20 m의 송출액면에 양수하고자 할 때 펌프에 공급하여야 할 동력은 몇 kW인가?

① 2.55 kW ② 4.24 kW ③ 5.86 kW ④ 7.42 kW

해설 H_p = 전수두 + 손실수두 $= (1+20) + 5 = 26 \text{ m}$

따라서 동력 $P = \gamma Q H_p = 9800 \times \left(\frac{0.6}{60}\right) \times 26 = 2.548 \text{ kW} ≒ 2.55 \text{ kW}$

정답 28. ② 29. ③ 30. ①

31. 오른쪽 그림과 같이 평판이 $u=10$ m/s의 속도로 움직이고 있다. 노즐에서 20 m/s의 속도로 분출된 분류(면적 0.02 m^2)가 평판에 수직으로 충돌할 때 평판이 받는 힘은 얼마인가?

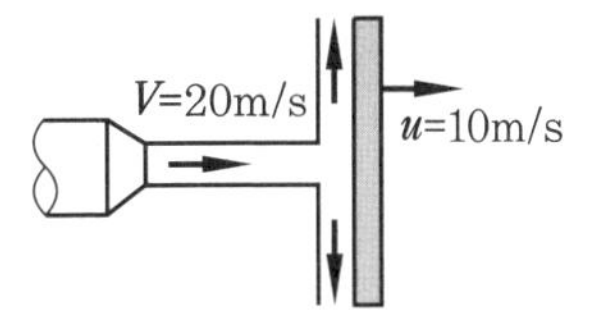

① 1 kN ② 2 kN
③ 3 kN ④ 4 kN

해설 ※ 물의 밀도(ρ) = 1000 kg/m^3 = 1000 N · s^2/m^4 = 1 kN · s^2/m^4

$F=\rho Q(V-u)=\rho A(V-u)^2=1\times 0.02(20-10)^2=2\text{ kN}$

32. 그림과 같이 속도 V인 유체가 정지하고 있는 곡면 깃에 부딪혀 θ의 각도로 유동 방향이 바뀐다. 유체가 곡면에 가하는 힘의 x, y 성분의 크기를 $|F_x|$와 $|F_y|$라 할 때, $|F_y|/|F_x|$는? (단, 유동 단면적은 일정하고 $0° < \theta < 90°$이다.)

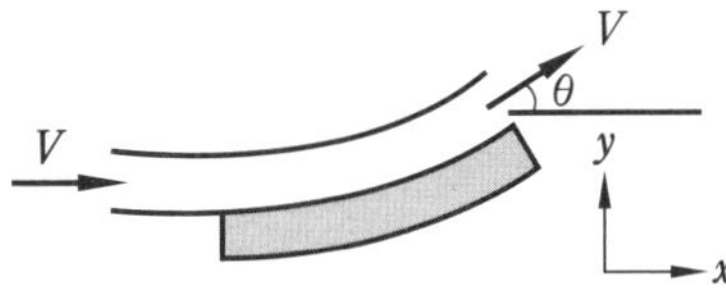

① $\dfrac{1-\cos\theta}{\sin\theta}$ ② $\dfrac{\sin\theta}{1-\cos\theta}$
③ $\dfrac{1-\sin\theta}{\cos\theta}$ ④ $\dfrac{\cos\theta}{1-\sin\theta}$

해설 $F_x=\rho QV(1-\cos\theta)[\text{N}]$, $F_y=\rho QV\sin\theta[\text{N}]$

$\therefore \dfrac{F_y}{F_x}=\dfrac{\sin\theta}{(1-\cos\theta)}$

33. 오른쪽 그림과 같이 수조차의 탱크 측벽에 지름이 25 cm인 노즐을 달아 깊이 $h=3$ m만큼 물을 실었다. 차가 받는 추력 F는 몇 kN인가? (단, 노면과의 마찰은 무시한다.)

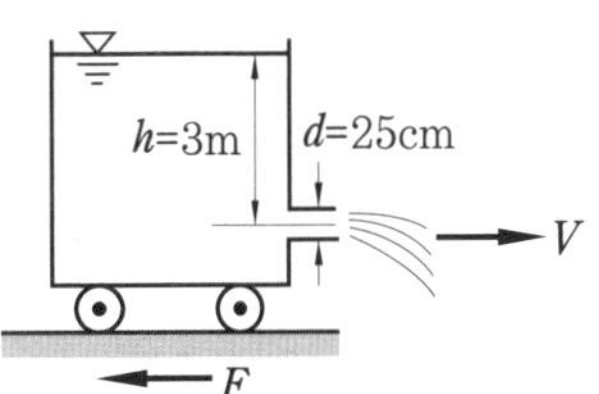

① 2.89 ② 5.21
③ 1.79 ④ 4.56

해설 토리첼리 정리로부터 노즐 출구 유속(V) = $\sqrt{2gh}$ [m/s]

$\therefore$ 추력(F) $=\rho QV=\rho AV^2=\rho A(\sqrt{2gh})^2=2\gamma Ah$

$=2\times 9.8\times\dfrac{\pi}{4}\times 0.25^2\times 3 ≒ 2.89\text{ kN}$

정답 31. ② 32. ② 33. ①

Chapter 4

관내의 유동

4-1 층류와 난류

(1) 유체의 흐름

레이놀드(Reynold)는 그림 (a)에서 보듯이 탱크와 연결된 유리관을 통하여 탱크의 물을 밸브 A로 유속을 조절하여 분출시키면서, 동시에 물감 용기 C로부터 아주 가는 관 B를 통하여 물과 비중이 같은 물감을 유리관 입구에 주입하여 유동을 관찰하였다.

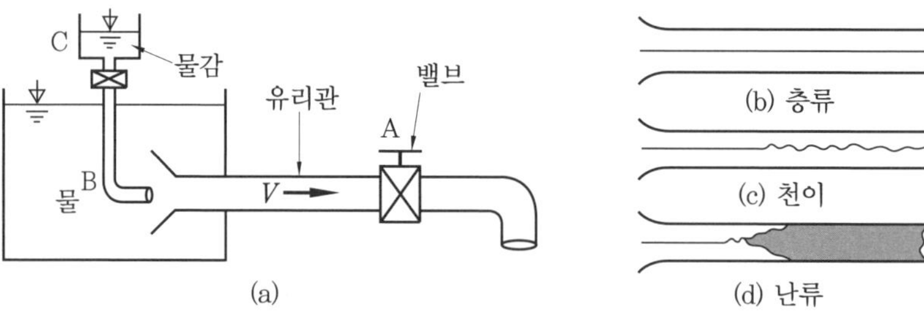

레이놀드의 실험

밸브 A를 조작하여 유속 V가 느릴 때는 물감은 1개의 가는 선으로 되어 그림 (b)와 같이 흐르지만, 유속 V가 증가함에 따라 물감선은 그림 (c)와 같이 불안정한 상태로 되고, 유속 V를 더욱 증가시키면 결국 물과 물감이 혼합되어 그림 (d)와 같이 된다.

이것을 요약하여 설명하면 다음과 같다.

① **층류(laminar flow)** : 유체 입자가 질서정연하게 층과 층이 미끄러지면서 흐르는 흐름을 말한다(그림 (b)와 같이 물감이 혼합되지 않는 흐름).

② **난류(turbulent flow)** : 유체 입자들이 불규칙하게 운동하면서 흐르는 흐름을 말한다(그림 (d)와 같이 물감이 혼합된 흐름).

(2) 레이놀즈수(Reynold's number) Re

층류와 난류를 구분하는 척도로서 무차원수이며 다음과 같이 정의한다.

$$Re = \frac{\rho V d}{\mu} = \frac{Vd}{\nu} = \frac{4Q}{\pi d \nu}$$

여기서, ρ : 유체의 밀도(kg/m^3), Q : 체적유량(m^3/s)

V : 평균속도(m/s), d : 관의 내경(m)

μ : 점성계수(Pa·s), ν : 동점성계수(m^2/s)

암기 레이놀즈수(Re)

층류에서 난류로 바뀌는 레이놀즈수를 상임계 레이놀즈수(upper critical Reynolds number)라 하고, 난류에서 층류로 바뀌는 레이놀즈수를 하임계 레이놀즈수(lower critical Reynolds number)라 한다.

원관의 경우 상임계 레이놀즈수는 4000, 하임계 레이놀즈수는 2100(학자에 따라서 2000, 2300)을 택한다.

- 층류 : $Re < 2100$
- 천이구역 : $2100 < Re < 4000$
- 난류 : $Re > 4000$

(3) 입구영역과 완전히 발달된 영역

그림에서 보듯이 점성의 영향으로 입구 관 벽에서 시작된 경계층이 관 벽을 따라 발달되어 관 중심에서 만나게 된다. 이처럼 관 입구에서 경계층이 관 중심에 도달하는 점까지의 거리를 입구길이(entrance length)라 한다.

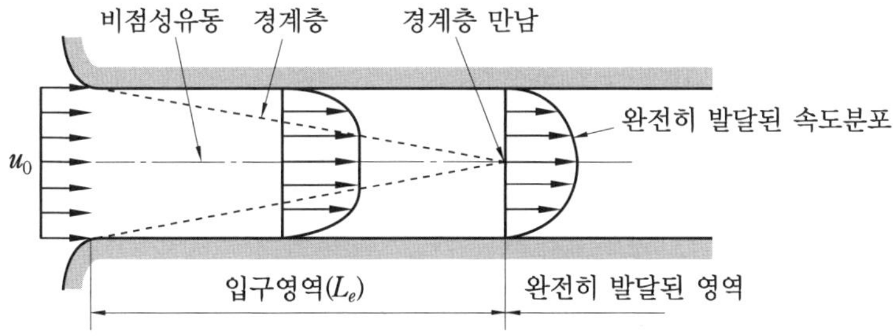

관의 입구영역에서의 유동

입구길이 이후의 영역을 완전히 발달된 영역(fully-developed region)이라 한다.

입구길이(L_e)는 레이놀즈수의 함수로 다음과 같다.

① 층류 : $\dfrac{L_e}{d} \cong 0.06Re$　　② 난류 : $\dfrac{L_e}{d} \cong 4.4Re^{1/6}$

예제 1. 층류 유동에 대한 설명으로 옳은 것은?

① 뉴턴의 점성 법칙을 적용할 수 있다.
② 유체 입자가 불규칙적인 운동을 한다.
③ 점성이 중요하지 않다.
④ 시간에 따라 흐름의 특성이 변하지 않는다.

해설 층류 유동에서는 유체 입자가 질서정연하게 층과 층이 미끄러지면서 흐르므로 뉴턴의 점성 법칙을 적용할 수 있다.

정답 ①

예제 2. 온도 66℃, 절대압력 380 kPa인 이산화탄소(CO_2)가 1.5 m/s로 지름 5 cm인 관 속을 흐르고 있을 때 유동상태는?(단, 이산화탄소의 기체상수 R= 187.8 N · m/kg · K, 점성계수 μ= 1.772×10^{-5} kg/m · s이다.)

① 층류　　② 난류
③ 천이구역　　④ 비정상류

해설 상태방정식 $pv_s = RT$에서

$$\rho = \frac{1}{v_s} = \frac{p}{RT} = \frac{380 \times 10^3}{187.8 \times (273+66)} = 5.97\ \text{kg/m}^3$$

따라서 $Re = \frac{\rho Vd}{\mu} = \frac{5.97 \times 1.5 \times 0.05}{1.772 \times 10^{-5}} = 25268 > 4000$

$= 25268 > 4000$이므로 난류이다.

정답 ②

예제 3. 하임계 레이놀즈수란 무엇인가?

① 층류에서 난류로 바뀌는 레이놀즈수
② 난류에서 층류로 바뀌는 레이놀즈수
③ 균속도 유동에서 비균속도 유동으로 바뀌는 레이놀즈수
④ 비균속도 유동에서 균속도 유동으로 바뀌는 레이놀즈수

해설 하임계 레이놀즈수는 난류에서 층류로 바뀔 때(천이)의 레이놀즈수로 $Re_c = 2100$ 이다.

정답 ②

예제 4. ν= 1.006×10^{-6} m^2/s인 물이 지름 5 cm의 원관에 흐르고 있다. 층류로 흐를 수 있는 최대 평균속도는 몇 m/s인가?(단, 임계 레이놀즈수는 2100이다.)

① 4.2　　② 0.42
③ 0.042　　④ 0.0042

해설 $Re = \frac{Vd}{\nu}$에서 층류로 흐를 수 있는 최대 레이놀즈수는 2100이므로

따라서 $V = \frac{Re\nu}{d} = \frac{2100 \times 1.006 \times 10^{-6}}{0.05} = 0.042\ \text{m/s}$

정답 ③

4-2 수평 원관 속에서의 층류 유동(하겐-푸아죄유의 방정식)

지름 $d(=2r_0)$인 수평 원관 속에 점성 유체가 층류 상태로 정상 유동을 하고 있다. 다음 그림과 같은 수평 원관 속에서 자유물체도에 운동량 방정식을 적용하면 자유물체도의

입구와 출구에서 유속은 $V_1 = V_2$이므로 운동량 변화$[\rho Q(V_2 - V_1)]$는 0이다.

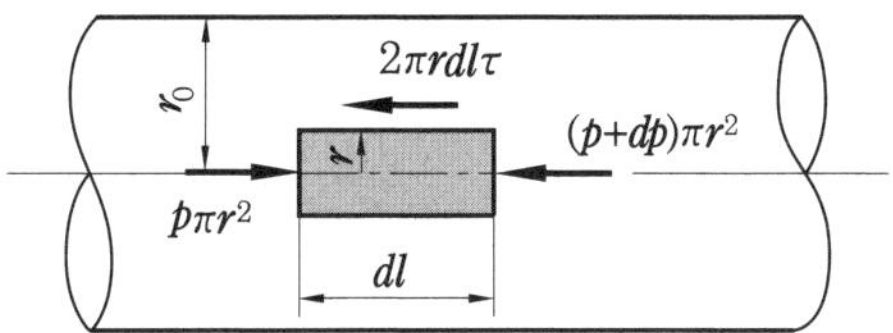

수평 원관 속에서 층류 운동

그러므로 $p\pi r^2 - (p+dp)\pi r^2 - 2\pi r dl \tau = 0$

$$\therefore \ \tau = -\frac{dp}{dl}\frac{r}{2}\,[\text{Pa}]$$

뉴턴의 점성 법칙 $\tau = \mu\frac{du}{dy} = -\mu\frac{du}{dr}$을 윗 식에 대입하여 적분하면

$$u = \frac{1}{2\mu}\frac{dp}{dl}\frac{r^2}{2} + C$$

벽면($r = r_0$)에서 유속 $u = 0$이므로 $C = -\frac{1}{4\mu}\frac{dp}{dl}r_0^2$가 얻어진다.

따라서 속도 $u = -\frac{1}{4\mu}\frac{dp}{dl}(r_0^2 - r^2)$

관 중심($r = 0$)에서 속도가 최대이므로 최대속도 $u_{max} = -\frac{r_0^2}{4\mu}\frac{dp}{dl}$

그러므로 속도 분포는 $\frac{u}{u_{max}} = 1 - \frac{r^2}{r_0^2} = \left[1 - \left(\frac{r}{r_0}\right)^2\right]$

식 $\tau = -\frac{dp}{dl}\frac{r}{2}$[Pa]의 전단응력은 관 중심에서 0이고 반지름에 비례하면서 관벽까지 직선적으로 증가한다. 그리고 윗 식의 속도 분포는 관벽에서 0이고 중심까지 포물선적으로 증가한다.

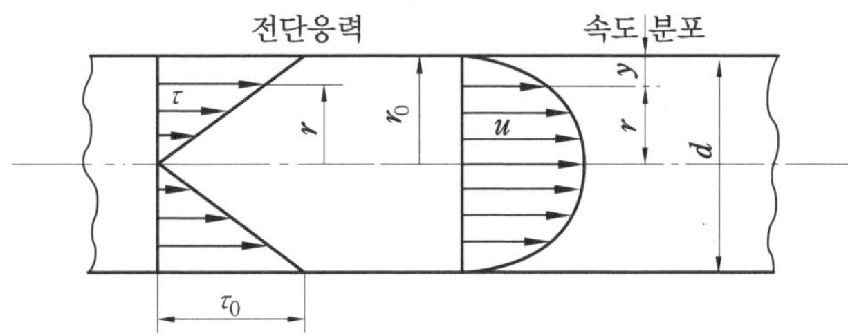

전단응력과 속도 분포

유량 $Q = \int_0^{r_0} u(2\pi r dr) = 2\pi u_{max}\int_0^{r_0}\left\{1 - \left(\frac{r}{r_0}\right)^2\right\} r dr = \frac{\pi r_0^2}{2}u_{max} = -\frac{\pi r_0^4}{8\mu}\frac{dp}{dl}$

$-\frac{dp}{dl}$ 대신 $\frac{\Delta p}{L}$로 쓰면

$$\text{유량 } Q = \frac{\Delta p \pi r_0^4}{8\mu L} = \frac{\Delta p \pi d^4}{128\mu L}\,[\text{m}^3/\text{s}]$$

이 식을 하겐-푸아죄유 방정식(Hagen-Poiseuille equation)이라 한다.

그리고 평균속도 $V = \frac{Q}{A} = \frac{\Delta p \pi r_0^4 / 8\mu L}{\pi r_0^2} = \frac{\Delta p r_0^2}{8\mu L}\,[\text{m/s}]$

하겐-푸아죄유 방정식에서 압력 강하 $\Delta p = \frac{128\mu L Q}{\pi d^4}$

그러므로 손실수두 $h_L = \frac{\Delta p}{\gamma} = \frac{128\mu L Q}{\gamma \pi d^4}\,[\text{m}]$

최대속도와 평균속도와의 관계는 $\frac{V}{u_{\max}} = \frac{1}{2}$

예제 5. 지름 200 mm인 수평 원관 내에 어떤 액체가 흐르고 있다. 관벽에서의 전단응력이 150 Pa이다. 관의 길이가 30 m일 때 압력 강하 Δp는 몇 kPa인가?

① 45 ② 90 ③ 95 ④ 105

해설 $\tau = -\frac{dp}{dl}\frac{r}{2}$

$\tau = 150\,\text{Pa}$, $r = 0.1\,\text{m}$, $dl = 30\,\text{m}$, $-dp = \Delta p$를 대입하면 $150 = \frac{\Delta p}{30}\frac{0.1}{2}$

$\therefore\ \Delta p = 90000\,\text{N/m}^2 = 90\,\text{kPa}$

정답 ②

예제 6. 원관에서 유체가 층류로 흐를 때 전단응력은?

① 전단면에서 일정하다.
② 포물선 모양이다.
③ 관 중심에서 0이고, 관벽까지 직선적으로 증가한다.
④ 관벽에서 0이고, 중심까지 선형적으로 증가한다.

해설 $\tau = -\frac{dp}{dl}\frac{r}{2}\,[\text{Pa}]$이므로 $\tau \propto r$(직선 비례)

정답 ③

예제 7. 원관에서 유체가 층류로 흐를 때 속도 분포는?

① 전단면에서 일정하다.
② 관벽에서 0이고, 중심까지 선형적으로 증가한다.
③ 관 중심에서 0이고, 관벽까지 직선적으로 증가한다.
④ 2차 포물선으로 관벽에서 속도는 0이고, 관 중심에서 속도는 최대속도이다.

해설 $\frac{u}{u_{max}} = 1 - \frac{r^2}{r_0^2} = 1 - \left(\frac{r}{r_0}\right)^2$

정답 ④

예제 8. 9 m^3/min의 유량으로 지름 10 cm인 관 속을 기름(S= 0.92, μ= 9.8 poise)이 흐르고 있다. 거리가 10 km 떨어진 곳까지 수송하려면 필요한 최소동력은 몇 kW인가?

① 900 ② 9000 ③ 90000 ④ 900000

해설 평균유속 $V = \frac{\left(\frac{9}{60}\right)}{\frac{\pi}{4}(0.1)^2} = 19.1\,\text{m/s}$

여기서, $\mu = 9.8\,\text{poise} = 9.8\,\text{dyne}\cdot\text{s/cm}^2 = 0.98\,\text{N}\cdot\text{s/m}^2$

$\rho = \rho_w S = 1000 \times 0.92 = 920\,\text{kg/m}^3 = 920\,\text{N}\cdot\text{s}^2/\text{m}^4$

레이놀즈수 $Re = \frac{920 \times 19.1 \times 0.1}{0.98} = 1793 < 2100$

따라서 이 흐름은 층류이므로 하겐-푸아죄유 방정식에서

$$\Delta p = \frac{128 Q\mu L}{\pi d^4} = \frac{128 \times \left(\frac{9}{60}\right) \times 0.98 \times 10^4}{\pi (0.1)^4} = 6 \times 10^8\,\text{N/m}^2$$

따라서 동력 $P = \gamma h_L Q = \Delta p Q = (6 \times 10^8) \times \left(\frac{9}{60}\right)$

$= 9 \times 10^7\,\text{N}\cdot\text{m/s} = 90000\,\text{kW}$

정답 ③

4-3 난류

(1) 난류 전단응력

정상 난류 유동장 내의 한 점에서의 순간속도를 정밀한 속도측정장치를 이용하면, 다음 그림과 같이 평균속도에 대하여 난동이 일어나는 것을 관찰할 수 있다.

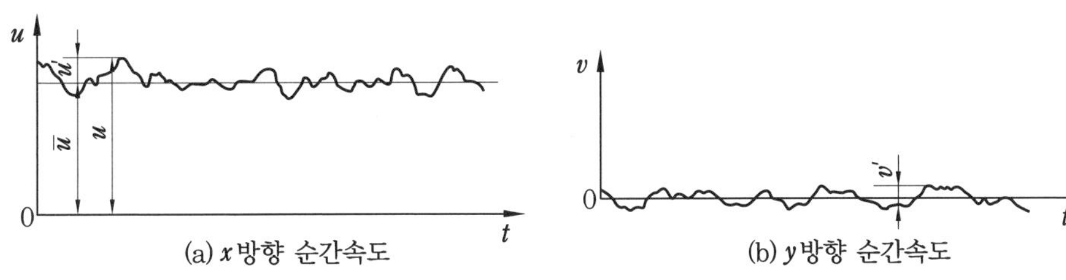

(a) x방향 순간속도 (b) y방향 순간속도

시간에 따른 난류속도

즉, 순간속도 $u = \bar{u} + u'$, $v = \bar{v} + v'$일 때

시간평균속도 $\bar{u}$, $\bar{v}$는 $\bar{u}=\frac{1}{T}\int_0^T udt$, $\bar{v}=\frac{1}{T}\int_0^T vdt$

운동량 법칙에 의하면 $\therefore\ \tau=-\rho\overline{u'v'}$ [Pa]

이것을 Reynolds 응력(Reynold's stress) 또는 난류 전단응력이라 한다.

윗 식을 $\tau=\eta\frac{d\bar{u}}{dy}$ [Pa] 로 표시하기도 한다. 여기서 η는 와점성계수(eddy viscosity) 라 한다. 벽면의 영향을 고려한 전체의 전단응력은 다음과 같다.

$$\tau=\mu\frac{d\bar{u}}{dy}+\eta\frac{d\bar{u}}{dy}=(\mu+\eta)\frac{d\bar{u}}{dy}\ \text{[Pa]}$$

벽면 근처에서는 $\mu\frac{d\bar{u}}{dy}\gg\eta\frac{d\bar{u}}{dy}$이고, 벽면으로부터 멀리 떨어진 곳에서는 $\mu\frac{d\bar{u}}{dy}\ll\eta\frac{d\bar{u}}{dy}$ 이다.

(2) Prandtl의 혼합거리

기체론에서 불규칙한 운동을 하는 기체 분자의 내부에너지의 척도로서 분자평균자유행로의 개념을 도입한다. 기체의 분자속도가 커짐에 따라 내부에너지는 증가하여 분자 간의 충돌 빈도수가 많아져 분자가 운동량 변화 없이 움직일 수 있는 거리, 즉 분자평균자유행로(molecular mean free path)는 짧아진다.

Prandtl은 불규칙한 난류 운동을 설명하기 위하여 분자평균자유행로의 개념과 유사한 Prandtl의 혼합거리를 정의하였다. 즉, Prandtl의 혼합거리(Prandtl's mixing length)는 난동하는 유체 입자가 운동량 변화 없이 움직일 수 있는 거리로 정의된다.

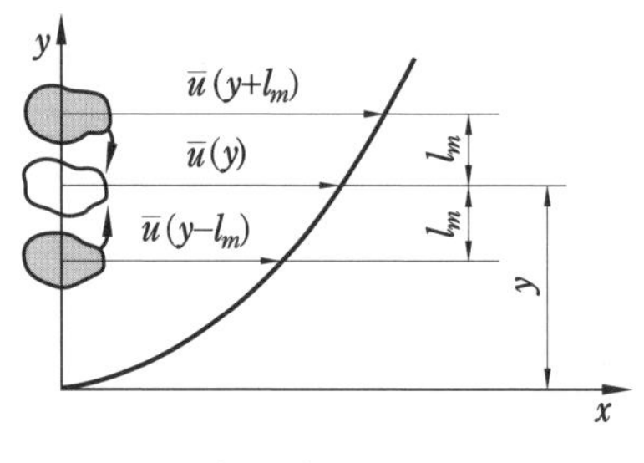

난류 속도 분포

$$\therefore\ \tau=\rho l^2\left|\frac{d\bar{u}}{dy}\right|^2\ \text{[Pa]}$$

여기서 l^2은 $c_1c_2l_m^2$이다. 정확하게는 l_m이 혼합거리이나 l과 l_m이 비례하므로 편의상 l을 혼합거리로 사용한다.

와점성계수 $\eta = \rho l^2 \left| \dfrac{d\bar{u}}{dy} \right|$

벽면 근처에서 유체의 혼합 현상은 벽면에 의하여 억제되어 작고, 벽면으로부터 멀리 떨어져 있으면 유체의 혼합 현상이 커져 l은 커진다. 즉, Prandtl은 l을 벽으로부터 잰 수직거리 y에 비례한다($l = ky$)고 생각하였다. 여기서 k는 난동상수로 실험에 의하면 매끈한 원관의 경우 $k = 0.4$이다.

$$\tau = \rho k^2 y^2 \left| \frac{d\bar{u}}{dy} \right|^2$$

Prandtl이 구한 원관 내의 난류 속도 분포는

$$\frac{u}{u_{\max}} = \left(\frac{y}{r_0} \right)^{\frac{1}{7}}, \; 3 \times 10^3 < Re < 10^5$$

윗 식을 난류 속도 분포의 $\dfrac{1}{7}$승법칙(one-seventh power law)이라 한다.

예제 9. 난동속도 u'의 평균값은?

① 0이다. ② 0이나 1이다. ③ 1이다. ④ 정답이 없다.

해설 $\overline{u'} = 0$이다. 정답 ①

예제 10. Prandtl의 혼합거리는?

① 전단응력과 무관하다.
② 벽에서 0이다.
③ 일정하다.
④ 층류 유동 문제를 계산하는 데 유용하다.

해설 Prandtl이 가정한 혼합거리는 $l = ky$이므로 벽($y = 0$)에서는 $l = 0$이다. 정답 ②

예제 11. 난류 유동에서 와점성계수(η)는?

① 유동의 성질과 무관하다.
② 난류의 정도와 유체의 밀도에 의하여 결정되는 계수이다.
③ 유체의 물리적 성질이다.
④ 밀도로 나눈 점성계수이다.

해설 와점성계수 $\eta = \rho l^2 \left| \dfrac{d\bar{u}}{dy} \right|$이다. 따라서 와점성계수는 난류의 정도를 표시하는 Prandtl의 혼합거리 l, 밀도 ρ, 평균속도구배 $\dfrac{d\bar{u}}{dy}$에 의하여 좌우된다. 정답 ②

4-4 유체 경계층

(1) 경계층(boundary layer)

1904년 독일의 공학자 Prandtl이 제안한 경계층의 개념을 설명하기 위하여 그림과 같이 얇은 평판 위를 흐르는 유체를 생각해 보자. 평판의 선단(先端)에서부터 점성의 영향이 미치는 얇은 층이 형성된다. 이렇게 평판의 선단으로부터 형성된 얇은 층을 경계층(boundary layer)이라고 한다.

이 층 내에서는 속도구배$\left(\dfrac{du}{dy}\right)$가 대단히 커서 점성 전단응력$\left(\tau=\mu\dfrac{du}{dy}\right)$이 크게 작용한다. 그러나 경계층 밖의 전체 영역에서는 점성에 의한 영향이 거의 없어 이상 유체와 같은 흐름을 하고 있다. 이러한 흐름을 퍼텐셜 흐름(potential flow)이라 한다.

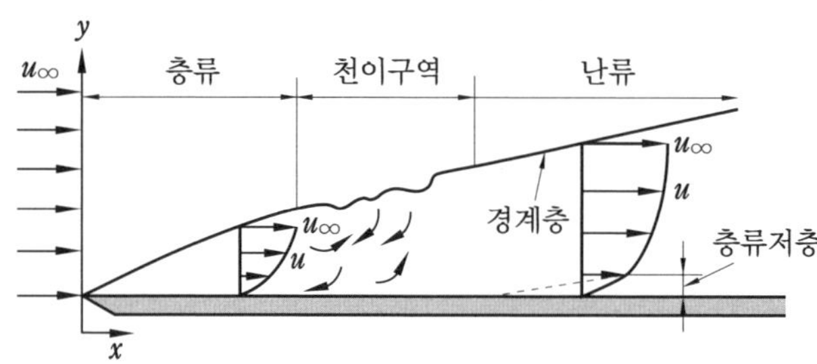

유체의 경계층

평판의 선단 근방에서는 층류의 성질을 갖는 층류경계층(laminar boundary layer)이 형성되지만, 유동 조건과 유체의 성질에 따라 선단에서 어느 정도 떨어진 거리에서는 교란이 일어나기 시작하면서 천이구역을 거쳐 난류 성질을 갖는 난류경계층(turbulent boundary layer)이 형성된다. 그리고 층류에서 속도 분포는 거의 포물선이고, 난류의 벽면 근처에서 속도는 선형적이다. 이때 난류에서 생기는 층류층을 층류저층(laminar sublayer)이라 한다. 평판의 레이놀즈수는 다음과 같이 정의한다.

$$Re_x=\frac{\rho u_\infty x}{\mu}=\frac{u_\infty x}{\nu}$$

여기서 x는 선단에서부터 잰 거리이다. 평판의 임계 레이놀즈수 $Re=5\times10^5$이다.

(2) 경계층의 두께(δ)

경계층 내의 최대속도 u가 자유흐름속도 u_∞와 같아질 때의 두께를 경계층 두께(δ)라 한다. 그러나 경계층 내의 속도 분포와 자유흐름속도가 경계층 두께 근방에서 점진적으로 접근하므로 명확히 경계층 두께를 측정하기는 상당히 어렵다. 그러므로 일반적으로 경계층 내의 속도가 자유흐름속도의 99%, 즉 $u=0.99u_\infty$ 되는 곳까지의 거리로 정의한다.

평판 위의 흐름에서 경계층 두께는 다음과 같다.

$$\text{층류} : \frac{\delta}{x} \approx \frac{5}{Re_x^{1/2}}, \quad \text{난류} : \frac{\delta}{x} \approx \frac{0.16}{Re_x^{1/7}}$$

앞에서 언급한 바와 같이 δ를 정확히 결정하는 것은 일반적으로 어려우므로 실험 결과의 정리 등에서는 다음과 같은 두 개의 두께가 많이 사용된다.

① 배제 두께(displacement thickness, δ^*) : 경계층에서는 점성 효과로 바깥 유선이 그림에서 보듯이 조금씩 바깥쪽으로 밀려나고 있다. 즉, 입구와 출구에서 질량 보존의 법칙을 만족하기 위해서 δ^*만큼 밀려나야 한다.

$$\int_0^h \rho u_\infty b dy = \int_0^\delta \rho u b dy, \quad \delta = h + \delta^*$$

$$\therefore \ u_\infty h = \int_0^\delta (u_\infty + u - u_\infty) dy = u_\infty (h + \delta^*) + \int_0^\delta (u - u_\infty) dy \text{ 또는}$$

$$\delta^* = \int_0^\delta \left(1 - \frac{u}{u_\infty}\right) dy$$

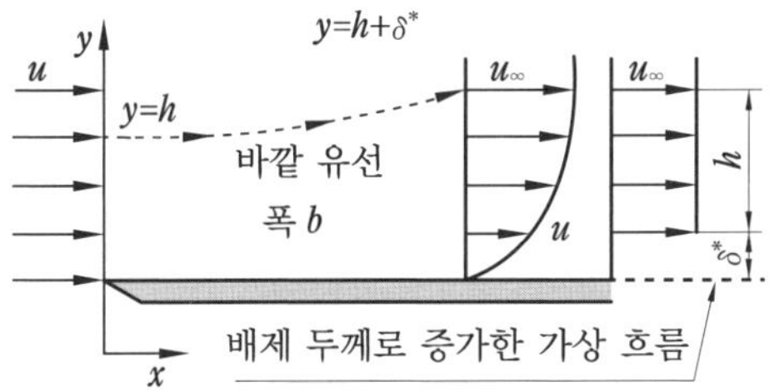

경계층의 배제 효과

② 운동량 두께(momentum thickness, δ_m) : 배제 두께의 유도 시 질량 유량 대신 운동량을 대입하여 얻어진 두께이다.

$$\delta_m = \frac{1}{\rho u_\infty^2} \int_0^\delta \rho u (u_\infty - u) dy$$

예제 **12. 경계층을 설명한 것 중 틀린 것은?**

① 경계층 두께는 경계층 내의 속도가 자유흐름속도의 99 % 되는 점까지의 거리이다.
② 경계층 내에서는 속도구배가 크기 때문에 마찰응력이 작게 작용한다.
③ 경계층 바깥층의 흐름은 퍼텐셜 흐름이다.
④ 평판의 임계 레이놀즈수는 5×10^5이다.

해설 경계층 내에서는 속도구배가 매우 커 점성에 의한 전단응력$\left(\tau = \mu \frac{du}{dy}\right)$이 크게 작용한다.

정답 ②

예제 13. 경계층 밖의 자유흐름속도가 10 m/s이면 경계층 내에서 최대속도는 몇 m/s인가?
① 0.9 ② 0.09 ③ 9.9 ④ 99

해설 $\frac{u}{u_\infty}=0.99$에서 $u=10\times0.99=9.9\ \text{m/s}$ **정답** ③

예제 14. $\nu=16.7\times10^{-6}\ \text{m}^2/\text{s}$인 공기가 평판 위를 4 m/s로 흐르고 있다. 선단으로부터 50 cm인 곳에서 경계층 두께는 몇 mm인가?
① 0.722 ② 7.22 ③ 72.2 ④ 8.42

해설 $Re_{x=0.5}=\frac{u_\infty x}{\nu}=\frac{4\times0.5}{16.7\times10^{-6}}=119760<5\times10^5$이므로 층류

따라서 $\delta=\frac{5x}{Re_x^{1/2}}=\frac{5\times0.5}{(119760)^{1/2}}=7.22\times10^{-3}\ \text{m}=7.22\ \text{mm}$ **정답** ②

4-5 물체 주위의 유동

(1) 박리와 후류

그림 (a)와 같이 원통 주위를 따라 유체가 흐를 때 베르누이 정리$\left(\frac{p}{\gamma}+\frac{u_\infty^2}{2g}=\text{상수}\right)$에 의하여 압력의 증가(또는 감소)는 유체의 속도의 감소(또는 증가)를 가져온다. 즉, 비점성 유체의 경우 면 AB를 따라 흐를 때는 압력이 감소하여 B에서 유속이 최대가 되고 $\left(\frac{dp}{dx}<0,\ \frac{du}{dx}>0\right)$, 면 BD를 따라 흐를 때는 압력이 증가하여 D에서 유속이 최소가 된다$\left(\frac{dp}{dx}>0,\ \frac{du}{dx}<0\right)$.

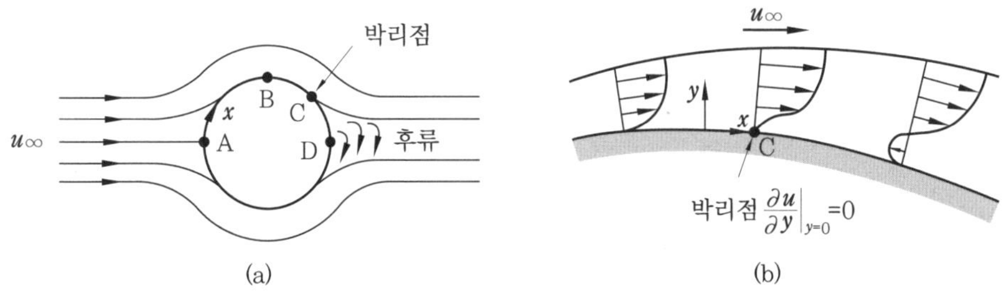

원통 주위의 흐름

그러나 실제의 점성 유체의 경우 역압력구배, 즉, $\frac{dp}{dx}>0$인 영역에서 표면마찰에 의한 저항뿐만 아니라 압력 상승$\left(\frac{dp}{dx}>0\right)$에 의한 저항에 의하여 표면 가까이 있는 유체층

의 운동량이 이를 이기지 못하여 유체 입자가 원통면으로부터 이탈하게 된다. 이러한 현상을 박리(seperation)라 하고, 이 점은 그림 (b)에서 보는 바와 같이 $\left.\frac{\partial u}{\partial y}\right|_{y=0}=0$에서 일어난다. 박리점 이후에 소용돌이 치는 불규칙한 흐름을 후류(wake)라 한다.

(2) 항력과 양력

오른쪽 그림과 같이 유동하는 유체 속에 물체를 놓았을 때 물체는 유체로부터 힘을 받는다. 이 힘 중 유동속도와 평행방향으로 작용하는 성분의 힘을 항력(drag)이라 하고, 유동속도와 직각방향으로 작용하는 성분의 힘을 양력(lift)이라 한다.

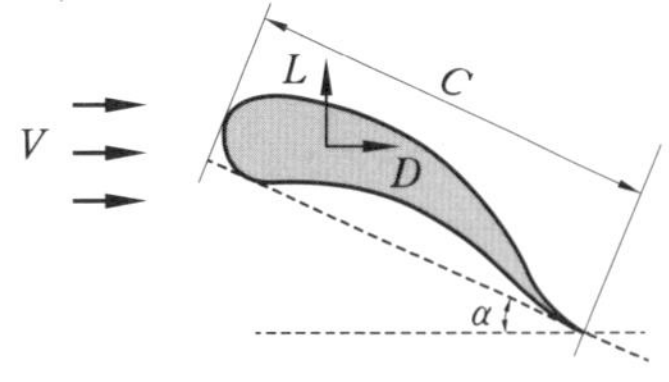

날개의 양력, 항력 및 앙각

① 항력(drag force, D) : 마찰항력(friction drag)과 압력항력(pressure drag)으로 되어 있다.

㈎ 마찰항력 : 유체의 점성으로 인하여 물체 표면에 작용하는 항력을 말한다.

㈏ 압력항력 : 아래 그림 (a)와 같은 유동에서는 원통 후방에서 후류가 생겨 후방에서의 압력이 떨어져 물체의 전후방의 압력차로 물체는 유동방향으로 유체에 의해서 항력을 받는다. 그림 (b)와 같이 유선형이 되면 박리점 C가 후방으로 이동하게 되어 항력은 작아진다. 이처럼 물체의 형상에 기인하는 압력 분포에서 생기는 항력을 압력항력이라 한다.

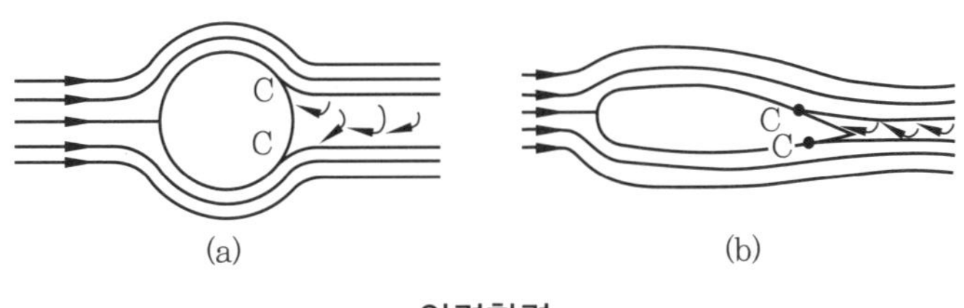

압력항력

물체가 받는 항력 $D=C_D A\frac{\rho V^2}{2}$ [N]

여기서 C_D는 압력항력과 마찰항력에 관계하는 무차원계수로서 실험적으로 결정되는 항력계수이다. A는 날개나 평판의 경우 현의 길이 C와 날개의 폭 B를 곱한 면적이지만, 무딘 물체의 경우 유동방향에 수직한 면에 투영한 면적이며, V는 유체의 유동속도이다. 특히 구 주위의 점성 비압축성 유체의 유동에서 $Re \le 1$ 정도이면 박리가 존재하지 않으므로 항력은 마찰항력이 지배적이다. 이때 항력은 Stokes 법칙에 따른다.

$D=3\pi d\mu V$ [N]

여기서 d는 구의 지름, V는 유체에 대한 구의 상대속도이다.

② 양력(lift force, L)

$$\text{물체가 받는 양력 } L = C_L A_P \frac{\rho V^2}{2} \text{[N]}$$

여기서 C_L은 양력계수로 날개현과 유동속도가 이루는 앙각(angle of attack) α와 레이놀즈수의 함수이다. A_P는 날개현의 길이 C와 날개폭 B를 곱한 면적이다.

예제 15. 박리가 일어나는 원인은?

① 증기압에 대한 압력의 감소 ② 압력구배가 0으로 감소
③ 역압력구배에 의하여 ④ 경계층 두께가 0으로 감소

해설 박리(separation)는 역압력구배 때문에 발생한다. 정답 ③

예제 16. 후류(wake)에 대한 설명으로 옳은 것은?

① 고압 영역이다. ② 표면마찰이 주원인이다.
③ 박리점 후방에서 항상 생긴다. ④ $\frac{dp}{dx} < 0$인 영역에서 일어난다.

해설 후류(wake)는 박리점 후방에서 항상 발생한다. 정답 ③

예제 17. 1.2 m×1.2 m인 평판이 7 m/s로 수평면에 수직하게 움직이고 있다. 이때 저항력은 몇 N인가? (단, $C_D = 1.16$, $\rho = 1\ \text{kg/m}^3$이다.)

① 25.57 ② 29.55 ③ 39.25 ④ 40.92

해설 $D = C_D \frac{\rho A V^2}{2} = 1.16 \times \frac{1 \times (1.2)^2 \times 7^2}{2} = 40.92\ \text{N}$ 정답 ④

예제 18. 지름 1 m, 높이 40 m인 원통 굴뚝에 바람이 14 m/s의 속도로 불고 있다. 이때 바람에 의해 굴뚝 바닥에서 걸리는 모멘트(N·m)는 얼마인가? (단, 공기의 $\rho = 1.23\ \text{kg/m}^3$, $\mu = 1.78 \times 10^{-5}\ \text{kg/m} \cdot \text{s}$, $C_D = 0.35$이다.)

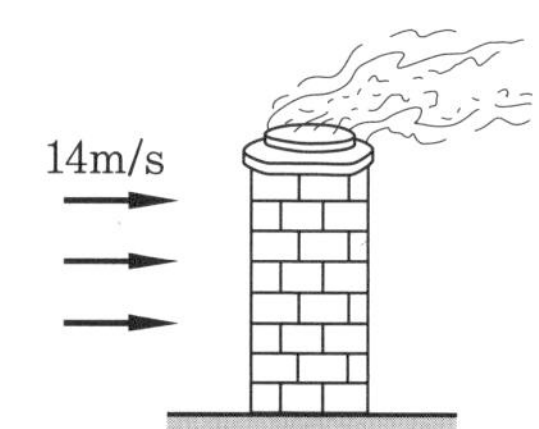

① 337.6 ② 3376
③ 33760 ④ 33875

해설 $D = C_D A \frac{\rho V^2}{2}$

$= 0.35 \times (1 \times 40) \times \frac{1.23 \times 14^2}{2} = 1688\ \text{N}$

따라서 굴뚝 바닥에서 걸리는 모멘트 M_0

$= D \times 20 = 1688 \times 20 = 33760\ \text{N} \cdot \text{m}$

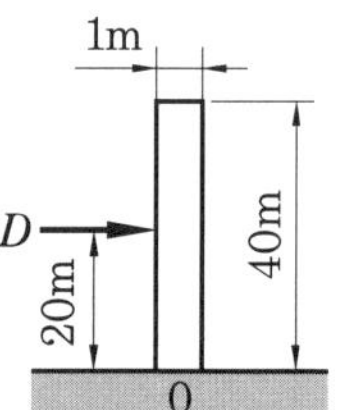

정답 ③

예제 19. 지름 2 mm인 구가 공기($\rho = 0.3716\ kg/m^3$, $\nu = 108.2 \times 10^{-6}\ m^2/s$) 속을 2.5 cm/s로 운동할 때 항력은 몇 dyne인가?

① 1.9 ② 0.19 ③ 0.0019 ④ 0.00019

해설 $Re = \dfrac{Vd}{\nu} = \dfrac{0.025 \times 0.002}{108.2 \times 10^{-6}} = 0.462 < 1$

스토크스의 법칙에서 항력 $D = 3\pi\mu d V = 3\pi(108.2 \times 10^{-6} \times 0.3716) \times 0.002 \times 0.025$

$= 1.9 \times 10^{-8}\,\mathrm{N} = 1.9 \times 10^{-3}\,\mathrm{dyne}$

정답 ③

4-6 관 속의 손실수두(h_L)

(1) 다르시 바이스바흐(Darcy-Weisbach) 방정식

실험에 의하면 그림과 같이 길고 곧은 관에서 손실수두(h_L)는 속도수두$\left(\dfrac{V^2}{2g}\right)$와 관의 길이($L$)에 비례하고, 관의 지름($d$)에 반비례한다.

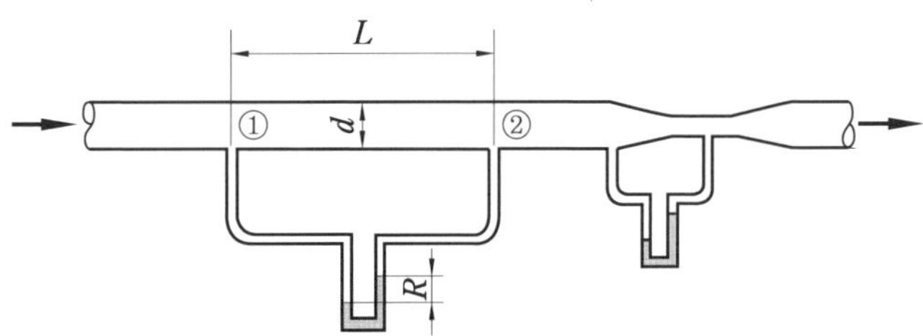

손실수두를 측정하는 실험장치

이러한 관계는 다르시 바이스바흐(Darcy-Weisbach) 방정식으로 나타낼 수 있다.

$$h_L = f\frac{L}{d}\frac{v^2}{2g}\ [\mathrm{m}]$$

여기서 f는 관마찰계수라 하며, 일반적으로 레이놀즈수(Re)와 상대조도$\left(\dfrac{e}{d}\right)$의 함수이다.

(2) 관마찰계수(f)

① 층류구역($Re < 2100$) : f는 상대조도에 관계없이 레이놀즈수만의 함수이다.

$$f = \frac{64}{Re}$$

② 천이구역($2100 < Re < 4000$) : f는 상대조도와 레이놀즈수의 함수이다.

③ 난류구역($Re > 4000$)

(가) f가 상대조도와 무관하고 레이놀즈수에 의해서만 좌우되는 영역(즉, 매끈한 관)

에 대하여 블라시우스(Blasius)는 다음과 같은 실험식을 제시하였다.

$$f = 0.3164Re^{-\frac{1}{4}}, \ 3000 < Re < 100000$$

(나) f가 레이놀즈수와 무관하고 상대조도에 의해서만 좌우되는 영역(거칠은 관)에 대하여 Nikuradse는 다음과 같은 실험식을 제시하였다.

$$\frac{1}{\sqrt{f}} = 1.14 - 0.86\ln\left(\frac{e}{d}\right)$$

(다) f가 레이놀즈수와 상대조도에 의해서 좌우되는 중간 영역에 대하여 Colebrook는 다음과 같은 실험식을 제시하였다.

$$\frac{1}{\sqrt{f}} = -0.86\ln\left(\frac{e/d}{3.71} + \frac{2.51}{Re\sqrt{f}}\right)$$

무디(Moody)는 윗 식들을 기초로 하여 실제 문제에서 f를 손쉽게 구할 수 있도록 다음 그림과 같은 무디 선도를 작성하였다.

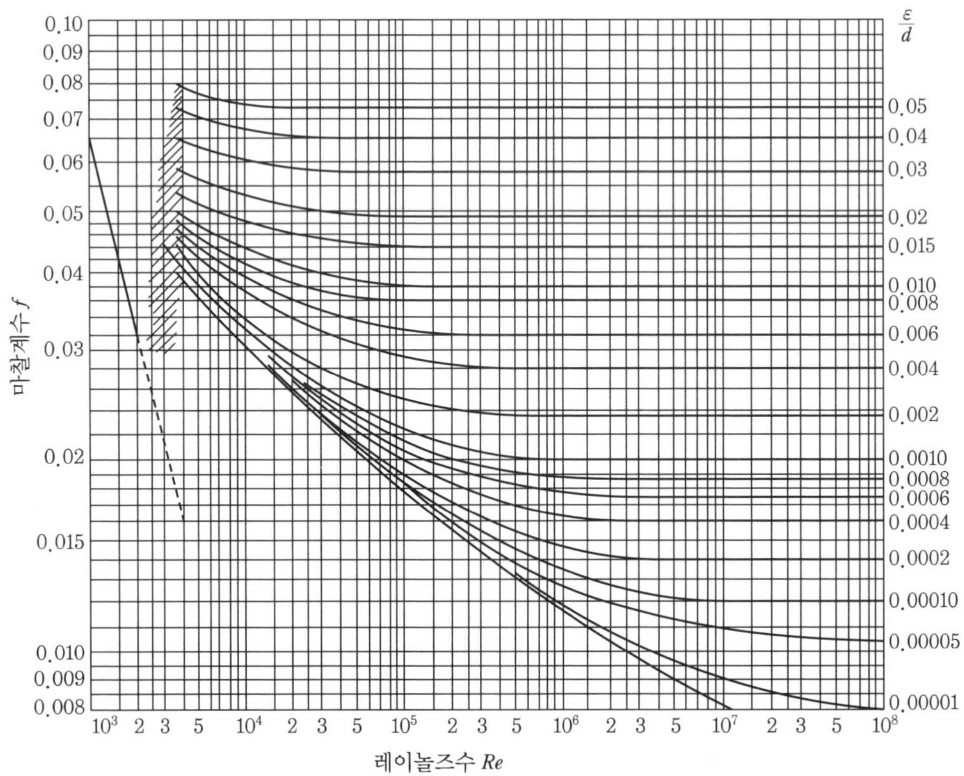

무디 선도(Moody diagram)

예제 20. 길이가 400 m이고, 지름이 25 cm인 관에 평균속도 1.32 m/s로 물이 흐르고 있다. 관의 마찰계수가 0.0422일 때 손실수두는?

① 5 m ② 6 m ③ 7 m ④ 8 m

해설 Darcy-Weisbach 방정식에서

$$h_L = f\frac{L}{d}\frac{V^2}{2g} = 0.0422 \times \frac{400}{0.25} \times \frac{1.32^2}{2 \times 9.8} = 6\text{ m}$$

정답 ②

예제 21. 다음 중 관마찰계수(f)에 대한 설명으로 옳은 것은?

① 상대조도와 오일러수의 함수이다. ② 마하수와 레이놀즈수의 함수이다.
③ 상대조도와 레이놀즈수의 함수이다. ④ 레이놀즈수와 프루드수의 함수이다.

해설 관마찰계수(f)는 레이놀즈수(Re)와 상대조도$\left(\frac{e}{d}\right)$의 함수이다.

$$f = F\left(Re,\ \frac{e}{d}\right)$$

정답 ③

예제 22. 지름 10 cm인 원관에 기름(S = 0.85, ν = 1.27×10^{-4} m^2/s)이 0.01 m^3/s의 유량으로 흐르고 있다. 이때 관마찰계수(f)는?

① 0.064 ② 0.64 ③ 0.32 ④ 0.312

해설 평균유속 $V = \frac{Q}{A} = \frac{0.01}{\frac{\pi}{4}(0.1)^2} = 1.27\text{ m/s}$

레이놀즈수 $Re = \frac{Vd}{\nu} = \frac{1.27 \times 0.1}{1.27 \times 10^{-4}} = 1000 < 2100$이므로 층류이다.

따라서 관마찰계수 $f = \frac{64}{Re} = \frac{64}{1000} = 0.064$

정답 ①

예제 23. 0.01539 m^3/s의 유량으로 지름 30 cm인 주철관 속을 기름(μ = 0.0105 kgf · s/m^2, S = 0.85)이 흐르고 있다. 길이 3000 m에 대한 손실수두는 얼마인가?

① 1.87 m ② 2.87 m ③ 3.87 m ④ 4.87 m

해설 평균유속 $V = \frac{Q}{A} = \frac{0.01539}{\frac{\pi}{4}(0.3)^2} = 0.218\text{ m/s}$

밀도 $\rho = \rho_w S = 102 \times 0.85 = 86.7\text{ kgf} \cdot \text{s}^2/\text{m}^4$

레이놀즈수 $Re = \frac{\rho V d}{\mu} = \frac{86.7 \times 0.218 \times 0.3}{0.0105} = 540 < 2100$이므로 층류이다.

$\therefore\ f = \frac{64}{Re} = \frac{64}{540} = 0.1185$

따라서 손실수두 $h_L = f\frac{L}{d}\frac{V^2}{2g} = 0.1185 \times \frac{3000}{0.3} \times \frac{(0.218)^2}{2 \times 9.8} = 2.87\text{ m}$ 정답 ②

예제 24. 지름 4 cm인 매끈한 원관에 물(동점성계수 $\nu = 1.15 \times 10^{-6}\text{ m}^2/\text{s}$)이 2 m/s의 속도로 흐르고 있다. 길이 50 m에 대한 손실수두는 얼마인가? (단, 블라시우스의 식을 적용한다.)

① 2.97 m ② 3.97 m ③ 4.97 m ④ 5.97 m

해설 $Re = \frac{Vd}{\nu} = \frac{2 \times 0.04}{1.15 \times 10^{-6}} = 69565 > 2100$이므로 난류이다.

블라시우스(Blasius) 공식에서

$f = 0.3164Re^{-\frac{1}{4}} = 0.3164(69565)^{-\frac{1}{4}} = 0.0195$

따라서 $h_L = f\frac{L}{d}\frac{V^2}{2g} = 0.0195 \times \frac{50}{0.04} \times \frac{2^2}{2 \times 9.8} = 4.97\text{ m}$ 정답 ③

예제 25. 그림과 같이 지름 30 cm인 원관에 0.4 m³/s의 유량으로 물이 위로 흐르고 있다. ①에서 압력계가 900 kPa를 가리키고 있을 때 압력 p_2는 약 몇 kPa인가? (단, 관마찰계수 f는 0.02로 가정한다.)

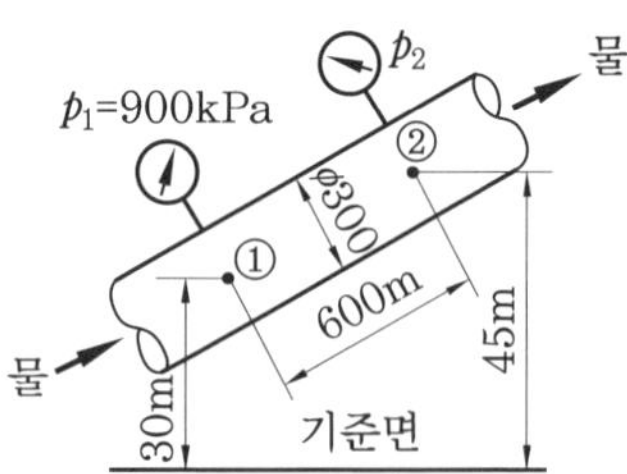

① 1.12 ② 11.2 ③ 112 ④ 1120

해설 평균유속 $V = \frac{Q}{A} = \frac{0.4}{\frac{\pi}{4}(0.3)^2} = 5.66\text{ m/s}$

손실수두 $h_L = f\frac{L}{d}\frac{V^2}{2g} = 0.02 \times \frac{600}{0.3} \times \frac{5.66^2}{2 \times 9.8} = 65.38\text{ m}$

①과 ②에 수정 베르누이 방정식을 적용하면

$\frac{p_1}{\gamma} + \frac{V_1^2}{2g} + Z_1 = \frac{p_2}{\gamma} + \frac{V_2^2}{2g} + Z_2 + h_L$

여기서, $p_1 = 900000\text{ Pa}$, $V_1 = V_2 = V$

$Z_1 = 30\text{ m}$, $Z_2 = 45\text{ m}$, $h_L = 65.38\text{ m}$이므로

$\frac{900000}{9800} + \frac{5.66^2}{2 \times 9.8} + 30 = \frac{p_2}{9800} + \frac{5.66^2}{2 \times 9.8} + 45 + 65.38$

$\therefore p_2 = 112276\text{ Pa} \fallingdotseq 112\text{ kPa}$ 정답 ③

4-7 비원형 단면을 갖는 관로에서의 관마찰

실제적인 문제에서 가끔 관의 단면이 원형이 아닌 경우가 있다. 이러한 경우에 수력반지름(hydraulic radius)의 개념을 도입함으로써 원관에 사용하였던 방정식을 비원형 단면을 갖는 관로 문제에 그대로 적용시킬 수 있다. 유동단면적을 A, 접수길이(wetted perimeter)를 P라 할 때 수력반지름 R_h는 다음과 같이 정의한다.

$$R_h = \frac{A}{P}\,[\mathrm{m}]$$

원관의 경우, 수력반지름 $R_h = \dfrac{\pi d^2/4}{\pi d} = \dfrac{d}{4}$, $d = 4R_h$이다. 임의의 단면을 갖는 관로에서의 흐름이 원관의 흐름과 유사하다고 생각하면 Darcy-Weisbach 방정식은 $h_L = f\dfrac{L}{4R_h}\dfrac{V^2}{2g}$로 표시되고, 이때 레이놀즈수와 상대조도는 다음과 같다.

$$Re = \frac{V(4R_h)}{\nu}, \quad \frac{e}{d} = \frac{e}{4R_h}$$

4-8 부차적 손실

관 내에 유체가 흐를 때 관마찰 손실 이외에 벤드(bend), 엘보(elbow), 단면적 변화부, 밸브(valve) 및 기타 관의 부품 등에서 부가적인 저항손실이 생긴다. 이러한 저항손실을 부차적 손실(minor loss)이라 하고 다음과 같이 나타낸다.

$$h_L = K\frac{V^2}{2g}$$

여기서, K : 손실계수(보통 실험적으로 구해진다.)

(1) 돌연 확대관에서의 손실

$$\text{돌연 확대관에서의 손실수두 } h_{L_{1-2}} = \frac{(V_1 - V_2)^2}{2g}$$

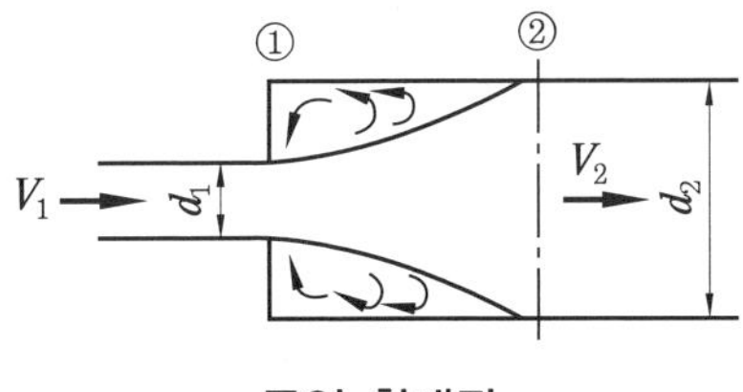

돌연 확대관

윗 식에 연속방정식($A_1 V_1 = A_2 V_2$)을 적용하면

$$h_{L_{1-2}} = \frac{\left(V_1 - \frac{A_1}{A_2} V_1\right)^2}{2g} = \frac{\left(1 - \frac{A_1}{A_2}\right)^2 V_1^2}{2g} = \left[1 - \left(\frac{d_1}{d_2}\right)^2\right]^2 \frac{V_1^2}{2g}$$

$$\text{손실계수} K = \left[1 - \left(\frac{d_1}{d_2}\right)^2\right]^2$$

그림과 같이 $d_2 \gg d_1$이면 $K = 1$

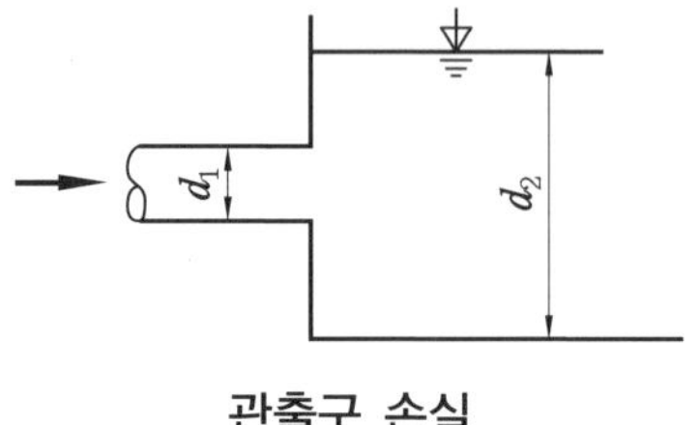

관출구 손실

(2) 돌연 축소관에서의 손실

그림과 같은 돌연 축소관에서 $\text{손실수두 } h_L = \frac{(V_0 - V_2)^2}{2g}$

연속방정식 $A_0 V_0 = A_2 V_2$에서 $V_0 = \frac{A_2}{A_0} V_2 = \frac{1}{C_c} V_2$

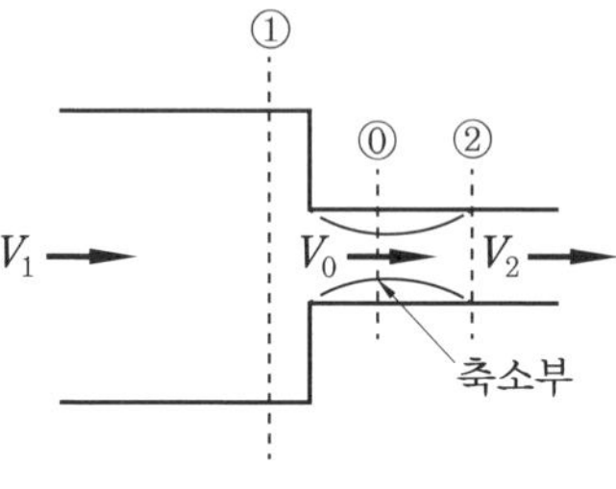

돌연 축소관

여기서 $C_c\left(= \frac{A_0}{A_2}\right)$를 축소계수(contraction coefficient)라 한다.

$$h_L = \left(\frac{1}{C_c} - 1\right)^2 \frac{V_2^2}{2g} = K\frac{V_2^2}{2g} \text{ [m]}$$

그러므로 $\text{손실계수 } K = \left(\frac{1}{C_c} - 1\right)^2$

물에 대한 축소계수 C_c는 Weisbach에 의하여 다음 표와 같이 주어진다.

물에 대한 축소계수

A_2/A_1	0.1	0.2	0.3	0.4	0.5	0.6	0.7	0.8	0.9	1.0
C_c	0.624	0.632	0.643	0.659	0.681	0.712	0.755	0.813	0.892	1.00

큰 용기에 붙어 있는 관에서 입구 손실계수는 다음 그림과 같다.

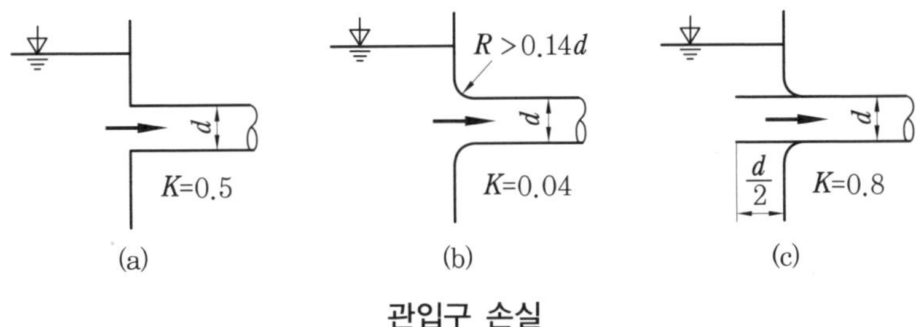

관입구 손실

(3) 점진 확대관에서의 손실

점진 확대관에서의 손실은 Gibson에 의하여 연구되었다. 그 결과는 다음 식과 같다.

$$h_L = K\frac{(V_1 - V_2)^2}{2g}$$

다음 그림에서 보듯이 손실계수는 확대각 $\theta = 6 \sim 7°$에서 최소, $\theta = 65°$ 근방에서 최대이다.

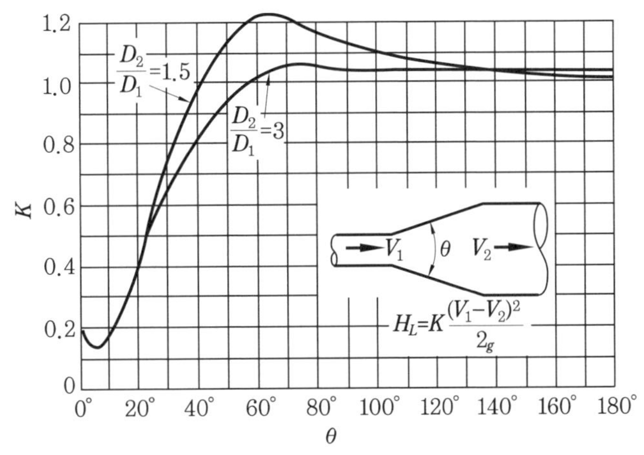

점진 확대관의 손실계수

(4) 기타 부품에서의 손실

상품관의 밸브 및 엘보의 손실계수는 다음 표와 같다.

상품관 부품의 손실계수

부품	K
글로브 밸브(globe valve)(완전 개방)	10
게이트 밸브(gate valve)(완전 개방)	0.19
스윙 체크 밸브(swing check valve)(완전 개방)	2.5
앵글 밸브(angle valve)(완전 개방)	5.0
표준 티(standard tee)	1.8
표준 엘보(standard elbow)	0.9
90° 엘보(90° elbow)	0.9
45° 엘보(45° elbow)	0.42

(5) 관의 상당길이(equivalent length of pipe) L_e

부차적 손실은 같은 손실수두를 갖는 관의 길이로 나타낼 수 있다.

즉, $K\frac{V^2}{2g} = f\frac{L_e}{d}\frac{V^2}{2g}$ 에서 L_e에 관하여 풀면 $L_e = \frac{Kd}{f}$ [m]

길이 L_e를 관의 상당길이(equivalent length of pipe)라 한다.

예제 26. 손실계수가 $K = 10$인 밸브가 파이프에 설치되어 있다. 이 파이프에 물이 9.8 m/s로 흐르고 있다면 밸브에 의한 손실수두는 얼마인가?

① 0.49 ② 4.9 ③ 49 ④ 59

해설 $h_L = K\frac{V^2}{2g} = 10 \times \frac{9.8^2}{2 \times 9.8} = 49\ \text{m}$

정답 ③

예제 27. 다음 설명 중 틀린 것은?

① 점진 확대관에서 부차적 손실계수는 확대각 $\theta = 6\sim7°$일 때 최소이다.
② 점진 확대관에서 부차적 손실계수는 확대각 $\theta = 22°$일 때 최대이다.
③ 관에서 송출되어 큰 탱크에 방출될 때 부차적 손실계수는 1이다.
④ 큰 탱크에서 유체가 수직관으로 유출될 때 부차적 손실계수는 0.5이다.

해설 점진 확대관에서 부차적 손실계수는 확대각 $\theta = 65°$ 근방일 때 최대이다.

정답 ②

예제 28. 관마찰계수 $f = 0.022$인 지름 50 mm 관에 물이 흐르고 있다. 글로브 밸브($K = 10$)와 표준 티($K = 1.8$)가 결합되어 있는 경우, 관의 상당길이는 몇 m인가?

① 2.68 ② 26.8 ③ 5.36 ④ 6.25

해설 $h_L = f\frac{L_e}{d}\frac{V^2}{2g} = 10\frac{V^2}{2g} + 1.8\frac{V^2}{2g}$ 에서 $L_e = \frac{11.8d}{f} = \frac{11.8 \times 0.05}{0.022} = 26.8\ \text{m}$

정답 ②

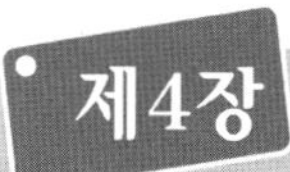

예상문제

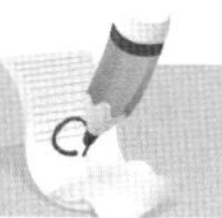

01. 다음 중 무차원수인 것은?

① 비열　　② 열량
③ 레이놀즈수　　④ 밀도

해설 레이놀즈수(Re) $= \dfrac{관성력}{점성력} = \dfrac{\rho Vd}{\mu} = \dfrac{Vd}{\nu} = \dfrac{4Q}{\pi d\nu}$ 로 단위가 없는 무차원수이다.

① 비열(C) : kJ/kg·K
② 열량(Q) : kJ
④ 밀도(비질량) : $kg/m^3(N \cdot s^2/m^4)$

02. 층류에 해당하는 레이놀즈수의 범위는 어느 것인가?

① 2100 이하　　② 3100~4000
③ 3000　　④ 4000 이상

해설 레이놀즈수(Re)

구분	레이놀즈수
층류	$Re < 2100$
천이영역	$2100 < Re < 4000$
난류	$Re > 4000$

03. 원관 내를 흐르는 층류 흐름에서 유체의 점도에 의한 마찰손실을 어떻게 나타내는가?

① 레이놀즈수에 비례한다.
② 레이놀즈수에 반비례한다.
③ 레이놀즈수의 제곱에 비례한다.
④ 레이놀즈수의 제곱에 반비례한다.

해설 층류($Re < 2100$) 유동 시 관마찰계수(f)는 레이놀즈수(Re)만의 함수로서 반비례(역비례)한다. $f = \dfrac{64}{Re}$

정답 1. ③　2. ①　3. ②

04. 동점성계수가 0.8×10^{-6} m^2인 어느 유체가 내경 20 cm인 배관 속을 평균유속 2 m/s로 흐른다면 이 유체의 레이놀즈수는 얼마인가?

① 3.5×10^5　　② 5.0×10^5
③ 6.5×10^5　　④ 7.0×10^5

해설 $Re = \dfrac{Vd}{\nu} = \dfrac{2 \times 0.2}{0.8 \times 10^{-6}} = 5 \times 10^5 > 4000$이므로 난류

05. 지름이 10 cm인 원관 속에 비중이 0.85인 기름이 0.01 m^3/s로 흐르고 있다. 이 기름의 동점성계수가 1×10^{-4} m^2/s일 때 이 흐름의 상태는?

① 층류　　② 난류
③ 천이구역　　④ 비정상류

해설 $Re = \dfrac{\rho Vd}{\mu} = \dfrac{Vd}{\nu} = \dfrac{4Q}{\nu \pi d} = \dfrac{4 \times 0.01}{1 \times 10^{-4} \times \pi \times 0.1} = 1273.24 < 2100$이므로 층류

06. 동점성계수가 1.15×10^{-6} m^2/s인 물이 지름 30 mm의 관내를 흐르고 있다. 층류가 기대될 수 있는 최대의 유량은?

① 4.69×10^{-5} m^3/s　　② 5.69×10^{-5} m^3/s
③ 4.69×10^{-7} m^3/s　　④ 5.69×10^{-7} m^3/s

해설 $Re_c = \dfrac{4Q}{\pi d \nu}$

$$Q = \frac{Re_c \pi d \nu}{4} = \frac{2100 \times \pi \times 0.03 \times 1.15 \times 10^{-6}}{4} = 5.69 \times 10^{-5}\ m^3/s$$

07. 비중 0.9인 기름의 점성계수는 0.0392 N · s/m^2이다. 이 기름의 동점성계수는 얼마인가? (단, 중력가속도는 9.8 m/s^2이다.)

① 4.16×10^{-4} m^2/s　　② 4.36×10^{-5} m^2/s
③ 6.16×10^{-4} m^2/s　　④ 6.36×10^{-5} m^2/s

해설 $\nu = \dfrac{\mu}{\rho} = \dfrac{0.0392}{\rho_w S} = \dfrac{0.0392}{1000 \times 0.9} \fallingdotseq 4.36 \times 10^{-5}\ m^2/s$

정답 4. ② 5. ① 6. ② 7. ②

08. 하임계 레이놀즈수에 대하여 옳게 설명한 것은?

① 난류에서 층류로 변할 때의 가속도
② 층류에서 난류로 변할 때의 임계속도
③ 난류에서 층류로 변할 때의 레이놀즈수
④ 층류에서 난류로 변할 때의 레이놀즈수

해설 하임계 레이놀즈수($Re_c = 2100$)는 난류에서 층류로 바뀔 때의 레이놀즈수이다.

09. 파이프 내의 흐름에 있어서 마찰계수(f)에 대한 설명으로 옳은 것은?

① f는 파이프의 상대조도와 레이놀즈수에 관계가 있다.
② f는 파이프 내의 조도에는 전혀 관계가 없고 압력에만 관계가 있다.
③ 레이놀즈수에는 전혀 관계없고 조도에만 관계가 있다.
④ 레이놀즈수와 마찰손실수두에 의하여 결정된다.

해설 관마찰계수(f)는 레이놀즈수(Re)와 상대조도$\left(\frac{e}{d}\right)$의 함수로서 레이놀즈수와 조도 (roughness : 관 내면의 거칠기)와 관계가 있다.

10. 원관 내를 흐르는 층류 흐름에서 마찰손실은?

① 레이놀즈수에 비례한다.
② 레이놀즈수에 반비례한다.
③ 레이놀즈수의 제곱에 비례한다.
④ 레이놀즈수의 제곱에 반비례한다.

해설 관마찰손실수두 $h_L = f\frac{L}{d}\frac{V^2}{2g}[\text{m}] = \left(\frac{64}{Re}\right)\frac{L}{d}\frac{V^2}{2g}[\text{m}]$이므로

$\therefore\ h_L \propto \frac{1}{Re}$

11. Reynold 수가 1200인 유체가 매끈한 원관 속을 흐를 때 관마찰계수는 얼마인가?

① 0.0254
② 0.00128
③ 0.0059
④ 0.053

해설 $Re = 1200 < 2100$이므로 층류

층류 유동 시 관마찰계수(f)는 레이놀즈수(Re)만의 함수이다.

$\therefore\ f = \frac{64}{Re} = \frac{64}{1200} \fallingdotseq 0.053$

정답 8. ③ 9. ① 10. ② 11. ④

12. 관로(소화배관)의 다음과 같은 변화 중 부차적 손실에 해당되지 않는 것은?
① 관벽(직관)의 마찰 ② 급격한 확대
③ 급격한 축소 ④ 부속품의 설치

해설 배관(pipe) 손실에서 직관 손실은 주손실(main loss)이고 돌연 확대관, 돌연 축소관, 엘보(elbow), 밸브 등 기타 배관 부품에서 생기는 손실을 통틀어 부차적 손실(minor loss)이라고 한다.

13. 배관 내를 흐르는 유체의 마찰손실에 대한 설명 중 옳은 것은?
① 유속과 관길이에 비례하고 지름에 반비례한다.
② 유속의 제곱과 관길이에 비례하고 지름에 반비례한다.
③ 유속의 제곱근과 관길이에 비례하고 지름에 반비례한다.
④ 유속의 제곱과 관길이에 비례하고 지름의 제곱근에 반비례한다.

해설 다르시-바이스바흐 방정식 $h_L = f\dfrac{L}{d}\dfrac{V^2}{2g}$[m]는 층류와 난류 유동 시 모두 적용할 수 있다.
※ 유체의 마찰손실은 유속의 제곱과 관길이에 비례하고 지름에 반비례(역비례)한다.

14. 소화설비배관 중 내경이 15 cm이고, 길이가 1000 m인 곧은 배관(아연 강관)을 통하여 50 L/s의 물이 흐른다. 마찰손실수두를 구하면 몇 m인가? (단, 마찰계수는 0.02이다.)
① 17.01 ② 44.5 ③ 54.5 ④ 60.5

해설 $h_L = f\dfrac{L}{d}\dfrac{V^2}{2g}[\text{m}] = 0.02 \times \dfrac{1000}{0.15} \times \dfrac{(2.83)^2}{2 \times 9.8} = 54.5\text{m}$

$Q = AV[\text{m}^3/\text{s}]$에서 $V = \dfrac{Q}{A} = \dfrac{50 \times 10^{-3}}{\dfrac{\pi}{4}(0.15)^2} = 2.83\ \text{m/s}$

15. 직경 7.5 cm인 원관을 통하여 3 m/s의 유속으로 물을 흘려 보내려 한다. 관의 길이가 200 m이면 압력 강하는 몇 kPa인가? (단, 마찰계수 $f = 0.03$이다.)
① 122 ② 360 ③ 734 ④ 135

해설 $\Delta p = \gamma h_L = f\dfrac{L}{d}\dfrac{V^2}{2g} = 0.03 \times \dfrac{200}{0.075} \times \dfrac{3^2}{2 \times 9.8} = 360\ \text{kPa}$

정답 12. ① 13. ② 14. ③ 15. ②

16. 관내에서 유체가 흐를 경우 유동이 난류라면 수두손실은?

① 속도에 정비례한다.
② 속도의 제곱에 반비례한다.
③ 지름의 제곱에 반비례하고 속도에 정비례한다.
④ 대략 속도의 제곱에 비례한다.

해설 다르시(Darcy) 방정식은 층류와 난류 유동 시 모두 적용할 수 있다.

$\therefore\ h_L = f\dfrac{L}{d}\dfrac{V^2}{2g}$ [m]이므로 $h_L \propto V^2$

17. 어느 일정 길이의 배관 속을 매분 200 L의 물이 흐르고 있을 때의 마찰손실압력이 0.02 MPa이었다면 물 흐름이 매분 300 L로 증가할 경우 마찰손실압력은 얼마인가? (단, 마찰손실계산은 하겐-윌리엄스 공식을 따른다고 한다.)

① 0.03 MPa
② 0.04 MPa
③ 0.05 MPa
④ 0.06 MPa

해설 하겐-윌리엄스 공식

$$\Delta p = 6.174 \times 10 \times \frac{Q^{1.85}}{C^{1.85} \times D^{4.87}} \text{ [MPa]}$$

$\Delta p \propto Q^{1.85}$이므로 $\dfrac{\Delta p_2}{\Delta p_1} = \left(\dfrac{Q_2}{Q_1}\right)^{1.85}$

$$\therefore\ \Delta p_2 = \Delta p_1\left(\frac{Q_2}{Q_1}\right)^{1.85} = 0.02\left(\frac{300}{200}\right)^{1.85} = 0.0423 \text{ MPa}$$

18. 오리피스 헤드가 6 cm이고 실제 물의 유출속도가 9.7 m/s일 때 손실수두는? (단, K= 0.25이다.)

① 0.6 m
② 1.2 m
③ 1.5 m
④ 2.4 m

해설 부차적 손실수두(h_L)는 속도수두$\left(\dfrac{V^2}{2g}\right)$에 비례한다.

$h_L \propto \dfrac{V^2}{2g}$

$$\therefore\ h_L = K\frac{V^2}{2g} = 0.25 \times \frac{(9.7)^2}{2 \times 9.8} = 1.2 \text{ m}$$

여기서 K는 부차적 손실계수이다.

정답 16. ④ 17. ② 18. ②

19. 수면의 수직 하부 H에 위치한 오리피스에서 유출되는 물의 속도수두는 어떻게 표시되는가? (단, 속도계수는 C_v이고, 오리피스에서 나온 직후의 유속 $V = C_v\sqrt{2gH}$로 표시된다.)

① $\dfrac{C_v}{H}$ ② $\dfrac{{C_v}^2}{H}$ ③ ${C_v}^2 H$ ④ $C_v H$

해설 속도수두$(H) = \dfrac{V^2}{2g} = \dfrac{C_v^2(\sqrt{2gH})^2}{2g} = C_v^2 H$

20. 항력에 관한 설명 중 틀린 것은 어느 것인가?

① 항력계수는 무차원수이다.
② 물체가 받는 항력은 마찰항력과 압력항력이 있다.
③ 항력은 유체의 밀도에 비례한다.
④ 항력은 유속에 비례한다.

해설 항력(drag force) $D = C_D \dfrac{\rho A V^2}{2}$[N]이므로 항력은 유속의 제곱에 비례한다.

21. 내경이 d, 외경이 D인 동심 2중관에 액체가 가득 차 흐를 때 수력반경 R_h는?

① $\dfrac{1}{6}(D-d)$ ② $\dfrac{1}{6}(D+d)$
③ $\dfrac{1}{4}(D-d)$ ④ $\dfrac{1}{4}(D+d)$

해설 수력반경(hydraulic radius, R_h)은 유동단면적(A)과 접수길이(P)의 비이다.

$$\therefore R_h = \frac{A}{P} = \frac{\frac{\pi}{4}(D^2-d^2)}{\pi(D+d)} = \frac{1}{4}(D-d)\,[\text{m}]$$

22. 지름 d인 관에 액체가 가득 차 흐를 때 수력반경(R_h)은 어떻게 표시되는가?

① $2d$ ② $\dfrac{d}{4}$
③ $\dfrac{1}{2}d$ ④ $\dfrac{1}{4}d^2$

정답 19. ③ 20. ④ 21. ③ 22. ②

해설 수력반경$(R_h) = \dfrac{\text{유동단면적}(A)}{\text{접수길이}(P)} = \dfrac{\frac{\pi d^2}{4}}{\pi d} = \dfrac{d}{4}$ [m]

※ 접수길이(P)란 고체 벽면과 액체가 접하고 있는 길이이다.

23. 치수가 30 cm×20 cm인 4각 단면 관에 물이 가득 차 흐르고 있다. 이 관의 수력반경은 몇 cm인가?

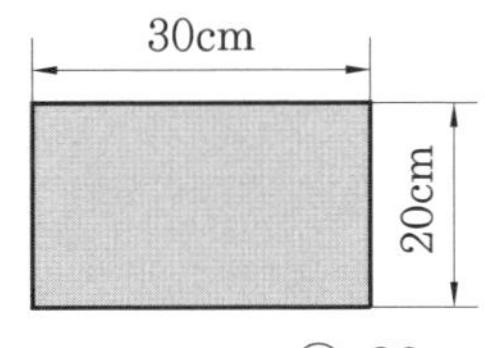

① 3 ② 6 ③ 20 ④ 25

해설 $R_h = \dfrac{A}{P} = \dfrac{30 \times 20}{2(30+20)} = 6\text{ cm}$

24. 단면이 5 cm×5 cm인 관내로 유체가 흐를 때 절대조도 $\varepsilon = 0.0008$ m이면 상대조도는?

① 0.008 ② 0.016 ③ 0.020 ④ 0.040

해설 상대조도(relative roughness) $= \dfrac{\varepsilon}{4R_h} = \dfrac{0.0008}{4 \times 0.0125} = 0.016$

$R_h = \dfrac{A}{P} = \dfrac{0.05 \times 0.05}{2(0.05+0.05)} = 0.0125\text{ m}$

25. 배관 내에 유체가 흐를 때 유량을 측정하기 위한 것으로 관련이 없는 것은?

① 오리피스미터 ② 벤투리미터
③ 위어 ④ 로터미터

해설 유량 측정용 계기

(1) 오리피스(orifice)
(2) 벤투리미터(venturi meter)
(3) 노즐(nozzle)
(4) 로터미터(rotameter)

※ 위어(weir)는 개수로(open channel flow)의 유량 측정에 사용되는 장애물이다.

정답 23. ② 24. ② 25. ③

26. 프루드(Froude)수의 물리적인 의미는?

① $\frac{\text{관성력}}{\text{탄성력}}$　　② $\frac{\text{관성력}}{\text{중력}}$

③ $\frac{\text{관성력}}{\text{압력}}$　　④ $\frac{\text{관성력}}{\text{점성력}}$

해설 무차원수의 물리적 의미

무차원수	물리적 의미
레이놀즈(Reynolds)수	$\frac{\text{관성력}}{\text{점성력}}$
프루드(Froude)수	$\frac{\text{관성력}}{\text{중력}}$
마하(Mach)수	$\frac{\text{관성력}}{\text{압축력}}\left(\frac{\text{물체속도}}{\text{음속}}\right)$
웨버(Weber)수	$\frac{\text{관성력}}{\text{표면장력}}$
오일러(Euler)수	$\frac{\text{압축력}}{\text{관성력}}$

27. V-notch 위어를 통하여 흐르는 유량은?

① $H^{-\frac{1}{2}}$에 비례한다.　　② $H^{\frac{1}{2}}$에 비례한다.

③ $H^{\frac{3}{2}}$에 비례한다.　　④ $H^{\frac{5}{2}}$에 비례한다.

해설 (1) V-notch weir(3각 위어) : 소유량 측정용 위어로 개수로 유량을 측정한다.

$$\text{실제유량}(Q_a) = KH^{\frac{5}{2}}\,[\text{m}^3/\text{min}],\ \ \text{실제유량}(Q_a) = \frac{8}{15}C\tan\frac{\theta}{2}\sqrt{2g}\,H^{\frac{5}{2}}\,[\text{m}^3/\text{min}]$$

(2) 4각 위어 : 중간 유량, $Q = KbH^{\frac{3}{2}}\,[\text{m}^3/\text{min}]$

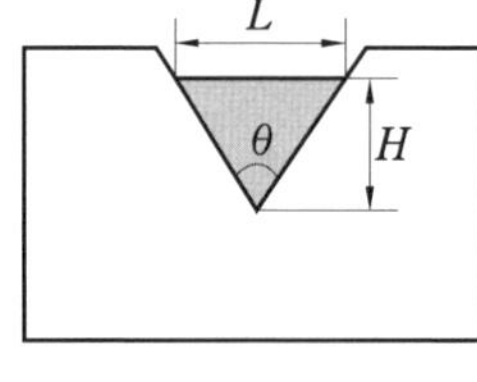

3각 위어

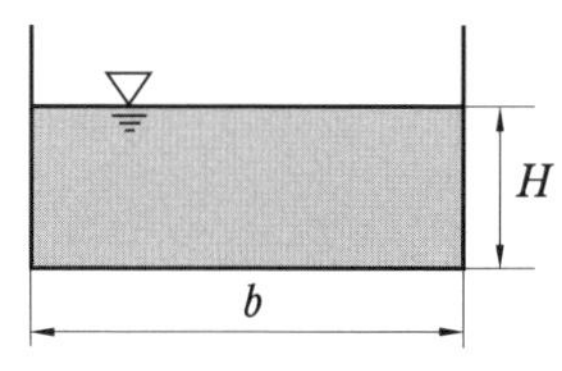

4각 위어

정답 26. ② 27. ④

Chapter 5 펌프 및 송풍기의 특성

5-1 펌프(pump)의 종류

(1) 원심 펌프(centrifugal pump)

날개의 회전차(impeller)에 의한 원심력에 의하여 압력의 변화를 일으켜 유체를 수송하는 펌프이다.

원심 펌프의 분류

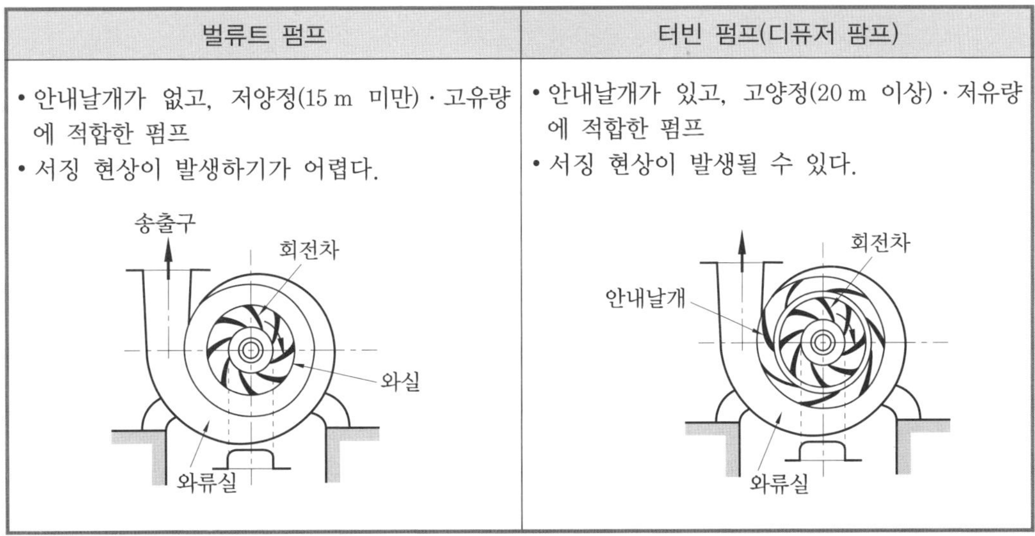

벌류트 펌프	터빈 펌프(디퓨저 팜프)
• 안내날개가 없고, 저양정(15 m 미만) · 고유량에 적합한 펌프 • 서징 현상이 발생하기가 어렵다.	• 안내날개가 있고, 고양정(20 m 이상) · 저유량에 적합한 펌프 • 서징 현상이 발생될 수 있다.

① 주펌프(다단 벌류트 펌프), 충압 펌프(웨스코 펌프 : 점성이 비교적 작은 액체용 와류 펌프)

② 안내날개 = 가이드 베인(guide vane)

(2) 왕복 펌프

① 종류 : 피스톤 펌프, 플런저 펌프, 다이어프램 펌프, 워싱턴 펌프

② 구조가 복잡하고, 송수하는 양이 적다.

③ 토출 양정이 크고, 배출이 연속적이다.

(3) 축류 펌프(axial pump)

회전차의 날개를 회전시킴으로써 발생하는 힘에 의하여 압력에너지를 속도에너지로 변화시켜 유체를 수송하는 펌프로 특징은 다음과 같다.

① 비속도가 크다.
② 형태가 작기 때문에 값이 싸다.
③ 구조가 간단하다.
④ 설치면적이 작고 기초 공사가 용이하다.

(4) 회전 펌프

회전자를 이용하여 흡입 송출밸브 없이 유체를 수송하는 펌프로서 기어 펌프, 베인 펌프, 나사(스크루) 펌프가 있다.

① 기어 펌프(gear pump)
- ㈎ 구조가 간단하며 가격이 저렴하다.
- ㈏ 운전 보수가 용이하다.
- ㈐ 왕복 펌프에 비해 고속 운전이 가능하다.
- ㈑ 입·출구의 밸브를 설치할 필요가 없다.

② 베인 펌프(vane pump) : 베인(vane)이 원심력 또는 스프링의 장력에 의하여 벽에 밀착되면서 회전하여 유체를 수송하는 펌프로서 회전속도 범위가 가장 넓고, 효율이 가장 높은 펌프이다.

예제 1. 다음 중 펌프에 대한 설명 중 틀린 것은?

① 가이드 베인이 있는 원심 펌프를 벌류트 펌프(volute pump)라고 한다.
② 기어 펌프는 회전식 펌프의 일종이다.
③ 플런저 펌프는 왕복식 펌프이다.
④ 터빈 펌프는 고양정, 양수량이 많을 때 사용하면 적합하다.

해설 펌프의 종류

(1) 회전 펌프 : 펌프의 회전수를 일정하게 하였을 때 토출량이 증가함에 따라 양정이 감소하다가 어느 한도 이상에서는 급격히 감소하는 펌프로 종류에는 기어 펌프와 베인 펌프가 있다. 베인 펌프는 회전속도의 범위가 가장 넓고, 효율이 가장 높은 회전 펌프이다.

(2) 원심 펌프 : 벌류트 펌프와 터빈 펌프(디퓨저 펌프)의 2종류가 있다. 벌류트 펌프는 가이드 베인(안내날개)이 없고, 저양정(15 m 이하), 고유량에 적합한 펌프이고, 터빈 펌프(디퓨저 펌프)는 가이드 베인(안내날개)이 있고, 고양정(20 m 이상)·저유량에 적합한 펌프이다.

정답 ①

예제 2. 다음 중 소화수 펌프 특성에 적합하여 소화수 펌프로 널리 사용하는 펌프는 어느 것인가?

① 원심 펌프
② 수격 펌프
③ 분사 펌프
④ 왕복 펌프

해설 원심 펌프는 회전식 펌프로 소용돌이 모양의 날개를 빠른 속도로 회전시켜 그 원심력으로 압력 상승을 일으켜 높은 곳까지 물을 퍼 올리는 펌프이다.

(1) 구조가 간단하고, 운전능력이 우수하다.
(2) 가격이 저렴하다.
(3) 효율이 높고, 맥동이 적게 발생한다.
(4) 설계상 펌프의 양정 및 토출량은 넓은 범위로 제작 가능하다.

정답 ①

예제 3. 다음 설명 중 회전 펌프의 특징이 아닌 것은?

① 소용량, 고압의 양정을 요구하는 경우에 적합하다.
② 구조가 간단하고 취급이 용이하다.
③ 송출량의 맥동이 크다.
④ 비교적 점도가 높은 유체에도 성능이 좋다.

해설 회전 펌프의 특징

(1) 소용량, 고압의 양정을 요구하는 경우에 적합하다.
(2) 구조가 간단하고 취급이 용이하다.
(3) 송출량의 맥동이 작다.
(4) 비교적 점도가 높은 유체에도 성능이 좋다.

정답 ③

5-2 펌프의 운전

(1) 직렬 운전

① 토출량 : Q

② 양정 : $2H$(토출량 : $2P$)

(2) 병렬 운전

① 토출량 : $2Q$

② 양정 : H(토출량 : P)

(a) 직렬 운전　(b) 병렬 운전

펌프의 성능 곡선

5-3 펌프(송풍기)의 상사 법칙

펌프 날개 입·출구에서 물의 충돌이 없고, 효율이 최적인 상태로 운전한다면 속도 선도가 상사형이어야 한다. 펌프의 성능을 변경시킬 때, 회전수나 임펠러 직경을 변화시키는 것이다. 상사인 펌프라면 두 개의 펌프 성능과 회전수, 임펠러의 지름과의 사이에 다음과 같은 관계가 성립한다.

① 유량(토출량) : $\frac{Q_2}{Q_1} = \left(\frac{N_2}{N_1}\right)^1 \times \left(\frac{D_2}{D_1}\right)^3$

② 양정(전양정) : $\frac{H_2}{H_1} = \left(\frac{N_2}{N_1}\right)^2 \times \left(\frac{D_2}{D_1}\right)^2$

③ 축동력(소요동력) : $\frac{L_2}{L_1} = \left(\frac{N_2}{N_1}\right)^3 \times \left(\frac{D_2}{D_1}\right)^5$

암기 펌프 회전수 변경에 따른 성능 변화

동일한 펌프에 있어 회전수를 변화시키면 펌프의 성능은 일정한 법칙에 따라서 변화한다.

- 유량 : $Q_2 = Q_1 \times \left(\frac{N_2}{N_1}\right)$ → 유량은 회전수 변화에 비례한다.
- 양정 : $H_2 = H_1 \times \left(\frac{N_2}{N_1}\right)^2$ → 양정은 회전수 변화의 제곱에 비례한다.
- 축동력 : $L_2 = L_1 \times \left(\frac{N_2}{N_1}\right)^3$ → 축동력은 회전수 변화의 세제곱에 비례한다.

5-4 비속도(specific speed : 비교회전도)

한 회전차를 형상과 운전상태를 상사하게 유지하면서 그 크기를 바꾸어 단위 송출량 ($1\,m^3$/min)에서 단위 양정(1 m)으로 되게 할 때 그 회전차에 최대로 적합한 회전수를 원래의 회전차의 비교회전도라 한다.

$$N_S = \frac{N\sqrt{Q}}{H^{\frac{3}{4}}} \ [\mathrm{rpm \cdot m^3/min \cdot m}]$$

여기서, N_S : 비교회전도(비속도), Q : 토출량, H : 양정, N : 회전수

암기 압축비(ε)

$\varepsilon = \sqrt{\frac{p_2}{p_1}}$ 여기서, p_1 : 흡입측 압력(MPa), p_2 : 토출측 압력(MPa)

5-5 열펌프 및 냉동기의 성능계수

(1) 열펌프의 성능계수

$$\varepsilon_H = \frac{Q_H}{Q_H - Q_L} = \frac{T_H}{T_H - T_L}$$

여기서, ε_H : 열펌프의 성능 계수, Q_H : 고열원(kJ), Q_L : 저열원(kJ)
T_H : 고온체 온도(K), T_L : 저온체 온도(K)

(2) 냉동기의 성능계수

$$\varepsilon_R = \frac{Q_L}{Q_H - Q_L} = \frac{T_L}{T_H - T_L}$$

여기서, ε_R : 냉동기 성능 계수, Q_H : 고열원(kJ), Q_L : 저열원(kJ)
T_H : 고온체 온도(K), T_L : 저온체 온도(K)

5-6 송풍기

(1) 송풍기의 풍압에 의한 분류

① 팬(fan) : 압력 상승이 0.1 kgf/cm^2(0.01 MPa) 이하인 것

② 블로어(blower) : 압력 상승이 0.1 kgf/cm^2(0.01 MPa) 이상, 1.0 kgf/cm^2(0.1 MPa) 이하인 것

③ 압축기(compressor) : 압력 상승이 1.0 kgf/cm^2(0.1MPa) 이상인 것

(2) 송풍기의 형식에 의한 분류

① 원심식 송풍기

(가) 다익형(시로코형)

- 구조상 고속 회전에 적합하지 않기 때문에 많은 풍량을 취급하는 곳에는 부적합하며 소음이 높고, 효율이 낮다.
- 국소통풍용, 저속덕트용, 소방의 배연 및 급기가압용으로 사용된다.

(나) 터보형 : 풍량과 동력의 변화가 비교적 많아 고속덕트 공조용으로 사용된다.

(다) 리밋 로드형

- 고속 회전에 적합하지 않으므로 고압용으로는 부적합하며 다익형보다 크지만, 효율은 높다.

- 공장의 환기 및 공조의 저속 덕트용으로 사용된다.

(라) 익형
- 깃 모양이 비행기 날개 모양으로 효율이 대단히 높고 소음이 적다.
- 고속 회전이 가능하여 고속덕트용으로 사용된다.

② 축류식 송풍기

(가) 베인형, 튜브형, 프로펠러형 송풍기 등이 있다.

(나) 프로펠러형 송풍기의 특징
- 고속 운전에 적합하며 효율이 높다.
- 풍량은 크지만 풍압이 낮다.
- 소음이 심하다.
- 환기, 배기용으로 사용한다.

5-7 펌프 및 송풍기의 동력 계산

(1) 펌프의 전동기의 용량

① 전동기(motor) 동력 : L_m

$$L_m = K \times L_s = K(\gamma_w QH) = K(9.8\,QH)\,[\text{kW}]$$

여기서, K : 여유계수$(1+\alpha)$, α : 여유율(10~20 %), L_s : 축동력(kW)

γ_w : 물의 비중량(9800 N/m^3 = 9.8 kN/m^3), Q : 토출량(m^3/s), H : 전양정(m)

② 수동력(water horse power) : L_w

$$L_w = \gamma_w QH = 9.8\,QH\,[\text{kW}]$$

③ 축동력(shaft horse power) : L_s

$$L_s = \frac{L_w}{\eta_p} = \frac{9.8\,QH}{\eta_p}\,[\text{kW}]$$

여기서, η_p : 펌프의 효율

(2) 송풍기의 축동력(L_s)

$$L_s = \frac{P_t Q}{\eta_f}$$

여기서, P_t : 전압력(kPa), Q : 토출량(m^3/s), η_f : 송풍기의 효율

예제 4. 송풍기의 풍량은 750 m³/min이며, 전압은 60 mmAq, 전압 효율은 85 %일 때 배연기의 동력은 몇 kW인가?

① 7.65 ② 8.65 ③ 9.65 ④ 10.65

해설 $H_{kW}=\frac{PQ}{102\eta_t}=\frac{60\times\frac{750}{60}}{102\times 0.85}=8.65\,\text{kW}$

정답 ②

5-8 유효(정미)흡입양정(NPSH)

(1) 유효(정미)흡입양정(NPSH : Net Positive Suction Head)

NPSH는 펌프가 공동 현상(cavitation)을 일으키지 않고, 흡입가능한 압력을 물의 높이로 표시한 것이다.

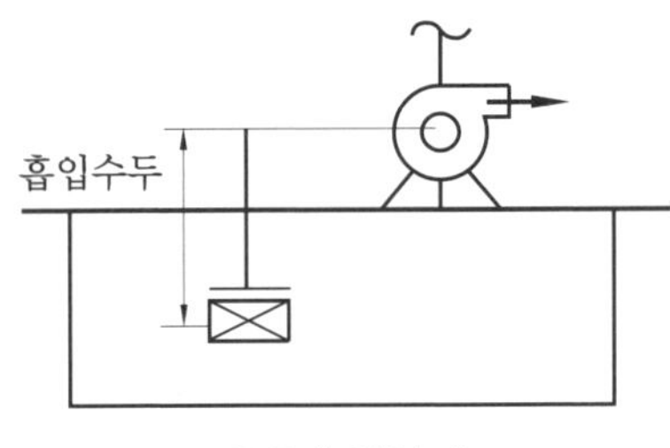

유효흡입양정

(2) 이용가능한 유효흡입양정($NPSH_{av}$: available NPSH)

① 펌프 설치 조건에 따라 결정되는 펌프에 가해지는 흡입양정

② 흡상 NPSH(수조가 펌프보다 낮을 때)

$$NPSH_{av}=H_a\left(\frac{P_a}{\gamma}\right)-H_v\left(\frac{P_v}{\gamma}\right)-H_s-H_L[\text{m}]$$

③ 압입 NPSH(수조가 펌프보다 높을 때)

$$NPSH_{av}=H_a\left(\frac{P_a}{\gamma}\right)-H_v\left(\frac{P_a}{\gamma}\right)+H_s-H_L[\text{m}]$$

여기서, H_a : 대기압수두$\left(=\frac{P_a}{\gamma_w}\right)$, H_v : 증기압수두$\left(=\frac{P_v}{\gamma}\right)$

H_s : 흡입양정(압입 : ⊕, 흡상 : ⊖), H_L : 마찰손실수두$\left(=f\frac{L}{d}\frac{v^2}{2g}\right)$

(3) 필요흡입양정(NPSHre : required NPSH)

① 펌프 자체의 고유 성능으로 펌프가 흡입을 위해 필요한 수두

② $NPSH_{re} = \left(\frac{N\sqrt{Q}}{N_s}\right)^{\frac{4}{3}}$

(4) 펌프 설계

① $NPSH_{av} > NPSH_{re} \times 1.3$: 캐비테이션(cavitation)을 없애기 위해서 설계 시 적용

② $NPSH_{av} = NPSH_{re}$: 발생한계

③ $NPSH_{av} < NPSH_{re}$: 캐비테이션(cavitation) 발생

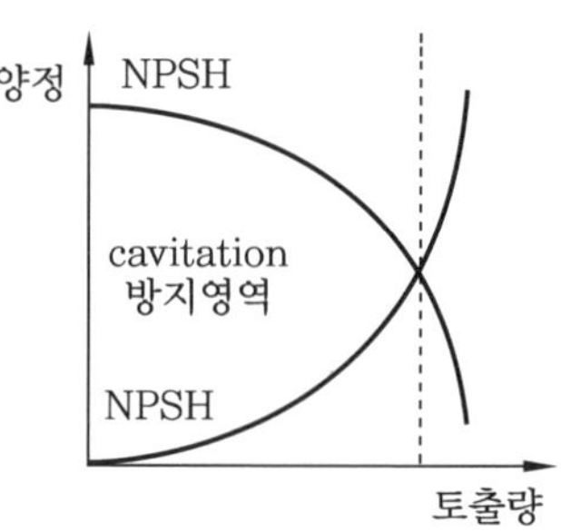

펌프 설계

암기 토출양정, 실양정, 전양정

- 토출양정(H_d) : 펌프의 중심에서 송출 높이까지의 수직거리(m)
- 실양정(H_a) : 수원에서 송출 높이까지의 수직거리로서 흡입양정(H_s)과 토출양정(H_d)을 합한 값($H_a = H_s + H_d$)
- 전양정(H_t) : 실양정에 직관의 마찰손실수두와 관부속품의 마찰손실수두를 합한 값

5-9 공동 현상(cavitation)

(1) 공동 현상(캐비테이션)

① 펌프의 흡입측 배관 내의 물의 정압이 기존의 증기압보다 낮아져서 기포가 발생되어 물이 흡입되지 않는 현상

② 배관 내를 흐르는 액체의 압력이 해당 온도에 대응하는 증기압 이하로 내려갈 때 국부적으로 비등 현상이 일어나서 증기가 발생되며 증기 공동을 만드는 현상

(2) 공동 현상의 발생 원인

① 펌프의 흡입수두(흡입양정)가 클 때

② 펌프의 마찰손실이 클 때

③ 펌프의 임펠러(회전차) 속도가 빠를 때

④ 펌프의 설치 위치가 수원보다 높을 때

⑤ 관내의 수온(물의 온도)이 높을 때

⑥ 관내의 물의 정압이 증기압보다 낮을 때

⑦ 흡입관의 구경이 작을 때
⑧ 흡입 거리가 길 때
⑨ 유량이 증가하여 펌프 물이 과속으로 흐를 때

(3) 공동 현상 발생 시 문제점

① 소음과 진동 발생
② 관부식
③ 임펠러의 손상
④ 펌프의 성능 저하
⑤ 살수 밀도 저하
⑥ 양정 곡선과 효율 곡선의 저하
⑦ 깃에 대한 침식

(4) 공동 현상의 방지 대책($NPSH_{av} > NPSH_{re}$)

① $NPSH_{av} = H_a - H_v \pm H_s - H_L$[m] 높이는 방법

(가) 펌프의 설치 높이를 될 수 있는 대로 낮추어 흡입양정(H_s)을 짧게 한다.

(나) 흡입관의 손실수두$\left(H_L = \lambda \cdot \dfrac{L}{d} \cdot \dfrac{V^2}{2g}\right)$를 작게 한다.

- 배관 길이를 짧게 한다.
- 관경을 크게 한다.
- 속도를 낮춘다.

(다) 수온(물의 온도)을 낮춘다.

② $NPSH_{re} = \left(\dfrac{N\sqrt{Q}}{N_S}\right)^{\frac{4}{3}}$[m] 낮추는 방법

(가) 펌프의 회전수를 낮추어 흡입 비속도(N_S)를 작게 한다.

(나) 펌프의 유량을 줄이고 양흡입 펌프를 사용한다.

(다) 펌프의 마찰손실을 작게 한다.

(라) 수직 회전축 펌프를 사용한다.

(마) 임펠러를 수중에 잠기게 한다.

(바) 펌프를 2대 이상 병렬로 설치한다.

예제 5. 다음 설명 중 펌프의 공동 현상(cavitation)의 발생 요건이 아닌 것은?

① 흡입 거리가 길다.
② 물의 온도가 높다.
③ 유량이 증가하여 펌프 물이 과속으로 흐른다.
④ 회전수를 낮추어 비교회전도가 작다.

해설 공동 현상의 발생 원인

(1) 펌프의 흡입관경이 작을 때
(2) 흡입거리가 길 때
(3) 펌프의 흡입수두가 클 때
(4) 펌프의 마찰손실이 클 때
(5) 펌프의 회전차 속도가 클 때
(6) 펌프의 설치 위치가 수원보다 높을 때
(7) 관내의 수온이 높을 때
(8) 유량이 증가하여 펌프 물이 과속으로 흐를 때
(9) 관내의 물의 정압(P)이 그 때의 증기압(P_s)보다 낮을 때

정답 ④

예제 6. 펌프의 공동 현상(cavitation)을 방지하기 위한 방법이 아닌 것은?

① 펌프의 설치 위치를 되도록 낮게 하여 흡입 양정을 짧게 한다.
② 단흡입펌프보다는 양흡입펌프를 사용한다.
③ 펌프의 흡입관경을 크게 한다.
④ 펌프의 회전수를 크게 한다.

해설 공동 현상 방지 대책

(1) 펌프의 설치 위치를 수원보다 낮게 설치한다.
(2) 펌프의 임펠러 속도를 감속한다.
(3) 펌프의 흡입측 수두 및 마찰손실을 작게 한다.
(4) 펌프의 흡입관경을 크게 한다.
(5) 양흡입펌프를 사용한다.

정답 ④

5-10 수격 작용(water hammering)

(1) 수격 현상

① 펌프의 운전 중 정전 등으로 펌프가 급히 정지하는 경우 관내의 물이 역류하여 역지변이 막힘으로 배관 내의 유체의 운동에너지가 압력에너지로 변하여 고압을 발생시키고, 소음과 진동을 수반하는 현상이다.
② 펌프의 수격 작용은 관내를 흐르고 있는 물의 유속이 급히 바뀌면 관내 압력이 상승되어 배관과 펌프에 손상을 주는 현상이다.

(2) 수격 현상 발생 원인

① 펌프의 기동
② 펌프의 고장(failure)으로 인한 급정지
③ 밸브의 급개폐
④ 터빈의 출력 변화

(3) 수격 현상 발생 시 문제점(피해)

① 헤드에서의 살수 밀도 저하

② 펌프, 밸브, 플랜지, 관로 등 여러 가지 기기 파손
③ 고압 발생(운동에너지 → 압력에너지)
④ 배관의 진동 충격 발생

(4) 수격 현상 방지 대책

① 부압(진공압)의 방지책
(가) 관내 유속을 낮게 한다.(관성력을 작게 한다.)
(나) 펌프에 플라이휠(fly wheel) 부착(급격한 속도 변화 감소)
(다) 공기 밸브 설치(공기조를 설치하여 부압은 물론 이상 압력 상승 방지)
(라) 조압수조(surge tank) 설치(물을 보급하여 압력 강하 방지와 압력 상승 흡수)
(마) 에어체임버(air chamber) 설치(부압 발생 시 에너지를 방출, 양압 발생 시 압력 에너지를 흡수하여 압력 급상승 · 급강하 방지)
(바) 자동 수압 조절 밸브 설치(NFPA 기준에서는 모든 소방기기의 개폐 조작은 최소 5초 이상 소요되도록 규정하고 있다.)
② 압력 상승 방지법 : 릴리프 밸브나 스모렌스키 체크 밸브(Smolensky check valve)를 설치한다.
③ 수격압력 흡수장치 : 수격(water hammering) 방지기 설치

참고

- 플라이휠(fly wheel) : 펌프의 회전속도를 일정하게 유지하기 위하여 펌프축에 설치하는 장치이다.
- 조압수조(surge tank) : 배관 내에 적정압력을 유지하기 위하여 설치하는 일종의 물탱크를 말한다.
- 에어체임버(air chamber) : 공기가 들어 있는 칸으로서 '공기실'이라고도 부른다.

예제 7. 배관 내에 흐르는 물이 수격 현상(water hammer)을 일으키는 수가 있는데 이를 방지하기 위한 조치와 관계가 없는 것은?

① 관내 유속을 작게 한다.　② 펌프에 플라이휠을 설치한다.
③ 에어체임버를 설치한다.　④ 흡입양정을 작게 한다.

해설 수격 현상의 방지 대책
(1) 관로의 관경을 크게 한다.
(2) 관로 내의 유속을 낮게 한다.
(3) 조압수조(surge tank)를 설치한다.
(4) 플라이휠을 설치한다.
(5) 펌프 송출구 가까에 밸브를 설치한다.
※ 흡입양정(suction head)을 작게 하는 것은 공동 현상(캐비테이션)의 방지책이다. 정답 ④

예제 8. 펌프 운전 중 발생하는 수격 현상(waterhammer)의 발생을 예방하기 위한 조치와 관계가 없는 것은?

① 관로에 서지 탱크를 설치한다.
② 회전체의 관성 모멘트를 크게 한다.
③ 펌프 송출구에 체크 밸브를 달아 역류를 방지한다.
④ 관로에서 일부 고압수를 방출한다.

정답 ②

예제 9. 물의 압력파에 의한 수격 작용을 방지하기 위한 방법 중 적당하지 않은 것은?

① 펌프의 속도가 급격히 변화하는 것을 방지한다.
② 펌프에 플라이휠을 설치하여 펌프의 급격한 속도 변화를 방지한다.
③ 관경을 작게 한다.
④ 조압수조를 설치한다.

정답 ③

5-11 서징 현상(surging : 맥동 현상)

(1) 서징(맥동) 현상

① 펌프(송풍기)가 운전 중에 일정 주기로 압력과 유량이 변하는 현상
② 서징 현상은 압력, 유량 변동으로 진동, 소음 등이 발생하며 장시간 계속되면 유체 관로를 연결하는 기계나 장치 등의 파손을 초래한다.

(2) 서징 현상 발생 원인(조건)

① 펌프의 양정(H)-유량(Q) 곡선이 산형곡선(우상향부가 존재)이고, 산형부에서 운전할 때
② 배관 중에 수조나 공기조가 있을 때
③ 유량 조절 밸브가 탱크의 뒤쪽에 있을 때

※ 체절양정(H_0) : 유량(Q)=0일 때의 양정(펌프의 토출측 밸브가 모두 닫힌 상태)

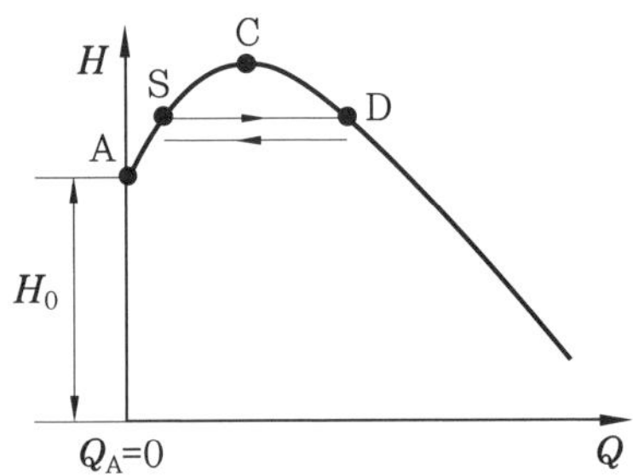

펌프의 양정(H)-유량(Q) 곡선

(3) 서징 현상의 문제점

① 헤드에서의 살수 밀도 저하

② 한 번 발생하면 그 변동 주기는 일정하고, 운전 상태를 바꾸지 않는 한 지속된다.

③ 흡입 및 토출 배관의 주기적인 진동과 소음을 수반한다.

(4) 펌프에서 서징 현상의 방지 대책

① 펌프의 $H-Q$ 곡선이 우하향 구배를 갖는 펌프를 선정한다.

② 바이패스(by-pass) 배관을 사용하여 운전점이 서징 범위를 벗어나도록 운전한다.

③ 유량 조절 밸브를 펌프 토출측 직후에 설치한다.

④ 배관 중에 수조 또는 기체 상태인 부분이 존재하지 않도록 배관한다.

⑤ 회전차나 안내깃의 형상 치수를 바꾸어 그 특성을 변화시킨다.

(5) 송풍기에서 서징 현상의 방지 대책

① 방풍 : 비경제적이나, 풍량을 줄이지 않고 토출측 밸브를 열어 대기에 방출한다.

② 바이패스(by-pass) : 방풍 밸브를 열어 송풍기 흡입측으로 바이패스(by-pass)시킨다.

③ 흡입조임 : 흡입 댐퍼(damper) 또는 베인(vane)을 조인다.

예제 10. 펌프나 송풍기 운전 시 서징 현상이 발생할 수 있는데, 이 현상과 관계가 없는 것은 어느 것인가?

① 서징이 일어나면 진동과 소음이 발생한다.

② 펌프에서는 워터해머보다 더 빈번하게 발생한다.

③ 펌프의 특성 곡선이 산 모양이고, 운전점이 그 정상부일 때 발생하기 쉽다.

④ 풍량 또는 토출량을 줄여 서징을 방지할 수 있다.

해설 (1) 서징(맥동) 현상의 발생 조건

- 배관 중에 수조가 있을 때
- 배관 중에 기체 상태의 부분이 있을 때
- 유량 조절 밸브가 배관 중 수조의 위치 후방에 있을 때
- 펌프의 특성 곡선이 산 모양이고, 운전점이 그 정상부일 때

(2) 서징 현상의 특징

- 서징이 일어나면 진동과 소음이 발생한다.
- 풍량 또는 토출량을 줄여 서징을 방지할 수 있다.

정답 ②

5-12 방수압과 방수량

(1) 소화설비의 방수압과 방수량

소화설비의 종류	방수압	방수량
옥내소화전 설비(노즐)	0.17~0.7 MPa	130 L/min 이상
옥외소화전 설비(노즐)	0.25 MPa 이상	350 L/min 이상
스프링클러 설비(헤드)	0.1~1.2 MPa	80 L/min 이상
위험물 옥외저장탱크 보조포소화전(노즐)	0.35 MPa 이상	400 L/min 이상

(2) 피토게이지에 의한 측정 방법

① 펌프로부터 가장 먼 거리에 있는 소화전(옥내소화전 : 5개 이상은 5개, 옥외전소화전 : 2개 이상은 2개)을 모두 개방하여 노즐 선단에 노즐 구경의 $\frac{D}{2}$ 떨어진 지점에서 노즐선단과 수평되게 피토게이지를 설치하여 눈금을 읽는다.

② 방사량 측정

$$Q = 0.653D^2\sqrt{10P}\ [\text{L/min}]$$

여기서, Q : 방사량(토출량)(L/min)
D : 노즐구경(mm)
P : 방사압력(MPa)

③ 소방차의 노즐에서 방수되는 방사량도 피토게이지의 방사량 측정 방법을 이용하여 계산할 수 있다.

(3) 펌프의 토출량 산정

말단 노즐에서의 방수량은 다음과 같다.

$$Q = k\sqrt{10P}\ [\text{L/min}]$$

여기서, Q : 토출량(L/min)
k : K-factor
P : 방사압(MPa)

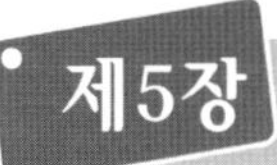

제5장 예상문제

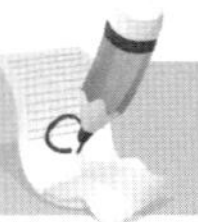

01. 토출량과 토출압력이 각각 Q[L/min], P[kPa]이고, 특성 곡선이 서로 같은 두 대의 소화 펌프를 병렬 연결하여 두 펌프를 동시 운전하였을 경우 총토출량과 총토출압력은 각각 어떻게 되는가?(단, 토출측 배관의 마찰손실은 무시한다.)

① 총토출량 Q[L/min], 총토출압력 P[kPa]
② 총토출량 $2Q$[L/min], 총토출압력 $2P$[kPa]
③ 총토출량 Q[L/min], 총토출압력 $2P$[kPa]
④ 총토출량 $2Q$[L/min], 총토출압력 P[kPa]

해설 펌프를 병렬 운전(연결) 시 양정은 일정, 토출량은 2배 증가, 직렬 운전(연결) 시 토출량은 일정, 양정(총토출압력)은 2배 증가한다.

02. 회전속도 1000 rpm일 때 송출량 Q[m^3/min], 전양정 H[m]인 원심 펌프가 상사한 조건에서 송출량이 $1.1Q$[m^3/min]가 되도록 회전속도를 증가시킬 때 전양정은?

① $0.91H$　② H　③ $1.1H$　④ $1.21H$

해설 $\frac{Q_2}{Q_1}=\frac{N_2}{N_1}$ 이므로 $N_2=N_1\left(\frac{Q_2}{Q_1}\right)=1000\left(\frac{1.1Q}{Q}\right)=1100\text{rpm}$

$\frac{H_2}{H_1}=\left(\frac{N_2}{N_1}\right)^2$ 이므로 $H_2=H_1\left(\frac{N_2}{N_1}\right)^2=H\left(\frac{1100}{1000}\right)^2=1.21H$

03. 어떤 팬이 1750 rpm으로 회전할 때의 전압은 155 mmAq, 풍량은 240 m^3/min이다. 이것과 상사한 팬을 만들어 1650 rpm, 전압 200 mmAq로 작동할 때 풍량은 약 몇 m^3/min인가?(단, 비속도는 같다.)

① 356　② 366　③ 386　④ 396

해설 (1) 비교회전도(specific speed : 비속도) : N_S

$$N_S=\frac{N\sqrt{Q}}{H^{\frac{3}{4}}}$$

여기서, Q : 토출량, H : 양정, N : 회전수

(2) 연속방정식 : $Q=AV$[m^3/s]

여기서, Q : 유량(m^3/s), A : 단면적(m^2), V : 유속(m/s)

정답 1. ④　2. ④　3. ④

$$\therefore\ N_S = \frac{N\sqrt{Q}}{H^{\frac{3}{4}}} = \frac{1750\sqrt{240}}{(0.155)^{\frac{3}{4}}} = 109747.57$$

$$109747.57 = \frac{1650\sqrt{Q}}{(0.2)^{\frac{3}{4}}}$$

$$\therefore\ Q = 395.7\ \text{m}^3/\text{min}$$

04. 유량이 2 m^3/min인 5단의 다단펌프가 2000 rpm의 회전으로 50 m의 양정이 필요하다면 비속도(rpm · m^3/min · m)는?

① 403　　② 503　　③ 425　　④ 525

해설 비교회전도(specific speed : 비속도) : N_S

$$N_S = \frac{N\sqrt{Q}}{\left(\frac{H}{n}\right)^{\frac{3}{4}}}$$ (여기서, Q : 토출량, H : 양정, N : 회전수, n : 단수)

주어진 조건에서, $N=2000$ rpm, $Q=2\ \text{m}^3/\text{min}$, $H=50$ m, $n=5$단

$$\therefore\ N_S = \frac{N\sqrt{Q}}{\left(\frac{H}{n}\right)^{\frac{3}{4}}} = \frac{2000\times\sqrt{2}}{\left(\frac{50}{5}\right)^{\frac{3}{4}}} = 502.973$$

05. 원심식 송풍기에서 회전수를 변화시킬 때 동력 변화를 구하는 식으로 맞는 것은? (단, 변화 전후의 회전수를 각각 N_1, N_2, 동력을 L_1, L_2로 표시한다.)

① $L_2 = L_1 \times \left(\frac{N_1}{N_2}\right)^3$　　② $L_2 = L_1 \times \left(\frac{N_1}{N_2}\right)^2$

③ $L_2 = L_1 \times \left(\frac{N_2}{N_1}\right)^3$　　④ $L_2 = L_1 \times \left(\frac{N_2}{N_1}\right)^2$

해설 펌프의 상사법칙 : 상사인 펌프라면 두 개의 펌프 성능과 회전수, 임펠러의 지름과의 사이에 다음과 같은 관계식이 성립한다.

(1) 유량(토출량) Q : $\frac{Q_2}{Q_1} = \left(\frac{N_2}{N_1}\right)\cdot\left(\frac{D_2}{D_1}\right)^3$

(2) 양정(전양정) H : $\frac{H_2}{H_1} = \left(\frac{N_2}{N_1}\right)^2\cdot\left(\frac{D_2}{D_1}\right)^2$

(3) 축동력(소요동력) L : $\frac{L_2}{L_1} = \left(\frac{N_2}{N_1}\right)^3\cdot\left(\frac{D_2}{D_1}\right)^5$

정답 4. ②　5. ③

06. 원심 펌프의 비속도(N_S)를 표현한 식으로 맞는 것은? (단, Q는 유량, N은 펌프의 분당 회전수, H는 전양정)

① $N_S = \dfrac{N\sqrt{H}}{Q^{\frac{3}{4}}}$ ② $N_S = \dfrac{N\sqrt{Q}}{H^{\frac{4}{3}}}$ ③ $N_S = \dfrac{Q\sqrt{N}}{H^{\frac{3}{4}}}$ ④ $N_S = \dfrac{N\sqrt{Q}}{H^{\frac{3}{4}}}$

해설 1단(단단), 단흡입펌프인 경우 비속도(N_S) $= \dfrac{N\sqrt{Q}}{H^{\frac{3}{4}}}$ [rpm · m³/min · m]

07. 양정 220 m, 유량 0.025 m^3/s, 회전수 2900 rpm인 4단 원심 펌프의 비교회전도(비속도)는 얼마인가?

① 176 ② 167 ③ 45 ④ 23

해설 $N_S = \dfrac{N\sqrt{Q}}{\left(\dfrac{H}{n}\right)^{\frac{3}{4}}} = \dfrac{2900\sqrt{0.025\times 60}}{\left(\dfrac{220}{4}\right)^{\frac{3}{4}}} \fallingdotseq 176$ rpm · m^3/min · m

08. 동일 펌프 내에서 회전수를 변경시켰을 때 유량과 회전수의 관계로서 옳은 것은?

① 유량은 회전수에 비례한다. ② 유량은 회전수 제곱에 비례한다.
③ 유량은 회전수 세제곱에 비례한다. ④ 유량은 회전수 제곱근에 비례한다.

해설 $\dfrac{Q_2}{Q_1} = \left(\dfrac{N_2}{N_1}\right)\cdot\left(\dfrac{D_2}{D_1}\right)^3$ 이므로 유량은 회전수에 비례한다.

09. 다음 중 비속도에 관한 설명 중 맞는 것은? (단, 회전속도는 N[rpm], 송출량은 Q [m^3/min], 전양정은 H[m]이다.)

① 축류 펌프는 원심 펌프에 비해 높은 비속도를 가진다.
② 같은 종류의 펌프는 운전 조건이 달라도 비속도의 값이 같다.
③ 저용량, 고수두용 펌프는 큰 비속도의 값을 가진다.
④ $\dfrac{NQ^{\frac{1}{2}}}{H^{\frac{3}{4}}}$ 로 정의된 비속도는 무차원수이다.

정답 6. ④ 7. ① 8. ① 9. ①

해설 ① 축류 펌프는 원심 펌프보다 전양정(H)이 낮으므로 비속도(비교회전도)가 크다.
② 같은 종류의 펌프는 운전 조건이 다를 경우 비속도의 값이 다르다.
③ 저용량, 고수두의 경우 분모값이 커지고 분자값이 작아지므로 비속도는 작아진다.
④ 비속도의 단위는 rpm · m^3/min · m이다.
※ 비속도(비회전도)란 어떤 펌프가 수두로 표현되는 일정한 압력에 반하여 일정한 유량을 양수하기 위해 필요한 회전수를 의미한다. 즉, 1 m 수두의 압력에 반해 1 m^3/min의 유량을 양수하는 데 필요한 회전수를 말한다.

10. 회전속도 N[rpm]일 때 송출량 Q[m^3/min], 전양정 H[m]인 원심 펌프를 상사한 조건에서 회전속도를 1.4N[rpm]으로 바꾸어 작동하면 유량 및 전양정은?

① $1.4Q$, $1.4H$ ② $1.4Q$, $1.96H$
③ $1.96Q$, $1.4H$ ④ $1.96Q$, $1.96H$

해설 펌프의 상사법칙으로부터

(1) 유량(토출량) Q : $\dfrac{Q_2}{Q_1}=\left(\dfrac{N_2}{N_1}\right)\cdot\left(\dfrac{D_2}{D_1}\right)^3$

(2) 양정(전양정) H : $\dfrac{H_2}{H_1}=\left(\dfrac{N_2}{N_1}\right)^2\cdot\left(\dfrac{D_2}{D_1}\right)^2$

회전속도를 $N_1=1$, $N_2=1.4$로 변화시킬 때, 펌프가 상사한 조건이므로 D는 무시하면,

유량(토출량) Q : $Q_2=\left(\dfrac{N_2}{N_1}\right)Q_1=\left(\dfrac{1.4}{1}\right)Q_1=1.4Q_1$

양정(전양정) H : $H_2=\left(\dfrac{N_2}{N_1}\right)^2H_1=\left(\dfrac{1.4}{1}\right)^2H_1=1.96H_1$

11. 펌프의 입구와 출구에서의 계기 압력이 각각 −30 kPa, 440 kPa이고, 출구쪽 압력계는 입구쪽의 것보다 60 cm 높은 곳에 설치되어 있으며, 흡입관과 송출관의 지름은 같다. 도중에 에너지 손실이 없고 펌프의 유량이 3 m^3/min일 때 펌프의 동력은 약 몇 kW인가?

① 22 ② 24 ③ 26 ④ 28

해설 전양정$(H)=\dfrac{P_2-P_1}{\gamma_w}+(Z_2-Z_1)$

$=\dfrac{440-(-30)}{9.8}+0.6=48.56\text{ m}$

펌프 동력$(L_P)=\gamma_w QH=9.8QH$

$=9.8\times\left(\dfrac{3}{60}\right)\times 48.56=23.79 ≒ 24\text{ kW}$

정답 10. ② 11. ②

12. 유량이 0.5 m^3/min일 때 손실수두가 5 m인 관로를 통하여 20 m 높이 위에 있는 저수조로 물을 이송하고자 한다. 펌프의 효율이 90 %라고 할 때 펌프에 공급해야 하는 전력은 약 몇 kW인가?

① 0.45 ② 1.84 ③ 2.27 ④ 136

해설 축동력$(L_s) = \dfrac{\gamma_w QH}{\eta_p} = \dfrac{9.8QH}{\eta_p} = \dfrac{9.8 \times \left(\dfrac{0.5}{60}\right) \times (20+5)}{0.9} \fallingdotseq 2.27\,\text{kW}$

13. 펌프의 양수량 0.8 m^3/min, 관로의 전손실수두 5 m인 펌프의 중심으로부터 4 m 지하에 있는 물을 25 m의 송출액면에 양수하고자 할 때 펌프의 축동력은 몇 kW인가? (단, 펌프의 효율은 80 %이다.)

① 5.56 ② 4.74 ③ 4.09 ④ 6.95

해설 펌프 축동력$(L_s) = \dfrac{\gamma_w QH}{\eta_p} = \dfrac{9.8QH}{\eta_p} = \dfrac{9.8 \times \left(\dfrac{0.8}{60}\right) \times (25+5+4)}{0.8} \fallingdotseq 5.56\,\text{kW}$

14. 12층 건물의 지하 1층에 제연설비용 배연기를 설치하였다. 이 배연기의 풍량은 500 m^3/min이고, 풍압은 30 mmAq였다. 이때 배연기의 동력은 몇 kW로 해주어야 하는가? (단, 배연기의 효율은 60 %이고, 여유율은 10 %이다.)

① 4.08 ② 4.49 ③ 5.55 ④ 6.11

해설 배연기 동력$(L) = K\dfrac{PQ}{102 \times 60 \times \eta} = K\dfrac{PQ}{6120\eta} = 1.1 \times \dfrac{30 \times 500}{6120 \times 0.6} = 4.49\,\text{kW}$

15. 펌프 중심으로부터 2 m 아래에 있는 물을 펌프 중심 위 15 m 송출수면으로 양수하려 한다. 관로의 전손실수두가 6 m이고, 송출수량이 1 m^3/min라면 필요한 펌프의 동력은 약 몇 W인가? (단, 물의 비중량은 9800 N/m^3이다.)

① 2777 ② 3103

③ 3430 ④ 3757

해설 수동력$(L_w) = \gamma_w QH = 9.8QH$

$$= 9.8 \times \left(\frac{1}{60}\right) \times (2+15+6) \fallingdotseq 3.757\,\text{kW} = 3757\,\text{W}$$

정답 12. ③ 13. ① 14. ② 15. ④

16. 토출량이 0.65 m^3/min인 펌프를 사용하는 경우 펌프의 축동력은 약 몇 kW인가? (단, 전양정은 40 m이고, 펌프의 효율은 50 %이다.)

① 4.25 ② 8.49 ③ 17.0 ④ 509

해설 $L_s = \dfrac{L_w}{\eta_p} = \dfrac{9.8QH}{\eta_p} = \dfrac{9.8 \times \left(\dfrac{0.65}{60}\right) \times 40}{0.5} = 8.49\,\text{kW}$

17. 저수조의 소화수를 흡상 시 펌프의 유효흡입양정(NPSHav)으로 적합한 것은? (단, P_a : 흡입수면의 대기압, P_v : 포화증기압, γ : 비중량, H_s : 흡입양정, H_L : 흡입손실수두)

① $NPSH_{av} = \dfrac{P_a}{\gamma} + \dfrac{P_v}{\gamma} - H_s - H_L$ ② $NPSH_{av} = \dfrac{P_a}{\gamma} - \dfrac{P_v}{\gamma} + H_s - H_L$

③ $NPSH_{av} = \dfrac{P_a}{\gamma} - \dfrac{P_v}{\gamma} - H_s - H_L$ ④ $NPSH_{av} = \dfrac{P_a}{\gamma} - \dfrac{P_v}{\gamma} - H_s + H_L$

해설 (1) 전양정(H) : 실양정에 직관의 마찰손실수두와 관부속품의 마찰손실수두를 합한 값

(2) 실양정(H_a) : 수원에서 송출 높이까지의 수직거리로서 흡입양정과 토출양정을 합한 값

- 흡입양정(H_s) : 수원에서 펌프 중심까지의 수직거리
- 토출양정(H_d) : 펌프의 중심에서 송출 높이까지의 수직거리

(3) $NPSH_{av}$(유효흡입양정)

$NPSH_{av} = \dfrac{P_a}{\gamma}$(대기압수두) $- \dfrac{P_v}{\gamma}$(증기압수두) $\pm H_s$(흡입양정) $- H_L$(배관마찰손실수두)

※ 흡입양정(H_s)은 흡상이면 ⊖, 압입이면 ⊕

18. 펌프의 공동 현상(cavitation)을 방지하기 위한 방법에 관한 사항으로 틀린 것은?

① 펌프의 설치위치를 수원보다 낮게 한다. ② 펌프의 흡입측을 가압한다.

③ 펌프의 흡입관경을 크게 한다. ④ 펌프의 회전수를 크게 한다.

해설 공동 현상의 방지 대책($NPSH_{av} > NPSH_{re}$)

(1) $NPSH_{av} = H_a - H_v \pm H_s - H_L$ 높이는 방법

(가) 펌프의 설치 높이를 될 수 있는 대로 낮추어 흡입양정을 짧게 한다.

(나) 흡입관의 손실수두$\left(\Delta H = \lambda \dfrac{L}{D} \dfrac{V^2}{2g}\right)$를 작게 한다.

- 배관 길이를 짧게 한다.
- 관경을 크게 한다.
- 속도를 낮춘다.

정답 16. ② 17. ③ 18. ④

㈐ 수온을 낮춘다.

(2) $NPSH_{re} = \left(\dfrac{N\sqrt{Q}}{N_S}\right)^{\frac{4}{3}}$ 낮추는 방법

㈎ 펌프의 회전수를 낮추어 흡입 비속도를 작게 한다.
㈏ 펌프의 유량을 줄이고 양흡입 펌프를 사용한다.
㈐ 펌프의 마찰손실을 작게 한다.
㈑ 수직 회전축 펌프를 사용한다.
㈒ 임펠러를 수중에 잠기게 한다.
㈓ 펌프를 2대 이상 병렬로 설치한다.

19. 펌프 입구의 진공계 및 출구의 압력계 지침이 흔들리고 송출유량도 주기적으로 변화하는 이상 현상은?

① 공동 현상(cavitation) ② 수격 작용(water hammering)
③ 맥동 현상(surging) ④ 언밸런스(unbalance)

해설 서징 현상(맥동 현상)

(1) 펌프(송풍기)가 운전 중에 일정 주기로 압력과 유량이 변하는 현상
(2) 서징 현상은 압력, 유량 변동으로 진동, 소음 등이 발생하며 장시간 계속되면 유체 관로를 연결하는 기계나 장치 등의 파손을 초래한다.

20. 펌프의 흡입양정이 4 m이고 흡입관로의 손실수두가 2 m일 때 $NPSH$는 약 몇 m인가? (단, 수면은 표준 대기압(101.3 kPa) 상태이고, 이때의 포화수증기압은 3300 Pa이다.)

① 10 ② 2 ③ 6 ④ 4

해설 $NPSH$(유효흡입양정)

$= H_a$(대기압수두) $- H_p$(증기압수두) $- H_s$(흡입양정) $- H_L$(배관마찰손실수두)

$H_a = 101.3\,\text{kPa} = 10.332\,\text{m}$

$H_p = 3300\,\text{Pa} \times \dfrac{10.332\,\text{m}}{101325\,\text{Pa}} = 0.34\,\text{m}$

$H_s = 4\,\text{m},\ H_L = 2\,\text{m}$

$\therefore\ NPSH = 10.332\,\text{m} - 0.34\,\text{m} - 4\,\text{m} - 2\,\text{m} = 4\,\text{m}$

21. 동일한 노즐구경을 갖는 소방차에서 방수압력이 1.5배가 되면 방수량은 몇 배로 되는가?

① 1.22배 ② 1.4배 ③ 1.5배 ④ 2배

정답 19. ③ 20. ④ 21. ①

해설 $Q=k\sqrt{10P}$

여기서, Q : 방수량(L/min), k : 방출계수, P : 방수압력(MPa)

즉, 방수량은 방수압력의 제곱근에 비례한다.

$\therefore \dfrac{\sqrt{P_2}}{\sqrt{P_1}}=\dfrac{\sqrt{1.5}}{\sqrt{1}}=1.22$배

22. 노즐구경이 같은 옥내소화전 설비에서 노즐의 압력을 4배로 하면 방수량은 몇 배로 되는가?

① 1배 ② 2배

③ 3배 ④ 4배

해설 $Q=k\sqrt{10P}$

여기서, Q : 방수량(L/min), k : 방출계수, P : 방수압력(MPa)

방수량은 압력의 제곱근에 비례($Q \propto \sqrt{P}$)하므로 노즐의 압력을 4배로 하면

$\therefore \dfrac{Q_2}{Q_1}=\sqrt{4}=2$배

23. 스프링클러 헤드의 방수압이 현재보다 4배가 되는 경우 방수량은 몇 배가 되는가?

① $\sqrt{2}$ 배 ② 2배

③ 4배 ④ 8배

해설 스프링클러 헤드의 방수량 공식으로부터 $Q=k\sqrt{10P}$

여기서, Q : 토출량(L/min), k : K-factor, P : 방사압(MPa)

토출량은 방사압의 제곱근에 비례($Q \propto \sqrt{P}$)하므로 방수압을 4배로 하면

$\therefore \dfrac{Q_2}{Q_1}=\sqrt{4}=2$배

24. 공동 현상(cavitation) 발생 원인과 가장 관계가 없는 것은?

① 펌프의 흡입수두가 클 때

② 관내의 수온이 높을 때

③ 관내에 물의 정압이 그때의 증기압보다 낮을 때

④ 펌프의 설치 위치가 수원보다 낮을 때

해설 펌프의 설치 위치가 수원보다 높을 때 공동 현상이 발생한다.

정답 22. ② 23. ② 24. ④

25. 수격 현상에 대한 다음 설명 중 틀린 것은?

① 수격 현상은 유체의 유속 변화로 인한 압력 변화에 의해 발생한다.
② 밸브의 급개방 혹은 급폐쇄 시 발생한다.
③ 서지 탱크를 설치함으로써 수격 현상을 방지할 수 있다.
④ 관내 유속이 느린 경우에 잘 발생한다.

해설 수격 작용(water hammering)은 관내 유속이 빠를 때 잘 발생한다.

26. 증기압에 대한 설명 중 틀린 것은?

① 기압계에 수은을 이용하는 것이 적합한 이유는 증기압이 높기 때문이다.
② 쉽게 증발하는 휘발성 액체는 증기압이 높다.
③ 증기압은 밀폐된 용기 내의 액체 표면을 탈출하는 증기의 양이 액체 속으로 재침투하는 증기의 양과 같을 때의 압력이다.
④ 유동하는 액체 내부에서 압력이 증기압보다 낮아지면 액체가 기화하는 공동 현상이 발생한다.

해설 기압계에 수은(Hg)을 이용하는 것이 적합한 이유는 증기압이 낮기 때문이다.

27. 공동 현상(cavitation)에 대한 설명으로 맞는 것은?

① 흐르는 물을 갑자기 정지시킬 때 수압이 급격히 변화하는 현상을 말한다.
② 유로의 어느 부분의 압력이 대기압과 같아지면 수중에 증기가 발생하는 현상을 말한다.
③ 유로의 어느 부분의 압력이 그 수온의 포화증기압보다 낮아지면 수중에 증기가 발생하는 현상을 말한다.
④ 펌프의 입구와 출구의 진공계, 압력계의 지침이 흔들리고 동시에 송출유량이 변화하는 현상을 말한다.

해설 ①은 수격 현상, ④는 맥동 현상에 대한 설명이다.

28. 물이 파이프 속을 꽉 차서 흐를 때, 정전 등의 원인으로 유속이 급격히 변하면서 물에 심한 압력 변화가 생기고 큰 소음이 발생하는 현상을 무엇이라 하는가?

① 수격 작용 ② 서징
③ 캐비테이션 ④ 실속

정답 25. ④ 26. ① 27. ③ 28. ①

Chapter 6

열역학 기초 및 열역학 법칙

6-1 엔탈피(enthalpy) H

$$H = U + PV[\text{kJ}]$$

여기서, H : 엔탈피(전체 에너지)(kJ), U : 내부 에너지(kJ)
P : 절대압력(kPa), V : 체적(m^3)

암기 비엔탈피(specific enthalpy) h

단위질량(m)당 엔탈피(H)로 $h = \dfrac{H}{m}$[kJ/kg]이다.

$$h = u + Pv = u + \frac{P}{\rho} = u + RT\ [\text{kJ/kg}]$$

여기서, v : 비체적$\left(\dfrac{V}{m}\right)$[$m^3$/kg], R : 기체상수(kJ/kg·K)
ρ : 밀도(비질량)(kg/m^3), T : 절대온도(K)

예제 1. 압력 0.1 MPa, 온도 60℃ 상태의 R-134a의 내부 에너지(kJ/kg)를 구하면?(단, 이때 h = 455 kJ/kg, v = 0.26791 m^3/kg이다.)

① 428.21 kJ/kg
② 454.27 kJ/kg
③ 454.96 kJ/kg
④ 26336 kJ/kg

해설 $h = u + pv$[kJ/kg]

$\therefore\ u = h - pv = 455 - 0.1 \times 10^3 \times 0.26791 = 428.21$ kJ/kg

정답 ①

6-2 열역학 법칙

(1) 열역학 제0법칙(열평형의 법칙)

온도가 서로 다른 두 물체를 접촉시키면 온도가 높은 물체는 열량을 방출하고 온도가 낮은 물체는 열량을 흡수하여 일정 시간이 지난 후 두 물체 사이에 온도 차가 없이 열평형 상태에 이르는 것을 열역학 제0법칙(온도계의 기본 원리에 적용되는 법칙)이라고 한다.

(2) 열역학 제1법칙(에너지 보존의 법칙)

열량(Q)과 일량(W)은 본질적으로 동일한 에너지로 일량은 열량으로 또한 열량은 일량으로 변환시킬 수 있다는 가역 법칙이다.

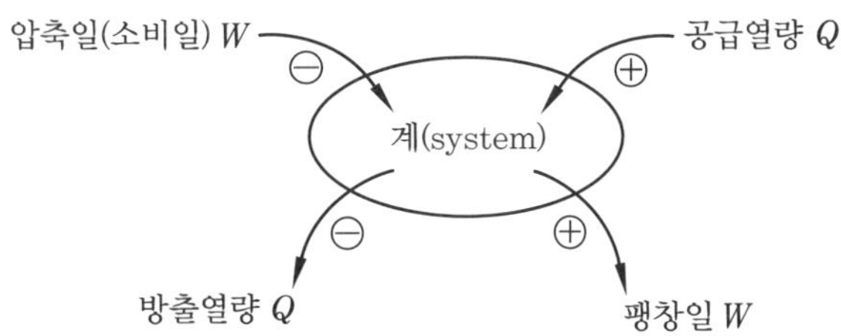

일량(W)과 열량(Q)의 부호 규약

암기 밀폐계 에너지식(열역학 제1법칙)

어떤 계(system)에 공급한 열량(Q)은 내부 에너지 변화량($U_2 - U_1$)과 외부에 행한 팽창일(W)의 합과 같다. $Q = (U_2 - U_1) + {}_1W_2$[kJ]

(3) 열역학 제2법칙(비가역 법칙 : 엔트로피 증가 법칙)

① Kelvin-Planck 표현 : 열기관이 일을 행하기 위해서는 반드시 동시에 2개의 열원(고열원과 저열원)을 필요로 한다($W_{net} = Q_1 - Q_2$). 단일 열원 시스템에서 외부로부터 열을 공급받으며 동시에 받은 열을 전부 일로 변환시킬 수 있는 열기관은 제작이 불가능하다.(효율이 100 %인 기관은 있을 수 없다는 의미이다.)

$$\eta = \left(1 - \frac{Q_2}{Q_1}\right) \times 100\,\%\text{일 때 } \eta < 1$$

여기서, Q_1 : 공급열량, Q_2 : 방출열량($Q_2 \neq 0$)

② Clausius의 표현 : 열은 그 스스로 저온 물체에서 고온 물체로의 이동이 불가능하다.(성적계수가 무한대인 냉동기는 제작이 불가능하다는 의미이다.)

$$\varepsilon_R = \frac{Q_e}{W_c} = \frac{Q_2}{Q_1 - Q_2} = \frac{T_2}{T_1 - T_2} (= \varepsilon_H - 1)$$

여기서, ε_R : 냉동기 성적계수, Q_e : 냉동능력(kW)
W_c : 압축기 소비동력(kW), ε_H : 열펌프 성적계수($\varepsilon_R + 1$)

③ Ostwald의 표현 : 제2종 영구운동기관은 존재할 수 없다(열효율이 100 %인 기관을 부정하는 법칙).

6-3 이상기체(ideal gas) 상태변화

(1) 가역변화(이론적 변화)

① 정적변화(등적변화)
② 정압변화(등압변화)
③ 정온변화(등온변화)
④ 가역 단열변화(reversible adiabatic change) : 등엔트로피 변화
⑤ 폴리트로픽 변화(polytropic change)

(2) 비가역변화

실제적인 변화, 엔트로피 증가($\Delta S>0$)
① 비가역 단열변화(irreversible adiabatic change)
② 교축 과정(throttling process) : 돌턴의 분압 법칙
③ 기체의 혼합(mixed of gases)

암기 돌턴의 분압 법칙

기체 혼합물의 전체 압력(P)은 각 성분 기체의 부분 압력을 모두 합한 것과 같다는 법칙이다.

$$P=P_1+P_2+P_3+\cdots+P_n=\sum_{i=1}^{n}P_i\,[\text{kPa}]$$

(3) 비열 간의 관계식

① 비열비$(k)=\dfrac{\text{정압비열}(C_p)}{\text{정적비열}(C_v)}$

※ 기체인 경우 $C_p > C_v$이므로 비열비$(k)>1$

② $C_p - C_v = R \rightarrow C_p = C_v + R,\ C_v = C_p - R$

여기서, R : 기체상수[kJ/kg · K]

③ 정적비열$(C_v)=\dfrac{R}{k-1}=\dfrac{C_p}{k}$[kJ/kg · K]

공기의 정적비열(C_v) = 0.172 kcal/kgf · ℃ = 0.72 kJ/kg · K

④ 정압비열$(C_p)=kC_v=\dfrac{k}{k-1}R$[kJ/kg · K]

공기의 정압비열(C_p) = 0.24 kcal/kgf · ℃ = 1.0046 kJ/kg · K

암기 공기의 비열비 및 기체상수

- 공기의 비열비$(k)=\dfrac{C_p}{C_v}=\dfrac{1.005}{0.72}=1.4$
- 공기 기체상수$(R)=287$ N·m/kg·K(J/kg·K) $=0.287$ kJ/kg·K

(4) 이상기체 상태방정식

$$pv=RT\left(v=\frac{1}{\rho}\right) \qquad p=\rho RT$$

$$\rho(\text{밀도})=\frac{p}{RT}[\text{kg/m}^3,\ \text{N}\cdot\text{s}^2/\text{m}^4]$$

$$p\frac{V}{m}=RT$$

$$pv=mRT$$

여기서, p : 절대압력(kPa), v : 비체적(m^3/kg), ρ : 밀도$\left(\dfrac{m}{V}=\dfrac{1}{v}\right)$[kg/m^3]

R : 기체상수(kJ/kg·K), T : 절대온도(t_c+273)[K]

암기 일반(공통) 기체상수 $\overline{R}$

$M R=\overline{R}=8.314$ kJ/kmol·K

여기서, M : 분자량$\left(=\dfrac{m(\text{질량})}{n(\text{몰수})}\right)$[kg/kmol]

예제 2. 압력 784.55 kPa, 온도 20℃의 CO_2 기체 8 kg을 수용한 용기의 체적은 얼마인가? (단, CO_2의 기체상수 $R=0.188$ kJ/kg·K)

① 0.34 m^3 ② 0.56 m^3 ③ 2.4 m^3 ④ 19.3 m^3

해설 $PV=mRT$에서 $V=\dfrac{mRT}{P}=\dfrac{8\times0.188\times(20+273)}{784.55}=0.56$ m^3 **정답** ②

(5) 카르노 사이클(Carnot cycle)

$$\text{카르노 사이클의 이론 열효율}(\eta_c)=\frac{W_{net}}{Q_H}=1-\frac{T_L}{T_H}=1-\frac{Q_L}{Q_H}$$

여기서, W_{net} : 정미(유효)일량(Q_H-Q_L)

T_L : 저온체 절대온도(t_c+273)[K], T_H : 고온체 절대온도(K)

Q_L : 저열원(열량)(kJ), Q_H : 고열원(열량)(kJ)

예제 3. 500℃와 20℃의 두 열원 사이에 설치되는 열기관이 가질 수 있는 최대의 이론 열효율은 약 몇 %인가?

① 48　② 58　③ 62　④ 96

해설 $\eta_c = 1 - \dfrac{T_L}{T_H} = 1 - \dfrac{20+273}{500+273} = 0.62\,(62\,\%)$

정답 ③

예제 4. 표준대기압 상태에서 물의 어는점과 끓는점 사이에서 작동되는 카르노 사이클의 열효율(η_c)은 몇 %인가?

① 18.5　② 26.8　③ 30.2　④ 38.8

해설 $\eta_c = 1 - \dfrac{T_L}{T_H} = 1 - \dfrac{273}{100+273} = 0.268\,(26.8\,\%)$

정답 ②

6-4 열전달(heat transformation)

(1) 전도(conduction)

푸리에(Fourier)의 법칙은 열전달 현상 중 전도에 대한 법칙이다. 각 점에서 열이 이동하는 속도는 그 점의 온도의 기울기에 비례한다.

$$q_c = \lambda F \frac{(T_1 - T_2)}{L} \text{ [W]}$$

여기서, λ : 열전도계수(W/m · K), F : 전열면적(m^2)
L : 벽두께(m), $T_1 - T_2$: 온도차

예제 5. 면적이 12 m^2, 두께가 10 mm인 유리의 열전도율이 0.8 W/m · K이다. 어느 차가운 날 유리의 바깥쪽 표면온도는 －1℃이며 안쪽 표면온도는 3℃이다. 이 경우 유리를 통한 열전달량은 몇 W인가?

① 3780　② 3800　③ 3820　④ 3840

해설 Fourier의 열전도 법칙 $q_{con} = \lambda F \dfrac{T_1 - T_2}{L} = 0.8 \times 12 \times \dfrac{3-(-1)}{0.01} = 3840\text{ W}$

정답 ④

예제 6. 두께가 5 mm인 창유리의 내부 온도가 15℃, 외부 온도가 5℃이다. 창의 크기는 1 m×3 m이고 유리의 열전도율이 14 W/m · K이라면 창을 통한 열전달량은 몇 kW인가?

① 14　② 50　③ 57　④ 84

해설 $q_c = \lambda F \dfrac{t_1 - t_2}{L} = 14 \times (1 \times 3) \times \dfrac{(15-5)}{0.005} = 84000\text{ W} = 84\text{ kW}$

정답 ④

(2) 대류(convection)

대류 열전달(뉴턴의 냉각 법칙)은 다음과 같다.

$$q_{conv} = hA(t_w - t_f)[\mathrm{W}]$$

여기서, h : 대류 열전달계수(W/m^2 · K), A : 전열면적(m^2)

t_w : 벽면온도(℃), t_f : 유체온도(℃)

참고 뉴턴의 냉각 법칙

시간에 따른 물체의 온도 변화는 그 물체의 온도와 주위 물체의 온도차에 비례한다.

대류 열전달은 온도차(밀도차)에 의한 열의 이동으로 자연대류인 경우는 프란틀수(Pr)와 그라스호프수(Gr)의 함수이고 강제대류인 경우 프란틀수(Pr)와 레이놀즈수(Re)의 함수이다.

(3) 복사(radiation)

열복사(일사)는 중간 열매체가 없는 열전달로 슈테판-볼츠만(Stefan Boltzmann)의 법칙을 따른다.

$$q_R = \varepsilon\sigma A(T_1^4 - T_2^4)[\mathrm{W}]$$

여기서, ε : 복사율(방사율) : $0 < \varepsilon < 1$

A : 전열면적(m^2)

σ : 슈테판-볼츠만 상수(5.67×10^{-8} W/m^2 · K^4)

T_1, T_2 : 흑체 표면온도(K)

전도, 대류, 복사의 특성

구분	전도	대류	복사
관계식	$q_c = \lambda F \dfrac{T_1 - T_2}{L}[\mathrm{W}]$	$q_{conv} = hA(t_w - t_f)[\mathrm{W}]$	$q_R = \varepsilon\sigma A(T_1^4 - T_2^4)[\mathrm{W}]$
파라미터	열전도율(λ)[W/m · K] (물질의 고유 성질)	열전달계수(h)[W/m^2 · K] (유체의 상황)	$\sigma = 5.67 \times 10^{-8}$ W/m^2 · K
기본 법칙	Fourier의 열전도 법칙	Newton의 냉각 법칙	Stefan-Boltzmann의 법칙
소방 응용	① 고체의 점화 및 화염 전파에 대한 해석 ② 건축물의 방화 구획, 내화 구조 ③ 화염방지기의 활용 ④ sp 헤드의 열전도계수	① 초기 불꽃 화재의 해석 ② 제연설비 및 피난설계(연기 유동 해석) ③ sp 헤드의 RTI ④ 감지기의 작동시간에 이용	① 플래시오버(flashover) 예측 ② 인접 건물 방화
무차원수	Prandtl수, Nusselt수	Nusselt수, Grashof수	

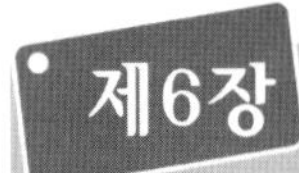

예상문제

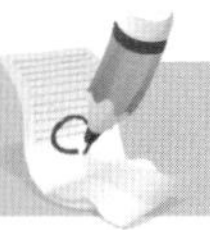

01. 어떤 기체 1 kg이 압력 50 kPa, 체적 2.0 m^3의 상태에서 압력 1000 kPa, 체적이 0.2 m^3의 상태로 변화하였다. 이때 내부 에너지의 변화가 없다고 하면 엔탈피(enthalpy)의 증가량은 몇 kJ인가?

① 100　　② 115
③ 120　　④ 0

해설 $H_2 = U_2 + P_2V_2$ ······ ①

$H_1 = U_1 + P_1V_1$ ············ ②

①식에서 ②식을 빼면

$(H_2 - H_1) = (U_2 - U_1) + (P_2V_2 - P_1V_1) = 1000 \times 0.2 - 50 \times 2 = 100\,\text{kJ}$

02. 0.5 kg의 어느 기체를 압축하는 데 15 kJ의 일을 필요로 하였다. 이때 12 kJ의 열이 계 밖으로 손실 전달되었다. 내부 에너지의 변화는 몇 kJ인가?

① −27　　② 27
③ 3　　④ −3

해설 밀폐계 에너지식

$Q = (U_2 - U_1) + {}_1W_2\,[\text{kJ}]$에서

$(U_2 - U_1) = Q - {}_1W_2 = -12 - (-15) = -12 + 15 = 3\,\text{kJ}$

03. 초기 체적 0인 풍선을 지름 60 cm까지 팽창시키는 데 필요한 일의 양은 몇 kJ인가? (단, 풍선 내부의 압력은 표준대기압 상태로 일정하고, 풍선은 구(sphere)로 가정한다.)

① 11.46　　② 13.18
③ 114.6　　④ 121.8

해설 구의 체적$(V) = \dfrac{4}{3}\pi r^3 = \dfrac{\pi d^3}{6}\,[\text{m}^3]$

미분형$(dV) = 4\pi r^2 dr$

$${}_1W_2 = \int_1^2 p\,dV = p\int_{r_1}^{r_2} 4\pi r^2 dr = 101.325 \times 4\pi\left[\frac{r^3}{3}\right]_0^{0.3}$$

$$= \frac{101.325 \times 4\pi}{3}[0.3^3 - 0^3] = 11.46\,\text{kJ}$$

정답 1. ①　2. ③　3. ①

04. 어느 용기에서 압력(P)과 체적(V)의 관계가 $P=(50V+10)\times 10^2$[kPa]일 때, 체적이 2 m^3에서 4 m^3로 변하는 경우 일량은 몇 MJ인가? (단, 체적 V의 단위는 m^3이다.)

① 30 ② 32 ③ 34 ④ 36

해설 $_1W_2=\int_1^2 PdV=\int_1^2(50V+10)\times 10^2 dV=\left[\frac{1}{2}\times 50V^2+10V\right]_2^4\times 10^2$

$=[25(4^2-2^2)+10(4-2)]\times 10^2=32\times 10^3\text{ kJ}=32\text{ MJ}$

05. 피토관의 두 구멍 사이에 차압계를 연결하였다. 이 피토관을 풍동실험에 사용했는데 ΔP가 700 Pa이었다. 풍동에서의 공기 속도는 몇 m/s인가? (단, 풍동에서의 압력과 온도는 각각 98 kPa과 20℃이고 공기의 기체상수는 287 J/kg · K이다.)

① 32.53 ② 34.67

③ 36.85 ④ 38.94

해설 $V=\sqrt{\frac{2\Delta P}{\rho}}=\sqrt{\frac{2\times 700}{1.165}}\fallingdotseq 34.67\text{ m/s}$

공기 밀도$(\rho)=\frac{P}{RT}=\frac{98}{0.287\times(20+273)}\fallingdotseq 1.165\text{ kg/m}^3(\text{N}\cdot\text{s}^2/\text{m}^4)$

06. 풍동에서 유속을 측정하기 위하여 피토 정압관을 사용하였다. 이때 비중이 0.8인 알코올의 높이 차이가 10 cm가 되었다. 압력이 101.3 kPa이고, 온도가 20℃일 때 풍동에서 공기의 속도는 몇 m/s인가? (단, 공기의 기체상수는 287 N · m/kg · K이다.)

① 26.5 ② 28.5

③ 29.4 ④ 36.1

해설 $V=\sqrt{2gh\left(\frac{S_0}{S_{air}}-1\right)}=\sqrt{2gh\left(\frac{\rho_0}{\rho_{air}}-1\right)}=\sqrt{2\times 9.8\times 0.1\left(\frac{800}{1.2}-1\right)}=36.12\text{ m/s}$

20℃ 공기의 밀도$(\rho_{air})=\frac{P}{RT}=\frac{101.3}{0.287\times(20+273)}=1.2\text{ kg/m}^3(\text{N}\cdot\text{s}^2/\text{m}^4)$

알코올의 밀도$(\rho_0)=\rho_w S_0=1000\times 0.8=800\text{ kg/m}^3(\text{N}\cdot\text{s}^2/\text{m}^4)$

07. 온도 20℃, 압력 5 bar에서 비체적이 0.2 m^3/kg인 이상 기체가 있다. 이 기체의 기체상수는 몇 kJ/kg · K인가?

① 0.341 ② 3.41

③ 34.1 ④ 341

정답 4. ② 5. ② 6. ④ 7. ①

해설 $Pv = RT$

$$R = \frac{Pv}{T} = \frac{500 \times 0.2}{(20+273)} = 0.341 \text{ kJ/kg} \cdot \text{K}$$

※ $1 \text{ bar} = 10^5 \text{ Pa} = 100 \text{ kPa}$

08. 처음에 온도, 비체적이 각각 T_1, v_1인 이상기체 1 kg을 압력을 P로 일정하게 유지한 채로 가열하여 온도를 $4T_1$까지 상승시킨다. 이상기체가 한 일은 얼마인가?

① Pv_1　② $2Pv_1$
③ $3Pv_1$　④ $4Pv_1$

해설 $P = C$(Charle's law 적용)

$\frac{v}{T} = C$, $\frac{v_1}{T_1} = \frac{v_2}{T_2}$ 이므로 $v_2 = v_1\left(\frac{T_2}{T_1}\right) = 4v_1$

$$\therefore {}_1W_2 = \int_1^2 Pdv = P(v_2 - v_1) = P(4v_1 - v_1) = 3Pv_1 [\text{kJ/kg}]$$

09. 압력이 300 kPa, 체적 1.66 m^3인 상태의 가스를 정압하에서 열을 방출시켜 체적을 1/2로 만들었다. 기체가 한 일은 몇 kJ인가?

① 249　② 129
③ 981　④ 399

해설 $${}_1W_2 = \int_1^2 PdV = P(V_2 - V_1) = 300\left(\frac{1}{2} \times 1.66 - 1.66\right) = -249\text{kJ}$$

10. 20℃의 공기(기체상수 $R = 0.287$ kJ/kg · K, 정압비열 $C_p = 1.004$ kJ/kg · K) 3 kg이 압력 0.1 MPa에서 등압팽창하여 부피가 2배로 되었다. 이때 공급된 열량은 약 몇 kJ인가?

① 252　② 883
③ 441　④ 1765

해설 등압변화($P = C$)인 경우 $\frac{T_2}{T_1} = \frac{V_2}{V_1}$ 이므로

$$Q = mC_p(T_2 - T_1) = mC_pT_1\left(\frac{T_2}{T_1} - 1\right) = mC_pT_1\left(\frac{V_2}{V_1} - 1\right)$$
$$= 3 \times 1.004 \times (20+273) \times (2-1) \fallingdotseq 883 \text{ kJ}$$

정답 8. ③　9. ①　10. ②

11. 체적 2 m^3, 온도 20℃의 기체 1 kg을 정압하에서 5 m^3로 팽창시켰다. 가한 열량은 약 몇 kJ인가? (단, 기체의 정압비열은 2.06kJ/kg · K, 기체상수는 0.488 kJ/kg · K으로 한다.)

① 954 ② 905
③ 889 ④ 863

해설 $Q = mC_p(T_2 - T_1) = mC_pT_1\left(\frac{T_2}{T_1} - 1\right) = mC_pT_1\left(\frac{V_2}{V_1} - 1\right)$

$= 1 \times 2.06 \times (20 + 273) \times \left(\frac{5}{2} - 1\right) = 905.37\ \text{kJ} \fallingdotseq 905\ \text{kJ}$

12. 공기 10 kg이 정적과정으로 20℃에서 250℃까지 온도가 변하였다. 이 경우 엔트로피의 변화는 얼마인가? (단, 공기의 C_v = 0.717 kJ/kg · K이다.)

① 약 2.39 kJ/K ② 약 3.07 kJ/K
③ 약 4.15 kJ/K ④ 약 5.81 kJ/K

해설 $\Delta S = \frac{\delta Q}{T} = \frac{mC_v dT}{T} = mC_v \ln\frac{T_2}{T_1} = 10 \times 0.717 \times \ln\left(\frac{250 + 273}{20 + 273}\right) \fallingdotseq 4.15\ \text{kJ/K}$

13. 1 kg의 공기가 온도 18℃에서 등온변화를 하여 체적의 증가가 0.5 m^3, 엔트로피의 증가가 0.2135 kJ/kg · K였다면, 초기의 압력은 약 몇 kPa인가? (단, 공기의 기체상수 R = 0.287 kJ/kg · K이다.)

① 204.05 ② 132.05
③ 184.05 ④ 231.05

해설 등온변화인 경우 엔트로피 변화량(ΔS) $= \frac{\delta Q}{T} = mR\ln\frac{V_2}{V_1} = mR\ln\frac{P_1}{P_2}$ [kJ/K]

$\ln\left(\frac{P_1}{P_2}\right) = \frac{\Delta S}{mR} = \frac{0.2135}{1 \times 0.287} \fallingdotseq 0.744$

$\therefore\ \frac{P_1}{P_2} = e^{0.744} = 2.1$

$PV = C$이므로 $P_1V_1 = P_2V_2$

$\frac{P_1}{P_2} = \frac{V_2}{V_1} = 2.1$

$\frac{V_1 + 0.5}{V_1} = 2.1$

정답 11. ② 12. ③ 13. ③

$$V_1 = 2.1\,V_1 - 0.5$$
$$0.5 = 2.1\,V_1 - V_1 = 1.1\,V_1$$
$$\therefore\ V_1 = \frac{0.5}{1.1} = 0.454\ \mathrm{m^3}$$
$$P_1 = \frac{mRT}{V_1} = \frac{1 \times 0.287 \times (18 + 273.15)}{0.454} = 184.05\ \mathrm{kPa}$$

14. 초기 온도와 압력이 50℃, 600 kPa인 완전가스를 100 kPa까지 가역 단열팽창하였다. 이때 온도는 몇 K인가?(단, 비열비는 1.4)

① 194　　② 294
③ 467　　④ 539

해설 가역 단열변화 시 P, V, T 관계식

$$\frac{T_2}{T_1} = \left(\frac{P_2}{P_1}\right)^{\frac{k-1}{k}}$$
$$\therefore\ T_2 = T_1\left(\frac{P_2}{P_1}\right)^{\frac{k-1}{k}} = (50 + 273) \times \left(\frac{100}{600}\right)^{\frac{1.4-1}{1.4}} \fallingdotseq 194\ \mathrm{K}$$

15. 온도 30℃, 최초 압력 98.67 kPa인 공기 1 kg을 단열적으로 986.7 kPa까지 압축한다. 압축일은 몇 kJ인가?(단, 공기의 비열비는 1.4, 기체상수 R= 0.287 kJ/kg · K이다.)

① 100.23　　② 187.43
③ 202.34　　④ 321.84

해설 $T_2 = T_1\left(\frac{P_2}{P_1}\right)^{\frac{k-1}{k}} = (30 + 273)\left(\frac{986.7}{98.67}\right)^{\frac{1.4-1}{1.4}} = 585\ \mathrm{K}$

$$_1W_2 = \frac{1}{k-1}(P_1V_1 - P_2V_2) = \frac{1}{k-1}mR(T_1 - T_2)$$
$$= \frac{1}{1.4-1} \times 0.287(303 - 585) \fallingdotseq 202.34\ \mathrm{kJ}$$

16. 폴리트로픽 지수(n)가 1인 과정은?

① 단열과정　　② 정압과정
③ 등온과정　　④ 정적과정

정답 14. ①　15. ③　16. ③

해설 폴리트로픽 변화($PV^n = C$)에서

(1) $n=1$일 때 $PV=C$(등온변화)

(2) $n=0$일 때 $PV^0=C$, $P\times 1=C$(등압변화)

(3) $n=k$일 때 $PV^k=C$(가역 단열변화)

(4) $n=\infty$일 때 $PV^\infty=C$

$P^{\frac{1}{\infty}} V = C^{\frac{1}{\infty}} \left(\frac{1}{\infty}=0\right)$

$P^0 V = C^0$

$1\times V = C$(등적변화)

17. 완전가스의 폴리트로픽 과정에 대한 엔트로피 변화량을 나타낸 것은?(단, C_p : 정압비열, C_v : 정적비열, C_n : 폴리트로픽 비열이다.)

① $C_p \ln\frac{T_2}{T_1}$ ② $C_n \ln\frac{T_2}{T_1}$ ③ $R\ln\frac{P_1}{P_2}$ ④ $C_v \ln\frac{T_2}{T_1}$

해설 폴리트로픽 과정($PV^n=C$)일 때 비엔트로피 변화량(dS)

$=\frac{\delta q}{T}=\frac{C_n dT}{T}=C_n \ln\frac{T_2}{T_1}$ [kJ/kg · K]

18. Carnot 사이클이 1000 K의 고온 열원과 400 K의 저온 열원 사이에서 작동할 때 사이클의 열효율은 얼마인가?

① 20 % ② 40 % ③ 60 % ④ 80 %

해설 $\eta_c = \left(1-\frac{Q_2}{Q_1}\right)\times 100\,\% = \left(1-\frac{T_2}{T_1}\right)\times 100\,\% = \left(1-\frac{400}{1000}\right)\times 100\,\% = 60\,\%$

19. 카르노 사이클의 고온 열저장소에서 받은 열량이 Q_H이고 저온 열저장소에서 방출된 열량이 Q_L일 때, 카르노 사이클의 열효율(η)은?

① $\eta=\frac{Q_L}{Q_H}$ ② $\eta=\frac{Q_H}{Q_L}$

③ $\eta=1-\frac{Q_L}{Q_H}$ ④ $\eta=1-\frac{Q_H}{Q_L}$

정답 17. ② 18. ③ 19. ③

해설 $\eta_c = \left(1 - \dfrac{Q_L}{Q_H}\right) \times 100\,\% = \left(1 - \dfrac{T_L}{T_H}\right) \times 100\,\%$

카르노 사이클의 열효율(η_c) 공식에서 공급열량(Q_H)과 고열원의 절대온도(T_H), 방출열량(Q_L)과 저열원의 절대온도(T_L)는 각각 비례한다.

$\left(\dfrac{Q_H}{T_H} = \dfrac{Q_L}{T_L}\right)$

20. 800 K의 고온 열원과 400 K의 저온 열원 사이에서 작동하는 Carnot 사이클에 공급하는 열량이 사이클당 400 kJ이라 할 때 1사이클당 외부에 하는 일은 얼마인가?

① 100 kJ ② 200 kJ
③ 300 kJ ④ 400 kJ

해설 $\eta_c = \dfrac{W_{net}}{Q_1} = 1 - \dfrac{T_2}{T_1}$

정미일량(W_{net}) $= \eta_c Q_1 = Q_1\left(1 - \dfrac{T_2}{T_1}\right) = 400\left(1 - \dfrac{400}{800}\right) = 200\text{ kJ}$

21. 냉동실로부터 300 K의 대기로 열을 배출하는 가역 냉동기의 성능계수가 4이다. 냉동실 온도는?

① 225 K ② 240 K ③ 250 K ④ 270 K

해설 냉동기 성능계수(ε_R) $= \dfrac{T_2}{T_1 - T_2}$

$\varepsilon_R(T_1 - T_2) = T_2$

$\varepsilon_R T_1 = T_2(\varepsilon_R + 1)$

$\therefore\ T_2 = \dfrac{\varepsilon_R T_1}{\varepsilon_R + 1} = \dfrac{4 \times 300}{4 + 1} = 240\text{ K}$

22. 두께 4 mm의 강 평판에서 고온측 면의 온도가 100℃이고 저온측 면의 온도가 80℃이며 단위면적(1 m^2)에 대해 매분 30000 kJ의 전열을 한다고 하면 이 강판의 열전도율은 몇 W/m·K인가?

① 100 ② 105 ③ 110 ④ 115

해설 $q_{cond} = \lambda F \dfrac{(t_1 - t_2)}{L}$

정답 20. ② 21. ② 22. ①

$$\lambda = \frac{q_{cond} L}{F(t_1 - t_2)} = \frac{\left(\frac{30000}{60}\right) \times 0.004}{1(100-80)} = 0.1\,\text{kW/m}\cdot\text{K} = 100\,\text{W/m}\cdot\text{K}$$

23. 열전도도가 0.08 W/m · K인 단열재의 내부면의 온도가 75℃, 외부면의 온도가 20℃이다. 단위면적당 열손실을 200 W/m^{2}으로 제한하려면 단열재의 두께는?

① 22.0 mm ② 45.5 mm
③ 55.0 mm ④ 80.0 mm

해설 $q_{cond} = \lambda \frac{t_1 - t_2}{L}\ [\text{W/m}^2]$

$$L = \frac{\lambda(t_1 - t_2)}{q_{cond}} = \frac{0.08(75-20)}{200} = 0.022\,\text{m} = 22\,\text{mm}$$

24. 전도는 서로 접촉하고 있는 물체의 온도차에 의하여 발생하는 열전달 현상이다. 다음 중 단위면적당의 열전달률(W/m^2)을 설명한 것 중 옳은 것은?

① 전열면에 직각인 방향의 온도 기울기에 비례한다.
② 전열면과 평행한 방향의 온도 기울기에 비례한다.
③ 전열면에 직각인 방향의 온도 기울기에 반비례한다.
④ 전열면과 평행한 방향의 온도 기울기에 반비례한다.

해설 $q_{cond} = \frac{Q}{A} = \lambda \frac{t_1 - t_2}{L}\ [\text{W/m}^2]$

여기서, $(t_1 - t_2)$: 온도차
L : 두께(m)
A : 전열면적(m^2)
λ : 열전도계수(W/m · K)

$\therefore\ q_{cond} \propto \frac{t_1 - t_2}{L}$

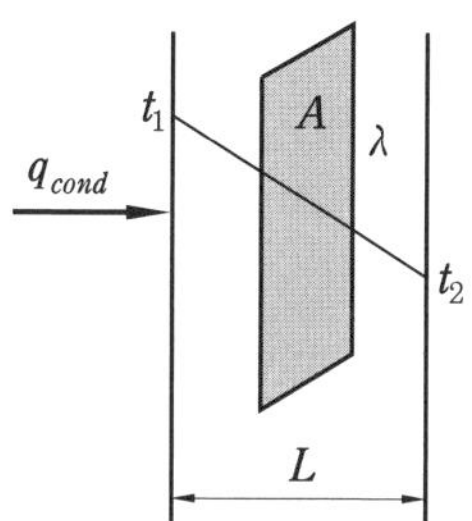

25. 지름 5 cm인 구가 대류에 의해 열을 외부공기로 방출한다. 이 구는 50 W의 전기히터에 의해 내부에서 가열되고 있다면 구 표면과 공기 사이의 온도차가 30℃라면 공기와 구 사이의 대류 열전달계수는 얼마인가?

① 111 W/m^2 · K ② 212 W/m^2 · K
③ 313 W/m^2 · K ④ 414 W/m^2 · K

정답 23. ① 24. ① 25. ②

해설 $q_{conv} = hA(t_1 - t_2)$ [W]

$$\therefore\ h = \frac{q_{conv}}{A(t_1 - t_2)} = \frac{q_{conv}}{4\pi r^2(t_1 - t_2)} = \frac{50}{4\pi(0.025)^2 \times 30} = 212\ \mathrm{W/m^2 \cdot K}$$

26. 완전 흑체로 가정한 흑연의 표면 온도가 450℃이다. 단위면적당 방출되는 복사에너지(kW/m^2)는?(단, Stefan Boltzmann 상수 $\sigma = 5.67 \times 10^{-8}$ W/m^2 · K^{4}이다.)

① 2.325　② 15.5　③ 21.4　④ 2325

해설 $q_R = \varepsilon\sigma T^4 = 1 \times 5.67 \times 10^{-8} \times (450 + 273)^4 = 15500\ \mathrm{W/m^2} = 15.5\ \mathrm{kW/m^2}$

27. 판의 온도 T가 시간 t에 따라 $T_0 t^{1/4}$으로 변하고 있다. 여기서 상수 T_0는 절대온도이다. 이 판의 흑체방사도는 시간에 따라 어떻게 변하는가?(단, σ는 슈테판-볼츠만 상수이다.)

① σT_0^4　② $\sigma T_0^4 t$　③ $\sigma T_0 t^2$　④ $\sigma T_0 t^4$

해설 판의 온도가 T일 때 흑체방사도$(E) = \sigma T^4$이므로
온도가 $T_0 t^{1/4}$일 때 흑체방사도$(E) = \sigma(T_0 t^{1/4})^4 = \sigma T_0^4 t$이 된다.

28. 열복사 현상에 대한 이론적인 설명과 거리가 먼 것은?

① Fourier의 법칙　② Kirchhoff의 법칙
③ Stefan-Boltzmann의 법칙　④ Planck의 법칙

해설 푸리에 법칙(Fourier law)은 열전도(heat conduction) 법칙이다.

$$q_{cond}\left(= \frac{Q}{A}\right) = \lambda \frac{t_1 - t_2}{L}\ [\mathrm{W/m^2}]$$

여기서, A : 전열면적(m^2), L : 두께(m)
λ : 열전도계수(W/m · K), $t_1 - t_2$: 온도차(℃)

29. 기체상수 R의 값 중 atm · L/mol · K의 단위에 맞는 수치는?

① 0.082　② 62.36　③ 10.73　④ 1.987

정답 26. ②　27. ②　28. ①　29. ①

해설 기체상수(R)

$= 0.082\ \text{atm} \cdot \text{L/mol} \cdot \text{K} = 0.082\ \text{atm} \cdot \text{m}^3\text{/kmol} \cdot \text{K}$

30. 1 kg의 이산화탄소가 기화하는 경우 체적은 약 몇 L인가?

① 22.4 ② 224

③ 509 ④ 535

해설 Avogadro(아보가드로)의 법칙 : 동온, 동압(0℃, 760 mmHg)하에서 모든 기체(gas) 1 mol 이 차지하는 체적은 22.4 L이다.

$$몰수(n) = \frac{질량(m)}{CO_2 분자량(M)} = \frac{1}{44} = 0.02273\ \text{kmol}$$

$$= 0.02273 \times 10^3\ \text{mol} = 0.02273 \times 10^3 \times 22.4\ \text{L} \fallingdotseq 509\ \text{L}$$

31. 1 kg의 액체 탄산가스를 15℃에서 대기 중에 방출하면 몇 L의 가스체로 되는가?

① 34 ② 443

③ 537 ④ 434

해설 $PV = mRT$에서

$$V = \frac{mRT}{P} = \frac{1 \times \left(\frac{8.314}{44}\right) \times (15+273)}{101.325} = 0.537\ \text{m}^3 = 537\ \text{L}$$

정답 30. ③ 31. ③

부 록

Ⅰ 실전 모의고사

Ⅱ 과년도 출제문제

실전 모의고사

소방설비기계기사 제1회 실전 모의고사

01. 완전 흑체로 가정한 흑연의 표면 온도가 450℃이다. 단위면적당 방출되는 복사에너지의 열유속(kW/m^2)은?(단, 흑체의 Stefan-Boltzmann 상수 $\sigma = 5.67 \times 10^{-8}\ W/m^2 \cdot K^4$이다.)

① 2.33 ② 15.5
③ 21.4 ④ 232.5

해설 $q = \sigma T^4 = 5.67 \times 10^{-8} \times (450 + 273)^4 = 15493\,W/m^2 ≒ 15.5\,kW/m^2$

02. 어떤 수평관에서 물의 속도는 28 m/s이고, 압력은 160 kPa이다. (㉠)속도수두와 (㉡)압력수두는 각각 얼마인가?

① ㉠ 40 m, ㉡ 14.3 m ② ㉠ 50 m, ㉡ 14.3 m
③ ㉠ 40 m, ㉡ 16.3 m ④ ㉠ 50 m, ㉡ 16.3 m

해설 (1) 속도수두$(h) = \dfrac{V^2}{2g} = \dfrac{28^2}{2 \times 9.8} = 40\,m$

(2) 압력수두$(h) = \dfrac{P}{\gamma} = \dfrac{160}{9.8} = 16.33\,m$

03. 표준대기압 상태에서 소방펌프차가 양수 시작 후 펌프 입구의 진공계가 10 cmHg를 표시하였다면 펌프에서 수면까지의 높이(m)는?(단, 수은의 비중은 13.6이며, 모든 마찰손실 및 펌프 입구에서의 속도수두는 무시한다.)

① 0.36 ② 1.36
③ 2.36 ④ 3.36

해설 $\dfrac{P_0}{\gamma} + \dfrac{V_1^2}{2g} + Z_1 = \dfrac{P_2}{\gamma} + \dfrac{V_2^2}{2g} + Z_2$

$Z_1 - Z_2 = \dfrac{9.8 \times 13.6 \times 0.1}{9.8} = 1.36\,m$

정답 1. ② 2. ③ 3. ②

04. 열역학 제2법칙에 관한 설명으로 틀린 것은?

① 열효율 100 %인 열기관은 제작이 불가능하다.
② 열은 스스로 저온체에서 고온체로 이동할 수 없다.
③ 제2종 영구기관은 동작물질의 종류에 따라 존재할 수 있다.
④ 한 열원에서 발생하는 열량을 일로 바꾸기 위해서는 반드시 다른 열원의 도움이 필요하다.

해설 열역학 제2법칙 : 엔트로피 증가 법칙 또는 비가역 법칙으로 제2종 영구운동기관(열효율이 100 %인 기관)을 부정하는 법칙이다.

05. 점성계수 μ의 차원으로 옳은 것은? (단, M은 질량, L은 길이, T는 시간이다.)

① $ML^{-1}T^{-1}$ ② MLT ③ $M^{-2}L^{-1}T$ ④ MLT^2

해설 점성계수(μ)의 단위는 $Pa \cdot s = N \cdot s/m^2 = kg/m \cdot s$이므로
차원은 $FTL^{-2} = (MLT^{-2})TL^{-2} = ML^{-1}T^{-1}$이다.

06. 온도 20℃, 절대압력 400 kPa, 기체 15 m^3을 등온압축하여 체적이 2 m^3로 되었다면 압축 후의 절대압력(kPa)은?

① 2000 ② 2500 ③ 3000 ④ 4000

해설 보일의 법칙($T=C$일 때 $PV=C$)을 적용하면 $P_1V_1 = P_2V_2$

$$\therefore P_2 = P_1\left(\frac{V_2}{V_1}\right) = 400\left(\frac{15}{2}\right) = 3000\,\text{kPa}$$

07. 다음 중 점성계수가 큰 순서대로 바르게 나열한 것은?

① 공기 > 물 > 글리세린 ② 글리세린 > 공기 > 물
③ 물 > 글리세린 > 공기 ④ 글리세린 > 물 > 공기

해설 상온, 상압에서 유체의 점성 계수를 cP(centi poise)라는 단위로 나타내면 물 : 1.0, 글리세린 : 1500, 공기 : 0.018이다.

08. 표준대기압하에서 온도가 20℃인 공기의 밀도(kg/m^3)는? (단, 공기의 기체상수는 287J/kg · K이다.)

① 0.012 ② 1.2 ③ 17.6 ④ 1000

정답 4. ③ 5. ① 6. ③ 7. ④ 8. ②

해설 $\rho = \frac{P}{RT} = \frac{101.325}{0.287 \times (20+273)} = 1.2\text{kg/m}^3$

09. 10 kg의 액화 이산화탄소가 15℃의 대기(표준대기압) 중으로 방출되었을 때 이산화탄소의 부피(m^3)는?(단, 일반기체상수는 8.314kJ/kmol·K이다.)

① 5.4　② 6.2　③ 7.3　④ 8.2

해설 $PV = mRT$에서 $V = \frac{mRT}{P} = \frac{10 \times \left(\frac{8.314}{44}\right) \times (15+273)}{101.325} = 5.37 ≒ 5.4\text{m}^3$

10. 밑면은 한 변의 길이가 2 m인 정사각형이고 높이가 4 m인 직육면체 탱크에 비중이 0.8인 유체를 가득 채웠다. 유체에 의해 탱크의 한쪽 측면에 작용하는 힘(kN)은?

① 125.4　② 169.2　③ 178.4　④ 186.2

해설 $F = \gamma \bar{h} A = (9.8 \times 0.8) \times 2 \times (4 \times 2) = 125.44\text{kN}$

11. 4 kg/s의 물 제트가 평판에 수직으로 부딪힐 때 평판을 고정시키기 위하여 60 N의 힘이 필요하다면 제트의 분출속도(m/s)는?

① 3　② 7　③ 15　④ 30

해설 $F = \rho QV = \dot{m}\,V[\text{N}]$에서 $V = \frac{F}{\dot{m}} = \frac{60}{4} = 15\text{m/s}$

12. 동점성계수가 $2.4 \times 10^{-4}\,\text{m}^2/\text{s}$이고, 비중이 0.88인 40℃ 엔진 오일을 1 km 떨어진 곳으로 원형관을 통하여 완전발달 층류 상태로 수송할 때 관의 직경 100 mm이고 유량 $0.02\,\text{m}^3/\text{s}$이라면 필요한 최소 펌프동력(kW)은?

① 28.2　② 30.1　③ 32.2　④ 34.4

해설 $L_P = \gamma Q H_L = (9.8 \times 0.88) \times 0.02 \times 200 ≒ 34.47\text{kW}$

$$H_L = f\frac{L}{d}\frac{V^2}{2g} = \left(\frac{64}{Re}\right) \times \frac{L}{d} \times \frac{V^2}{2g} = \left(\frac{64}{1062.5}\right) \times \frac{1000}{0.1} \times \frac{(2.55)^2}{2 \times 9.8} ≒ 200\text{m}$$

$Re = \frac{Vd}{\nu} = \frac{2.55 \times 0.1}{2.4 \times 10^{-4}} = 1062.5 < 2100$이므로 층류

$$V = \frac{Q}{A} = \frac{0.02}{\frac{\pi}{4}(0.1)^2} ≒ 2.55\text{m/s}$$

정답 9. ①　10. ①　11. ③　12. ④

13. 대기압이 100 kPa인 지역에서 이론적으로 펌프로 물을 끌어올릴 수 있는 최대 높이(m)는?

① 8.8 ② 10.2 ③ 12.6 ④ 14.1

해설 $P=\gamma_w h$에서 $h=\dfrac{P}{\gamma_w}=\dfrac{100}{9.8}=10.2\,\text{m}$

14. 안지름 25 cm인 원관으로 1500 m 떨어진 곳(수평거리)에 하루에 10000 m^3의 물을 보내는 경우 압력 강하(kPa)는 얼마인가? (단, 마찰계수는 0.035이다.)

① 58.4 ② 584 ③ 84.8 ④ 848

해설 $\Delta P=f\dfrac{L}{d}\dfrac{\rho V^2}{2}=0.035\times\dfrac{1500}{0.25}\times\dfrac{1000(2.36)^2}{2}=584808\,\text{Pa}\fallingdotseq 584.81\,\text{kPa}$

$$V=\frac{Q}{A}=\frac{\dfrac{10000}{24\times3600}}{\dfrac{\pi}{4}\times(0.25)^2}\fallingdotseq 2.36\,\text{m/s}$$

15. 단면적이 0.1 m^2에서 0.5 m^2로 급격히 확대되는 관로에 0.5 m^3/s의 물이 흐를 때 급격확대에 의한 부차적 손실수두(m)는?

① 0.61 ② 0.78 ③ 0.82 ④ 0.98

해설 $V_1=\dfrac{Q}{A_1}=\dfrac{0.5}{0.1}=5\,\text{m/s},\ V_2=\dfrac{Q}{A_2}=\dfrac{0.5}{0.5}=1\,\text{m/s}$

$$h_L=\frac{(V_1-V_2)^2}{2g}=\frac{(5-1)^2}{2\times9.8}=\frac{16}{19.6}\fallingdotseq 0.82\,\text{m}$$

16. 직경이 20 mm에서 40 mm로 돌연확대하는 원형관이 있다. 이때 직경이 20 mm인 관에서 레이놀즈수가 5000이라면 직경이 40 mm인 관에서의 레이놀즈수는 얼마인가?

① 2500 ② 5000 ③ 7500 ④ 10000

해설 $Re=\dfrac{Vd}{\nu}=\dfrac{4Q}{\pi d\nu}$이므로 $\dfrac{Re_2}{Re_1}=\dfrac{d_1}{d_2}$

$$\therefore\ Re_2=Re_1\frac{d_1}{d_2}=5000\times\frac{20}{40}=2500$$

정답 13. ② 14. ② 15. ③ 16. ①

17. 유체의 흐름에 있어서 유선에 대한 설명으로 옳은 것은?

① 유동 단면의 중심을 연결한 선이다.

② 유체의 흐름에 있어서 위치 벡터에 수직한 방향을 갖는 연속적인 선이다.

③ 모든 점에서 유체 흐름의 속도 벡터의 방향을 갖는 연속적인 선이다.

④ 정상류에서만 존재하고 난류에서는 존재하지 않는다.

해설 유선(stream line)은 어떤 순간에 유동장 내에 그려진 가상 곡선으로 그 곡선상의 임의의 점에서 그은 접선 방향이 그 점 위에 있는 유체 입자의 속도 방향과 일치하도록 그려진 연속적인 선을 말한다.

18. 비중이 0.85인 가연성 액체가 직경 20 m, 높이 15 m인 탱크에 저장되어 있을 때 탱크 최저부에서의 액체에 의한 압력(kPa)은?

① 147 ② 12.7 ③ 125 ④ 14.7

해설 $P=\gamma h=\gamma_w Sh=(9.8\times0.85)\times15 \fallingdotseq 125\,\text{kPa}$

19. 어떤 펌프가 1000 rpm으로 회전하여 전양정 10 m에 0.5 m^3/min의 유량을 방출한다. 이때 펌프가 2000 rpm으로 운전된다면 유량(m^3/min)은 얼마인가?

① 1.2 ② 1 ③ 0.7 ④ 0.5

해설 펌프 상사 법칙에 의해 유량은 회전수에 비례하므로 $\dfrac{Q_2}{Q_1}=\dfrac{N_2}{N_1}$

$$\therefore\ Q_2=Q_1\left(\frac{N_2}{N_1}\right)=0.5\times\left(\frac{2000}{1000}\right)=1$$

20. 오른쪽 그림과 같은 단순 피토관에서 물의 유속(m/s)은?

① 1.71

② 1.98

③ 2.21

④ 3.28

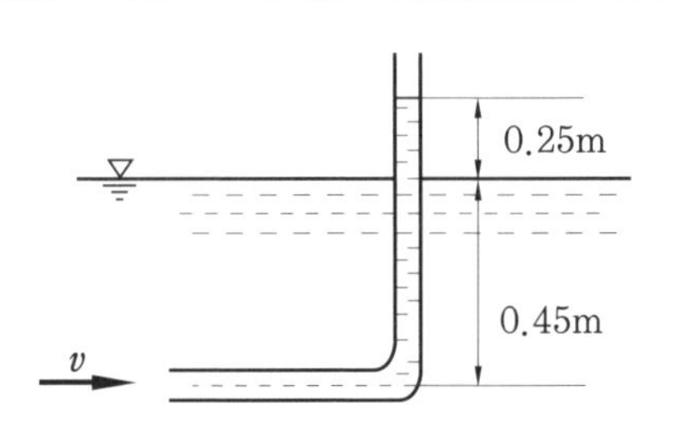

해설 $V=\sqrt{2g\Delta h}=\sqrt{2\times9.8\times0.25}=2.21\,\text{m/s}$

정답 17. ③ 18. ③ 19. ② 20. ③

소방설비기계기사 제2회 실전 모의고사

01. 다음 중 이상 유체(ideal fluid)에 대한 설명으로 가장 적합한 것은?

① 점성이 없는 유체
② 압축성이 없는 유체
③ 점성과 압축성이 없는 유체
④ 뉴턴의 점성법칙을 만족하는 유체

해설 이상 유체(ideal fluid)란 점성이 없고(비점성), 비압축성인 유체로 완전 유체(perfect fluid)라고도 한다.

02. 저장용기에 압력이 800 kPa이고, 온도가 80℃인 이산화탄소가 들어 있다. 이산화탄소의 비중량(N/m³)은?(단, 일반기체상수는 8314 J/kmol · K이다.)

① 113.4 ② 117.6
③ 121.3 ④ 125.4

해설 $Pv = RT\left(v = \dfrac{1}{\rho}\right)$

$$\rho = \frac{1}{RT} = \frac{800}{\left(\dfrac{8.314}{44}\right)\times(80+273)} = 12\text{kg/m}^3$$

$$\therefore\ \gamma = \rho g = 12\times 9.8 = 117.6\text{N/m}^3$$

03. 관 속에 물이 흐르고 있다. 피토-정압관을 수은이 든 U자관에 연결하여 전압과 정압을 측정하였더니 20 mm의 액면 차가 생겼다. 피토-정압관의 위치에서의 유속(m/s)은?(단, 수은의 비중은 13.6이고, 속도계수는 0.9이며, 유체는 정상상태, 비점성, 비압축성 유동이라고 가정한다.)

① 2.0 ② 3.0
③ 11.0 ④ 12.0

해설 $V = C_v\sqrt{2gh\left(\dfrac{S_0}{S}-1\right)}$

$$= 0.9\sqrt{2\times 9.8\times 0.02\left(\frac{13.6}{1}-1\right)} = 2.0\text{m/s}$$

정답 1. ③ 2. ② 3. ①

04. 옥내소화전용 소방펌프 2대를 직렬로 연결하였다. 마찰손실을 무시할 때 기대할 수 있는 효과는?

① 펌프의 양정은 증가하나 유량은 감소한다.
② 펌프의 유량은 증대하나 양정은 감소한다.
③ 펌프의 양정은 증가하나 유량과는 무관하다.
④ 펌프의 유량은 증대하나 양정과는 무관하다.

해설 성능이 같은 펌프 2대를 직렬 연결하면 양정은 2배로 증가하고 유량은 일정하며, 병렬 연결하면 유량은 2배로 증가하고 양정은 일정하다.

05. 15℃의 물 24 kg과 80℃의 물 85 kg을 혼합한 경우, 최종 물의 온도(℃)는?

① 32.8 ② 42.5 ③ 65.7 ④ 75.5

해설 열역학 제0법칙(열평형의 법칙)

고온체(80℃의 물)의 방열량=저온체(15℃의 물)의 흡열량

$m_1c_1(t_1-t_m)=m_2c_2(t_m-t_2)$, 동일 물질인 경우 $c_1=c_2$

$$\therefore\ t_m=\frac{m_1t_1+m_2t_2}{m_1+m_2}=\frac{24\times15+85\times80}{24+85}\fallingdotseq65.7℃$$

06. 안지름이 2 cm인 원관 내에 물을 흐르게 하여 층류 상태로부터 점차 유속을 빠르게 하여 완전 난류 상태로 될 때의 한계 유속(cm/s)은? (단, 물의 동점성계수는 0.01 cm^2/s, 완전 난류가 되는 임계 레이놀즈수는 4000이다.)

① 10 ② 15 ③ 20 ④ 40

해설 $Re_c=\frac{V_{max}d}{\nu}$에서 $V_{max}=\frac{Re_c\nu}{d}=\frac{4000\times0.01}{2}=20\,cm/s$

07. 물의 체적을 2% 축소시키는 데 필요한 압력(MPa)은? (단, 물의 체적탄성계수는 2.08 GPa이다.)

① 32.1 ② 41.6 ③ 45.4 ④ 52.5

해설 $E=-\frac{dP}{\frac{dV}{V}}$ [MPa]에서 $dP=E\times\left(-\frac{dV}{V}\right)=2.08\times10^3\times\left(\frac{2}{100}\right)=41.6\,MPa$

정답 4. ③ 5. ③ 6. ③ 7. ②

08. 가로 80 cm, 세로 50 cm이고 300℃로 가열된 평판에 수직한 방향으로 25℃의 공기를 불어주고 있다. 대류 열전달계수가 25 W/m^2 · K일 때 공기를 불어넣는 면에서의 열전달률(kW)은?

① 2.04 ② 2.75 ③ 5.16 ④ 7.33

해설 $q_{conv} = hA(t_w - t_f) = 25 \times (0.8 \times 0.5) \times (300 - 25) = 2750\,\text{W} = 2.75\,\text{kW}$

09. 그림과 같이 속도 V인 자유제트가 곡면에 부딪혀 θ의 각도로 유동방향이 바뀐다. 유체가 곡면에 가하는 힘의 x, y 성분의 크기인 F_x와 F_y는 θ가 증가함에 따라 각각 어떻게 되겠는가? (단, 유동단면적은 일정하고 0° < θ < 90°이다.)

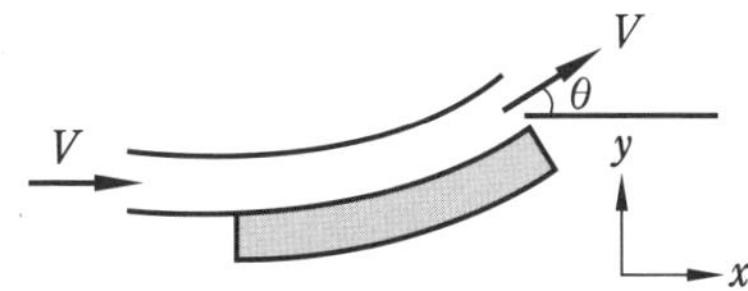

① F_x : 감소한다. F_y : 감소한다. ② F_x : 감소한다. F_y : 증가한다.
③ F_x : 증가한다. F_y : 감소한다. ④ F_x : 증가한다. F_y : 증가한다.

해설 $F_x = \rho QV(1-\cos\theta)$[N], $F_y = \rho QV\sin\theta$[N]이므로
$\theta(0° < \theta < 90°)$가 증가하면 F_x와 F_y 모두 증가한다.

10. 간격이 10 mm인 평행한 두 평판 사이에 점성계수가 8×10^{-2} N · s/m^{2}인 기름이 가득 차 있다. 한쪽 판이 정지된 상태에서 다른 판이 6 m/s의 속도로 미끄러질 때 면적 1 m^{2}당 받는 힘(N)은? (단, 평판 내 유체의 속도 분포는 선형적이다.)

① 12 ② 24 ③ 48 ④ 96

해설 $F = \mu A \frac{V}{h} = 8 \times 10^{-2} \times 1 \times \frac{6}{0.01} = 48\,\text{N}$

11. 안지름이 5 mm인 원형 직선 관 내에 0.2×10^{-3}m^3/min의 물이 흐르고 있다. 유량을 두 배로 하기 위해서는 직선 관 양단의 압력차가 몇 배가 되어야 하는가? (단, 물의 동점성계수는 10^{-6}m^2/s이다.)

① 1.14배 ② 1.41배 ③ 2배 ④ 4배

정답 8. ② 9. ④ 10. ③ 11. ③

해설 층류 수평 원관 유동은 하겐-푸아죄유 방정식(Hagen-Poiseuille equation)을 적용한다.

$Q=\dfrac{\Delta p\pi d^4}{128\mu L}$ [m³/min]에서 유량은 압력 강하에 비례한다($Q \propto \Delta p$).

$\dfrac{Q_2}{Q_1}=\dfrac{\Delta p_2}{\Delta p_1}$ 이므로 $\Delta p_2=\Delta p_1\dfrac{Q_2}{Q_1}=\Delta p_1\dfrac{2Q_1}{Q_1}=2\Delta p_1$(2배)

12. 세 액체가 오른쪽 그림과 같은 U자관에 들어 있을 때, 가운데 유체 S_2의 비중은 얼마인가?(단, 비중 S_1=1, S_3=2, h_1=20 cm, h_2=10 cm, h_3=30 cm이다.)

① 1 ② 2

③ 4 ④ 8

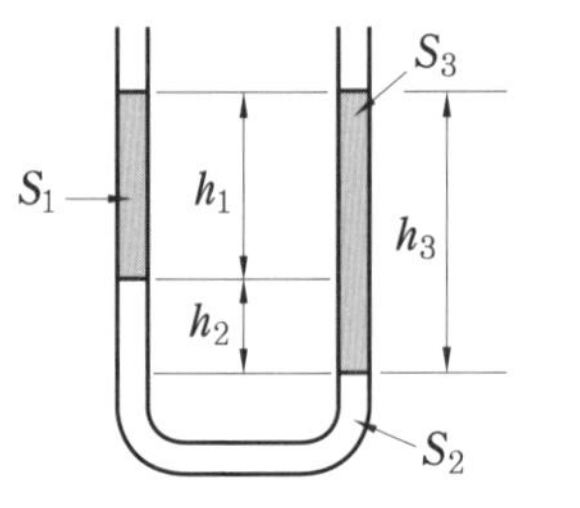

해설 $P_A=P_B$에서 $S_1h_1+S_2h_2=S_3h_3$

$$\therefore\ S_2=\frac{S_3h_3-S_1h_1}{h_2}=\frac{2\times30-1\times20}{10}=4$$

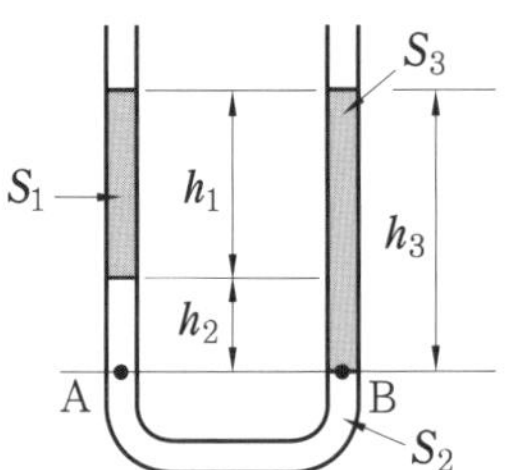

13. 물이 들어가 있는 그림과 같은 수조에서 바닥에 지름 D의 구멍이 있다. 모든 손실과 표면 장력의 영향을 무시할 때, 바닥 아래 y 지점에서의 분류 반지름 r의 값은?(단, H는 일정하게 유지된다고 가정한다.)

① $r=\dfrac{\pi D^2}{4}\left(\dfrac{H+y}{H}\right)^{\frac{1}{2}}$ ② $r=\dfrac{D}{4}\left(\dfrac{H+y}{H}\right)^{\frac{1}{4}}$

③ $r=\dfrac{D}{2}\left(\dfrac{H}{H+y}\right)^{\frac{1}{4}}$ ④ $r=\dfrac{D}{2}\left(\dfrac{H+y}{H}\right)^{\frac{1}{2}}$

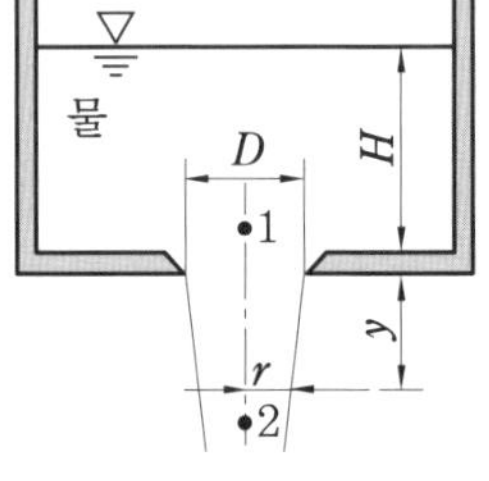

해설 1과 2의 유속은 토리첼리의 정리에 의해 $V_1=\sqrt{2gH}$, $V_2=\sqrt{2g(H+y)}$

1과 2에 연속방정식을 적용하면 $A_1V_1=A_2V_2$

$\dfrac{\pi D^2}{4}\sqrt{2gH}=\pi r^2\sqrt{2g(H+y)}$ 이므로 $r^2=\dfrac{D^2}{4}\sqrt{\dfrac{H}{H+y}}$

$$\therefore\ r=\frac{D}{2}\left(\frac{H}{H+y}\right)^{\frac{1}{4}}$$

정답 12. ③ 13. ③

14. 온도가 20℃이고, 압력이 100 kPa인 공기를 가역단열 과정으로 압축하여 체적을 30%로 줄였을 때의 압력(kPa)은?(단, 공기의 비열비는 1.4이다.)

① 263.9 ② 324.5

③ 403.5 ④ 539.5

해설 $P_1V_1^k = P_2V_2^k$에서

$$P_2 = P_1\left(\frac{V_1}{V_2}\right)^k = 100\left(\frac{1}{0.3}\right)^{1.4} ≒ 539.5\,\text{kPa}$$

15. 유효낙차가 65 m이고 유량이 20 m^3/s인 수력발전소에서 수차의 이론 출력(kW)은?

① 12740 ② 1300

③ 12.74 ④ 1.3

해설 수차의 이론 출력(kW) $= 9.8QH_e = 9.8\times20\times65 = 12740\,\text{kW}$

16. 내경이 D인 배관에 비압축성 유체인 물이 V의 속도로 흐르다가 갑자기 내경이 $3D$가 되는 확대관으로 흘렀다. 확대된 배관에서 물의 속도는 어떻게 되는가?

① 변화 없다. ② 1/3로 줄어든다.

③ 1/6로 줄어든다. ④ 1/9로 줄어든다.

해설 $Q = AV[\text{m}^3/\text{s}]$에서 $A_1V_1 = A_2V_2$

$$\frac{V_2}{V_1} = \frac{A_1}{A_2} = \left(\frac{D_1}{D_2}\right)^2 = \left(\frac{1}{3}\right)^2 = \frac{1}{9}$$

$$\therefore\ V_2 = \frac{1}{9}V_1$$

17. 오른쪽 그림에서 수문의 길이는 1.5 m이고 폭은 1 m이다. 유체의 비중(S)이 0.8일 때 수문에 수직 방향으로 작용하는 압력에 의한 힘 F[kN]의 크기는?

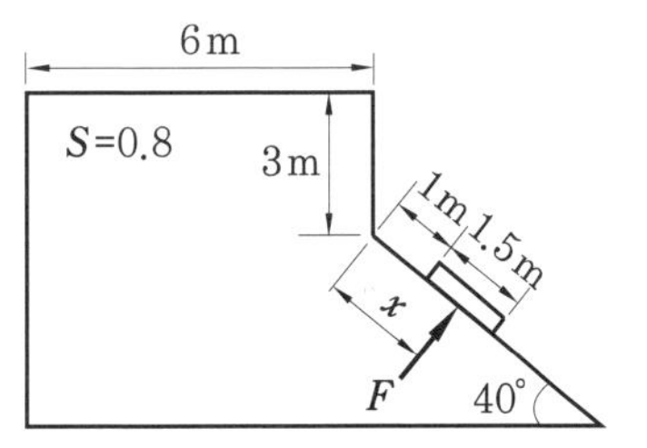

① 96.9 ② 75.5

③ 60.2 ④ 48.5

해설 $F = \gamma\bar{h}A = \gamma_w S(3 + x\sin40°)A = (9.8\times0.8)\times(3+1.75\sin40°)\times(1.5\times1) = 48.51\,\text{kN}$

정답 14. ④ 15. ① 16. ④ 17. ④

18. 관로의 손실에 관한 내용 중 등가길이의 의미로 옳은 것은?

① 부차적 손실과 같은 크기의 마찰손실이 발생할 수 있는 직관의 길이
② 배관 요소 중 곡관에 해당하는 총길이
③ 손실계수에 손실수두를 곱한 값
④ 배관 시스템의 밸브, 벤드, 티 등 추가적 부품의 총길이

해설 $h_L = f\frac{L_e}{d}\frac{V^2}{2g} = K\frac{V^2}{2g}$에서 $L_e = \frac{Kd}{f}$[m]

등가길이(equivalent length, L_e)란 부차적 손실과 같은 크기의 마찰손실이 발생할 수 있는 직관의 길이를 의미한다.

19. 보기 중 캐비테이션(공동 현상) 방지 방법으로 옳은 것을 모두 고른 것은?

〈보기〉

㉠ 펌프의 설치위치를 낮추어 흡입양정을 작게 한다.
㉡ 흡입관 지름을 작게 한다.
㉢ 펌프의 회전수를 작게 한다.

① ㉠, ㉡
② ㉠, ㉢
③ ㉡, ㉢
④ ㉠, ㉡, ㉢

해설 캐비테이션(공동 현상)의 방지책

(1) 펌프의 설치위치를 낮추어 흡입양정을 작게 한다.
(2) 흡입관 지름을 크게 한다.
(3) 펌프의 회전수를 낮추어 비속도(비교회전도)를 작게 한다.
(4) 회전차를 수중에 완전히 잠기게 한다.
(5) 양흡입펌프를 사용한다.
(6) 흡입관에 밸브, 플랜지 등 배관 부품을 적게 하여 손실수두를 줄인다.

20. 중력가속도가 10.6 m/s^2인 곳에서 어떤 금속체의 중량이 100 N이었다. 중력가속도가 1.67 m/s^2인 달 표면에서 이 금속체의 중량(N)은?

① 13.1
② 14.2
③ 15.8
④ 17.2

해설 $W = \frac{W_0}{g_0}g = \frac{100}{10.6} \times 1.67 \fallingdotseq 15.8\text{N}$

정답 18. ① 19. ② 20. ③

소방설비기계기사 제3회 실전 모의고사

01. 비중이 0.88인 벤젠에 안지름 1 mm의 유리관을 세웠더니 벤젠이 유리관을 따라 9.8 mm를 올라갔다. 유리와의 접촉각이 0°라 하면 벤젠의 표면장력은 몇 N/m인가?

① 0.021 ② 0.042
③ 0.084 ④ 0.128

해설 $h=\dfrac{4\sigma\cos\beta}{\gamma d}$[mm]에서

$$\sigma=\frac{h\gamma d}{4\cos\beta}=\frac{9.8\times10^{-3}\times(0.88\times9800)\times0.001}{4\cos0°}=0.021\,\text{N/m}$$

02. 반지름 R인 원관에서의 물의 속도분포가 $u=u_0\left[1-\left(\dfrac{r}{R}\right)^2\right]$과 같을 때, 벽면에서의 전단응력의 크기는 얼마인가?

① $\dfrac{\mu u_0}{R}$ ② $\dfrac{2\mu u_0}{R}$
③ $\dfrac{v u_0}{R}$ ④ $\dfrac{2v u_0}{R}$

해설 $u=u_0\left[1-\left(\dfrac{r}{R}\right)^2\right]$에서

속도구배$\left(\dfrac{du}{dr}\right)=\dfrac{d}{dr}\left[u_0\left(1-\dfrac{r^2}{R^2}\right)\right]=u_0\left(-\dfrac{2r}{R^2}\right)$

$\tau_w=-\mu\dfrac{du}{dr}=\dfrac{2\mu u_0}{R}=\dfrac{4\mu u_0}{D}$[Pa]

03. 유체역학적 관점으로 말하는 이상 유체에 관한 설명으로 가장 옳은 것은?

① 점성으로 인해 마찰손실이 생기는 유체
② 높은 압력을 가하면 밀도가 상승하는 유체
③ 유체에 압력을 가하면 체적이 줄어드는 유체
④ 압력을 가해도 밀도 변화가 없으며 점성에 의한 마찰손실도 없는 유체

해설 이상 유체(ideal fluid)란 점성이 없고(비점성), 비압축성인 유체로 완전 유체(perfect fluid)라고도 한다. 압력을 가해도 밀도 변화가 없으며 점성에 의한 마찰손실도 없다.

정답 1. ① 2. ② 3. ④

04. 지름이 13 mm인 옥내소화전 노즐에서 10분간 방사된 물이 양이 1.7 m^3이었다면 노즐의 방사압력(계기압력)은 몇 kPa인가?

① 17 ② 27 ③ 228 ④ 456

해설 방수량 $Q=0.653D^2\sqrt{P}$[L/min]

여기서, D : 노즐 지름(mm), P : 방사압력(kgf/cm²)

$$\therefore\ P=\left(\frac{Q}{0.653D^2}\right)^2=\left(\frac{\frac{1700}{10}}{0.653\times 13^2}\right)^2=2.373\,\text{kgf/cm}^2=232.6\,\text{kPa}$$

05. 수평 하수도관에 1/2만 물이 차 있다. 관의 안지름이 1 m, 길이가 3 m인 하수도관 내 물과 접촉하는 곡면에서 받는 합력의 수직방향(중력방향) 성분은 몇 kN인가? (단, 대기압의 효과는 무시한다.)

① 11.55 ② 23.09 ③ 46.18 ④ 92.36

해설 곡면에서 받는 합력의 수직방향(중력방향) 성분은 곡면이 떠받고 있는 유체의 무게와 같다.

$$\therefore\ F_V=\gamma V=\gamma\left(\frac{A}{2}l\right)=9.8\left(\frac{\pi r^2}{2}l\right)=9.8\times\frac{\pi\times 0.5^2}{2}\times 3\fallingdotseq 11.55\,\text{kN}$$

06. 배관 내에서 물의 수격 작용(water hammer)을 방지하는 대책으로 잘못된 것은?

① 조압 수조(surge tank)를 관로에 설치한다.
② 밸브를 펌프 송출구에서 멀게 설치한다.
③ 밸브를 서서히 조작한다.
④ 관경을 크게 하고 유속을 작게 한다.

해설 수격 작용(water hammer)을 방지하려면 밸브를 펌프 송출구(토출구) 가까이 설치한다.

07. 지름 10 cm의 원형 노즐에서 물이 50 m/s의 속도로 분출되어 벽에 수직으로 충돌할 때 벽이 받는 힘의 크기는 약 몇 kN인가?

① 19.6 ② 33.9 ③ 57.1 ④ 79.3

해설 $F=\rho QV=\rho(AV)V=\rho AV^2$

$$=1000\times\frac{\pi(0.1)^2}{4}\times 50^2=19625\,\text{N}\fallingdotseq 19.6\,\text{kN}$$

정답 4. ③ 5. ① 6. ② 7. ①

08. 온도와 압력이 각각 15℃, 101.3 kPa이고 밀도가 1.225 kg/cm^{3}인 공기가 흐르는 관로 속에 U자관 액주계를 설치하여 유속을 측정하였더니 수은주 높이 차이가 250 mm이었다. 이때 공기는 비압축성 유동이라고 가정할 때 공기의 유속은 약 몇 m/s인가?(단, 수은의 비중은 13.6이다.)

① 174　② 233
③ 296　④ 355

해설 $V=\sqrt{2gH\left(\frac{\rho_{Hg}}{\rho_{air}}-1\right)}=\sqrt{2\times 9.8\times 0.25\left(\frac{13600}{1.225}-1\right)} \fallingdotseq 233\,\text{m/s}$

09. 일반적으로 원심 펌프의 특성 곡선은 3가지로 나타내는데 이에 속하지 않는 것은?

① 유량과 전양정의 관계를 나타내는 전양정 곡선
② 유량과 축동력의 관계를 나타내는 축동력 곡선
③ 유량과 펌프 효율의 관계를 나타내는 효율 곡선
④ 유량과 회전수의 관계를 나타내는 회전수 곡선

해설 원심 펌프의 특성 곡선
(1) 전양정(H)-유량(Q) 곡선
(2) 유량(Q)-축동력(L_s) 곡선
(3) 효율(η)-유량(Q) 곡선

10. 단면적이 0.1 m^{2}에서 0.5 m^{2}로 급격히 확대되는 관로에 0.5 m^3/s의 물이 흐를 때 급확대에 의한 손실수두는 약 몇 m인가?(단, 급확대에 의한 부차적 손실계수는 0.64이다.)

① 0.82　② 0.99　③ 1.21　④ 1.45

해설 $h_L=\frac{(V_1-V_2)^2}{2g}=\left(1-\frac{A_1}{A_2}\right)^2\frac{V_1^2}{2g}=K\frac{V_1^2}{2g}=0.64\times\frac{5^2}{2\times 9.8}\fallingdotseq 0.82\,\text{m}$

$V_1=\frac{Q}{A_1}=\frac{0.5}{0.1}=5\,\text{m/s}$

11. 지름이 10 cm인 원통에 물이 담겨 있다. 중심축에 대하여 300 rpm의 속도로 원통을 회전시켰을 때 수면의 최고점과 최저점의 높이 차는 몇 cm인가?

① 8.5　② 10.2　③ 11.4　④ 12.6

정답 8. ②　9. ④　10. ③　11. ④

해설 $h=\frac{r_0^2\omega^2}{2g}=\frac{0.05^2\times31.42^2}{2\times9.8}\fallingdotseq0.126=12.6\text{cm}$

$\omega=\frac{2\pi N}{60}=\frac{2\pi\times300}{60}=31.42\text{rad/s}$

12. 카르노 사이클에 대한 설명 중 틀린 것은?

① 열효율은 온도만의 함수로 구성된다.
② 두 개의 등온과정과 두 개의 단열과정으로 구성된다.
③ 최고온도와 최저온도가 같을 때 비가역 사이클보다는 카르노 사이클의 효율이 반드시 높다.
④ 작동유체의 밀도에 따라 열효율은 변한다.

해설 카르노 사이클의 열효율$(\eta_C)=1-\frac{Q_2}{Q_1}=1-\frac{T_2}{T_1}$이므로 카르노 사이클의 열효율은 동작 물질(작동유체)의 양이나 밀도와 관계없다.

13. 노즐 내의 유체의 질량 유량을 0.06 kg/s, 출구에서의 비체적을 7.8 m³/kg, 출구에서의 평균속도를 80 m/s라고 하면, 노즐 출구의 단면적은 약 몇 cm²인가?

① 88.5 ② 78.5 ③ 68.5 ④ 58.5

해설 $m=\rho AV=\frac{1}{v}AV[\text{kg/s}]$

$\therefore A=\frac{mv}{V}=\frac{0.06\times7.8}{80}=5.85\times10^{-3}\text{m}^2=5.85\times10^{-3}\times10^4\text{cm}^2=58.5\text{cm}^2$

14. 복사 열전달에 대한 설명 중 올바른 것은?

① 방출되는 복사열은 복사되는 면적에 반비례한다.
② 방출되는 복사열은 방사율이 작을수록 커진다.
③ 방출되는 복사열은 절대온도의 4승에 비례한다.
④ 완전흑체의 경우 방사율은 0이다.

해설 복사 열전달은 슈테판-볼츠만(Stefan Boltzmann)의 법칙을 따른다. 따라서 방출되는 복사열은 흑체 표면의 절대온도의 4승에 비례한다($q_R\propto T^4$).

$q_R=\sigma AT^4[\text{W}]$

여기서, A : 전열면적(m^2), σ : 슈테판-볼츠만 상수, T : 흑체 표면온도(K)

정답 12. ④ 13. ④ 14. ③

15. 이상기체의 폴리트로픽 변화 $PV^n = C$에서 n이 대상 기체의 비열비(ratio of specific heat)인 경우는 어떤 변화인가?(단, P는 압력, V는 부피, C는 상수(constant)를 나타낸다.)

① 단열변화 ② 등온변화
③ 정적변화 ④ 정압변화

해설 $PV^n = C$에서 $n = k$(비열비)이면 $PV^k = C$이므로 가역 단열변화(등엔트로피 변화)이다.

16. 20℃의 물이 안지름 2 cm인 원관 속을 흐르고 있는 경우 평균속도는 약 몇 m/s인가?(단, 레이놀즈수는 2100, 동점성계수는 $1.006 \times 10^{-6}\,m^2/s$이다.)

① 0.106 ② 1.067
③ 2.003 ④ 0.703

해설 $Re_c = \dfrac{Vd}{\nu}$에서 $V = \dfrac{Re_c \nu}{d} = \dfrac{2100 \times 1.006 \times 10^{-6}}{0.02} \fallingdotseq 0.106\,\text{m/s}$

17. 다음 중 금속의 탄성변형을 이용하여 기계적으로 압력을 측정할 수 있는 것은?

① 부르동관 압력계 ② 수은 기압계
③ 맥라우드 진공계 ④ 마노미터 압력계

해설 부르동관 압력계 : 부르동관 자유단의 압력이 변화함에 따라 반경이 변화하고 그 변위로부터 압력을 측정하는 대표적인 탄성 압력계(증기압력이 가해지면 끝부분이 직선으로 펴지고 증기압력을 없애면 탄성에 의해 다시 구부러짐)

18. 지름 6 cm, 길이 15 m, 관마찰계수 0.025인 수평 원관 속을 물이 난류로 흐를 때 관 출구와 입구의 압력차가 9810 Pa이면 유량은 약 몇 m/s인가?

① 5.0 ② 5.0×10^{-3}
③ 0.5 ④ 0.5×10^{-3}

해설 $\Delta p = \gamma h_L = f \dfrac{L}{d} \dfrac{\gamma V^2}{2g}$ [Pa]에서

$$V = \sqrt{\frac{\Delta p \times d \times 2g}{f \times \gamma \times L}} = \sqrt{\frac{9810 \times 0.06 \times 2 \times 9.8}{0.025 \times 9800 \times 15}} = 1.77\,\text{m/s}$$

정답 15. ① 16. ① 17. ① 18. ②

$$Q = AV = \frac{\pi d^2}{4} V = \frac{\pi \times 0.06^2}{4} \times 1.77 = 5 \times 10^{-3} \mathrm{m^3/s}$$

19. 펌프 동력과 관계된 용어의 정의에서 펌프에 의해 유체에 공급되는 동력을 무엇이라 고 하는가?

① 축동력 ② 수동력
③ 전체 동력 ④ 원동기 동력

해설 수동력(hydraulic power)이란 펌프에 의해 물(유체)에 공급되는 동력(L_w)을 의미한다.

※ 축동력$(L_s) = \dfrac{\text{수동력}(L_w)}{\text{펌프 효율}(\eta_p)}$

20. 피스톤 내의 기체 0.5 kg을 압축하는 데 15 kJ의 열량이 가해졌다. 이때 12 kJ의 일을 외부에 행하였다면 내부에너지의 변화는 약 몇 kJ인가?

① 27 ② 13.5 ③ 3 ④ 1.5

해설 밀폐계(정지계) 에너지식

$Q = (U_2 - U_1) + W$[kJ]에서

$(U_2 - U_1) = Q - W = 15 - 12 = 3\mathrm{kJ}$

정답 19. ② 20. ③

2015년도 시행문제

소방설비기계기사

2015년 3월 8일(제1회)

01. 온도 50℃, 압력 100 kPa인 공기가 지름 10 mm인 관 속을 흐르고 있다. 임계 레이놀즈수가 2,100일 때 층류로 흐를 수 있는 최대평균속도와 유량은 각각 약 얼마인가?(단, 공기의 점성계수는 19.5×10^{-6} kg/m · s이며, 기체상수는 287 J/kg · K이다.)

① $V = 0.6$ m/s, $Q = 0.5 \times 10^{-4}$ m^3/s　② $V = 1.9$ m/s, $Q = 1.5 \times 10^{-4}$ m^3/s
③ $V = 3.8$ m/s, $Q = 3.0 \times 10^{-4}$ m^3/s　④ $V = 5.8$ m/s, $Q = 6.1 \times 10^{-4}$ m^3/s

해설 $\nu = \dfrac{\mu}{\rho} = \dfrac{19.5 \times 10^{-6}}{1.08} = 1.81 \times 10^{-5} \mathrm{m^2/s}$

$$\rho = \frac{P}{RT} = \frac{100}{0.287 \times (50 + 273)} ≒ 1.08 \ \mathrm{kg/m^3}$$

$$Re_c = \frac{Vd}{\nu} \text{에서 } V = \frac{Re_c \nu}{d} = \frac{2100 \times 1.81 \times 10^{-5}}{0.01} ≒ 3.8 \ \mathrm{m/s}$$

$$Q = AV = \frac{\pi}{4} d^2 V = \frac{\pi}{4}(0.01)^2 \times 3.8 ≒ 3.0 \times 10^{-4} \ \mathrm{m^3/s}$$

02. 수직유리관 속의 물기둥의 높이를 측정하여 압력을 측정할 때 모세관 현상에 의한 영향이 0.5 mm 이하가 되도록 하려면 관의 반경은 최소 몇 mm가 되어야 하는가?(단, 물의 표면장력은 0.0728 N/m, 물-유리-공기 조합에 대한 접촉각은 0°로 한다.)

① 2.97　② 5.94　③ 29.7　④ 59.4

해설 $h = \dfrac{4\sigma\cos\beta}{\gamma d} = \dfrac{4\sigma\cos\beta}{\gamma(2R)} = \dfrac{2\sigma\cos\beta}{\gamma R} [\mathrm{mm}]$

$$\therefore R = \frac{2\sigma\cos\beta}{\gamma h} = \frac{2 \times 0.0728 \times \cos 0°}{9800 \times 0.5 \times 10^{-3}} = 0.0297 \ \mathrm{m} = 29.7 \ \mathrm{mm}$$

03. 노즐의 계기압력 400 kPa로 방사되는 옥내소화전에서 저수조의 수량이 10 m^{3}이라면 저수조의 물이 전부 소비되는 데 걸리는 시간은 약 몇 분인가?(단, 노즐의 직경은 10 mm이다.)

① 약 75분　② 약 95분
③ 약 150분　④ 약 180분

정답 1. ③　2. ③　3. ①

해설 $101.325 : 10.332 = 400 : h$

$$\therefore h = \frac{400}{101.325} \times 10.332 ≒ 40.788 \text{ mAq}$$

$$V = \sqrt{2gh} = \sqrt{2 \times 9.8 \times 40.788} = 28.27 \text{ m/s}$$

$$Q = AV = \frac{\pi}{4} d^2 V = \frac{\pi}{4}(0.01)^2 \times 28.27 = 2.22 \times 10^{-3} \text{ m}^3/\text{s}$$

$$= 2.22 \times 10^{-3} \times 60 (= 0.1332 \text{ m}^3/\text{min})$$

$$\therefore \text{ 소비시간}(t) = \frac{Q}{0.1332} = \frac{10 \text{ m}^3}{0.1332 \text{ m}^3/\text{min}} = 75.075 \text{ min} ≒ 75 \text{ min(분)}$$

04. 고속 주행 시 타이어의 온도가 20℃에서 80℃로 상승하였다. 타이어의 체적이 변화하지 않고, 타이어 내의 공기를 이상 기체로 하였을 때 압력 상승은 약 몇 kPa인가?(단, 온도 20℃에서의 게이지압력은 0.183 MPa, 대기압은 101.3 kPa이다.)

① 37 ② 58 ③ 286 ④ 345

해설 정적변화($V = C$)이므로 $\frac{P}{T} = C$

$\frac{P_1}{T_1} = \frac{P_2}{T_2}$에서

$$P_2 = P_1\left(\frac{T_2}{T_1}\right) = (183 + 101.325) \times \frac{80 + 273}{20 + 273} ≒ 342.55 \text{ kPa}$$

$$\therefore \Delta P = P_2 - P_1 = 342.55 - 284.33 = 58.22 \text{ kPa}$$

05. 관내의 흐름에서 부차적 손실에 해당하지 않는 것은?

① 곡선부에 의한 손실 ② 직선 원관 내의 손실
③ 유동단면의 장애물에 의한 손실 ④ 관 단면의 급격한 확대에 의한 손실

해설 관내의 흐름에서 직선 원관 내의 손실은 주손실(major loss)에 해당한다. 부차적 손실(minor loss)은 관마찰손실 이외에 단면 변화, 곡관부, 벤드, 엘보, 연결부, 밸브, 기타 배관 부품에서 생기는 손실을 통틀어 말한다.

06. 표준대기압에서 진공압이 400 mmHg일 때 절대압력은 약 몇 kPa인가?(단, 표준대기압은 101.3 kPa, 수은의 비중은 13.6이다.)

① 48 ② 53 ③ 149 ④ 154

해설 $P_a = P_o - P_v = 101.3 - \frac{400}{760} \times 101.3 = 101.3\left(1 - \frac{400}{760}\right) ≒ 48 \text{ kPa}$

정답 4. ② 5. ② 6. ①

07. 타원형 단면의 금속관이 팽창하는 원리를 이용하는 압력 측정 장치는?

① 액주계　　② 수은 기압계
③ 경사미압계　　④ 부르동 압력계

해설 부르동 압력계 : 부르동관 자유단의 압력이 변화함에 따라 반경이 변화하고 그 변위로부터 압력을 측정하는 대표적인 탄성 압력계

08. 오른쪽 그림과 같이 물이 담겨 있는 어느 용기에 진공펌프가 연결된 파이프를 세워두고 펌프를 작동시켰더니 파이프 속의 물이 6.5 m까지 올라갔다. 물기둥 윗부분의 공기압은 절대압력으로 몇 kPa인가? (단, 대기압은 101.3 kPa이다.)

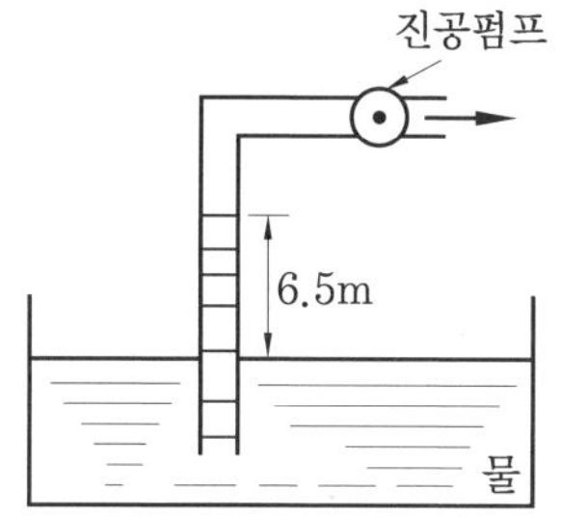

① 37.6　　② 47.6
③ 57.6　　④ 67.6

해설 $P_a = P_o - P_v = 101.3 - \dfrac{101.3}{10.332} \times 6.5 ≒ 37.6\ \text{kPa}$

09. 펌프 운전 중에 펌프 입구와 출구에 설치된 진공계, 압력계의 지침이 흔들리고 동시에 토출 유량이 변화하는 현상으로 송출압력과 송출유량 사이에 주기적인 변동이 일어나는 현상은?

① 수격 현상　　② 서징 현상
③ 공동 현상　　④ 와류 현상

해설 서징(맥동) 현상이란 펌프 운전 중 펌프 입구와 출구에 설치된 연성계(진공계)와 압력계의 지침이 흔들리고 한숨 소리를 내는 것과 같은 소음 진동이 발생하며 동시에 토출압력과 토출유량이 주기적으로 변동하는 현상을 말한다.

10. 단순화된 선형운동량 방정식 $\Sigma \vec{F} = \dot{m}(\vec{V_2} - \vec{V_1})$이 성립되기 위하여 보기 중 꼭 필요한 조건을 모두 고른 것은? (단, $\dot{m}$은 질량유량, $\vec{V_1}$은 검사체적 입구 평균속도, $\vec{V_2}$는 출구 평균속도이다.)

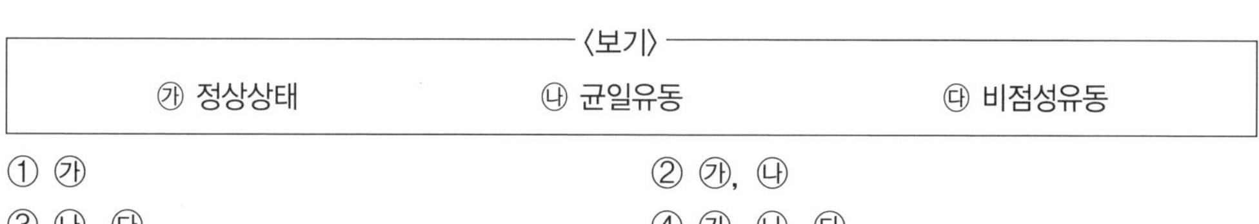
〈보기〉

㉮ 정상상태　　㉯ 균일유동　　㉰ 비점성유동

① ㉮　　② ㉮, ㉯
③ ㉯, ㉰　　④ ㉮, ㉯, ㉰

정답 7. ④　8. ①　9. ②　10. ④

해설 선형운동량 방정식(linear momentum equation)은 직선운동량(mv)으로 유체 흐름이 정상상태에서 비점성유동(무마찰), 균일유동하는 것을 가정한 방정식이다.(선형운동량은 병진운동량이라고도 한다.)

11. 펌프에서 기계효율이 0.8, 수력효율이 0.85, 체적효율이 0.75인 경우 전효율은 얼마인가?

① 0.51 ② 0.68 ③ 0.8 ④ 0.9

해설 전효율(η_t) = 기계효율(η_m) × 수력효율(η_h) × 체적효율(η_v)

= 0.8 × 0.85 × 0.75 = 0.51

12. 단면이 1 m^2인 단열 물체를 통해서 5 kW의 열이 전도되고 있다. 이 물체의 두께는 5 cm이고 열전도도는 0.3 W/m · ℃이다. 이 물체 양면의 온도차는 몇 ℃인가?

① 35 ② 237 ③ 506 ④ 833

해설 $Q_c = \lambda F \frac{\Delta t}{L}$[W]

$$\Delta t = \frac{Q_c L}{\lambda F} = \frac{5000 \times 0.05}{0.3 \times 1} \fallingdotseq 833℃$$

13. 500 mm×500 mm인 4각관과 원형관을 연결하여 유체를 흘려보낼 때, 원형관 내 유속이 4각관 내 유속의 2배가 되려면 관의 지름을 약 몇 cm로 하여야 하는가?

① 37.14 ② 38.12 ③ 39.89 ④ 41.32

해설 4각관과 원형관에 연속방정식(질량보존의 법칙)을 적용하면 $Q_1 = Q_2$

$$A_1 V_1 = A_2 (2V_1)$$

$$(0.5)^2 V_1 = \frac{\pi d^2}{4}(2V_1)$$

$$\therefore d = \sqrt{\frac{4 \times (0.5)^2}{2\pi}} = 0.3989 \text{ m} = 39.89 \text{ cm}$$

14. 지름이 10 cm인 실린더 속에 유체가 흐르고 있다. 벽면으로부터 가까운 곳에서 수직거리가 y[m]인 위치에서 속도가 $u = 5y - y^2$ [m/s]로 표시된다면 벽면에서의 마찰전단 응력은 몇 Pa인가?(단, 유체의 점성계수 μ = 3.82×10^{-2}N · s/m^2)

① 0.191 ② 0.38 ③ 1.95 ④ 3.82

정답 11. ① 12. ④ 13. ③ 14. ①

해설 $u = 5y - y^2$[m/s]

y에 대하여 미분하고 벽면($y=0$일 때)에서의 조건을 고려하면

$\therefore$ 속도구배 $\left|\frac{du}{dy}\right|_{y=0(\text{wall})} = 5 - 2y = 5\text{s}^{-1}$

$\therefore \tau = \mu\frac{du}{dy} = 3.82 \times 10^{-2} \times 5 = 0.191\ \text{Pa[N/m}^2\text{]}$

15. 이상기체의 운동에 대한 설명으로 옳은 것은?

① 분자 사이에 인력이 항상 작용한다.
② 분자 사이에 척력이 항상 작용한다.
③ 분자가 충돌할 때 에너지의 손실이 있다.
④ 분자 자신의 체적은 거의 무시할 수 있다.

해설 이상기체(ideal gas)의 운동

(1) 분자 사이에 인력(분자 간에 서로 당기는 힘)은 무시한다.
(2) 분자 사이의 척력은 무시한다.
(3) 분자 간의 충돌 시 에너지 손실은 없다(완전탄성체 가정).
(4) 분자 자신의 체적은 무시한다.

16. 두 물체를 접촉시켰더니 잠시 후 두 물체가 열평형 상태에 도달하였다. 이 열평형 상태는 무엇을 의미하는가?

① 두 물체의 비열은 다르나 열용량이 서로 같아진 상태
② 두 물체의 열용량은 다르나 비열이 서로 같아진 상태
③ 두 물체의 온도가 서로 같으며 더 이상 변화하지 않는 상태
④ 한 물체에서 잃은 열량이 다른 물체에서 얻은 열량과 같은 상태

해설 열역학 제0법칙 = 열평형의 법칙(고온체 방열량 = 저온체 흡열량)

17. 길이 100 m, 직경 50 mm인 상대조도 0.01인 원형 수도관 내에 물이 흐르고 있다. 관내 평균유속이 2 m/s에서 4 m/s로 2배 증가하였다면 압력손실은 몇 배로 되겠는가? (단, 유동은 마찰계수가 일정한 완전난류로 가정한다.)

① 1.41배 ② 2배 ③ 4배 ④ 8배

해설 $h_L = \frac{\Delta p}{\gamma} = \lambda\frac{L}{d}\frac{V^2}{2g}$[m]이므로 손실수두는 속도제곱에 비례($h_L \propto V^2$)한다.

$\therefore \frac{h_{L2}}{h_{L1}} = \left(\frac{V_2}{V_1}\right)^2 = \left(\frac{4}{2}\right)^2 = 4$배

정답 15. ④ 16. ④ 17. ③

18. 물의 유속을 측정하기 위하여 피토관을 사용하였다. 동압이 60 mmHg이면 유속은 약 몇 m/s인가?(단, 수은의 비중은 13.6이다.)

① 2.7 ② 3.5 ③ 3.7 ④ 4.0

해설 $p=\gamma_{Hg}h=\gamma_w S_{Hg}h=9800\times13.6\times0.06=7996.8\text{ Pa}$

$p=\gamma_w h$

$\therefore\ h=\dfrac{p}{\gamma_w}=\dfrac{7996.8}{9800}=0.816\text{ mAq}$

$V=\sqrt{2gh}=\sqrt{2\times9.8\times0.816}\fallingdotseq 4\text{ m/s}$

19. 그림에서 물에 의하여 점 B에서 힌지된 사분원 모양의 수문이 평형을 유지하기 위하여 잡아 당겨야 하는 힘 T는 몇 kN인가?(단, 폭은 1 m, 반지름($r=\overline{\mathrm{OB}}$)은 2 m, 4분원의 중심은 O점에서 왼쪽으로 $\dfrac{4r}{3\pi}$인 곳에 있으며, 물의 밀도는 1000 kg/m^{3}이다.)

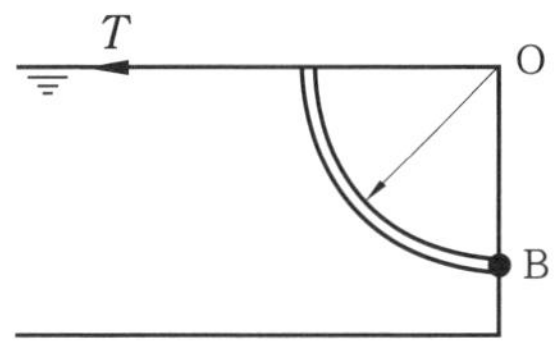

① 1.96 ② 9.8 ③ 19.6 ④ 29.4

해설

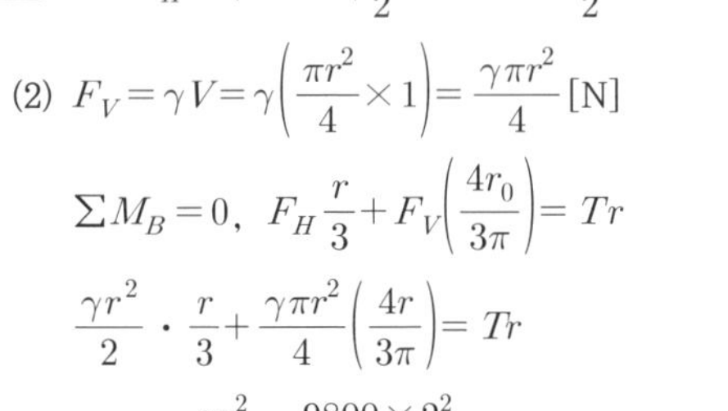

(1) $F_H=\gamma\bar{h}A=\gamma\dfrac{r}{2}(r\times1)=\dfrac{\gamma r^2}{2}[\text{N}]$

(2) $F_V=\gamma V=\gamma\left(\dfrac{\pi r^2}{4}\times1\right)=\dfrac{\gamma\pi r^2}{4}[\text{N}]$

$\Sigma M_B=0,\ F_H\dfrac{r}{3}+F_V\left(\dfrac{4r_0}{3\pi}\right)=Tr$

$\dfrac{\gamma r^2}{2}\cdot\dfrac{r}{3}+\dfrac{\gamma\pi r^2}{4}\left(\dfrac{4r}{3\pi}\right)=Tr$

$\therefore\ T=\dfrac{\gamma r^2}{2}=\dfrac{9800\times2^2}{2}=19600\text{ N}=19.6\text{ kN}$

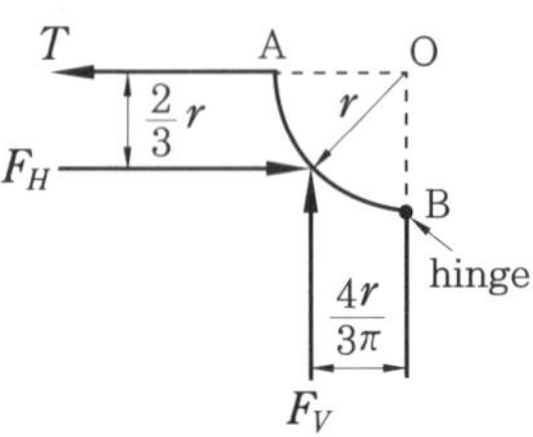

20. 관내에서 물이 평균속도 9.8 m/s로 흐를 때의 속도수두는 몇 m인가?

① 4.9 ② 9.8 ③ 48 ④ 128

해설 속도수두(velocity head)$=\dfrac{V^2}{2g}=\dfrac{9.8^2}{2\times9.8}=4.9\text{ m}$

정답 18. ④ 19. ③ 20. ①

소방설비기계기사 2015년 5월 31일(제2회)

01. 피토관으로 파이프 중심선에서의 유속을 측정할 때 피토관의 액주높이가 5.2 m, 정압튜브의 액주높이가 4.2 m를 나타낸다면 유속은 약 몇 m/s인가?(단, 물의 밀도는 1000 kg/m³이다.)

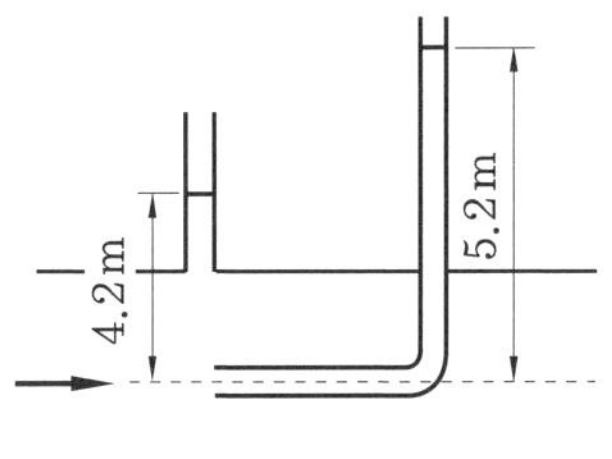

① 2.8　② 3.5　③ 4.4　④ 5.8

해설 $V=\sqrt{2g\Delta h}=\sqrt{2\times 9.8(5.2-4.2)}\fallingdotseq 4.43\,\text{m/s}$

02. 비중 0.6인 물체가 비중 0.8인 기름 위에 떠 있다. 이 물체가 기름 위에 노출되어 있는 부분은 전체 부피의 몇 %인가?

① 20　② 25　③ 30　④ 35

해설 물체의 무게(W) = 부력(F_B)

$\gamma_0 V=\gamma V_1$

$\gamma_w S_0 V=\gamma_w S_1 V_1$

$9800\times 0.6V=9800\times 0.8(V-V')$

$0.8V'=0.2V$

여기서, V : 물체 전체 체적(m^3), V_1 : 잠겨진 부분의 체적($V-V'$),
V' : 떠 있는 부분의 체적(m^3), S_0 : 물체의 비중, S_1 : 기름의 비중

$\therefore \dfrac{\text{떠 있는(노출된) 체적}(V')}{\text{전체 체적}(V)}=\dfrac{0.2}{0.8}=\dfrac{1}{4}=0.25(25\%)$

03. 열전도계수가 0.7 W/m·℃인 5 m×6 m 벽돌 벽의 안팎의 온도가 20℃, 5℃일 때, 열손실을 1 kW 이하로 유지하기 위한 벽의 최소 두께는 몇 cm인가?

① 1.05　② 2.10　③ 31.5　④ 64.3

정답 1. ③　2. ②　3. ③

해설 $Q_c = \lambda F \dfrac{(t_i - t_o)}{L}$

$$L = \lambda F \frac{(t_i - t_o)}{Q_c} = 0.7 \times (5 \times 6) \times \frac{(20-5)}{1000} = 0.315\ \text{m} = 31.5\ \text{cm}$$

04. 원심 팬이 1700 rpm으로 회전할 때의 전압은 1520 Pa, 풍량은 240 m³/min이다. 이 팬의 비교회전도는 약 몇 rpm · m³/min · m인가? (단, 공기의 밀도는 1.2 kg/m³이다.)

① 502 ② 652
③ 687 ④ 827

해설 비교회전도$(N_s) = \dfrac{N\sqrt{Q}}{\left(\dfrac{p_t}{\gamma}\right)^{\frac{3}{4}}} = \dfrac{1700\sqrt{240}}{\left(\dfrac{1520}{1.2 \times 9.8}\right)^{\frac{3}{4}}}$

$$= \frac{1700\sqrt{240}}{38.33} = 687.09\ \text{rpm} \cdot \text{m}^3/\text{min} \cdot \text{m}$$

05. 초기에 비어 있는 체적이 0.1 m³인 견고한 용기 안에 공기(이상기체)를 서서히 주입한다. 이때 주위온도는 300 K이다. 공기 1 kg을 주입하면 압력(kPa)이 얼마가 되는가? (단, 기체상수 R = 0.287 kJ/kg · K이다.)

① 287 ② 300
③ 348 ④ 861

해설 이상기체 상태 방정식($PV = mRT$)에서

$$P = \frac{mRT}{V} = \frac{1 \times 0.287 \times 300}{0.1} = 861\ \text{kPa}$$

06. 물질의 온도 변화 형태로 나타나는 열에너지는?

① 현열 ② 잠열
③ 비열 ④ 증발열

해설 (1) 현열(감열) : 물질의 상태는 변하지 않고 온도만 변화시키는 열량

$Q_S = mC(t_2 - t_1)$ [kJ]

(2) 잠열(숨은열) : 온도는 변하지 않고 물질의 상태만 변화시키는 열량

예 100℃ 물의 증발열(γ_s) = 2256 kJ/kg = 539 kcal/kgf

0℃ 얼음의 융해열, 물의 응고열(γ_i) = 334 kJ/kg = 79.68 kcal/kgf

정답 4. ③ 5. ④ 6. ①

07. 압력 200 kPa, 온도 400 K의 공기가 10 m/s의 속도로 흐르는 지름 10 cm의 원관이 지름 20 cm인 원관과 연결된 다음 압력 180 kPa, 온도 350 K로 흐른다. 공기가 이상기체라면 정상상태에서 지름 20 cm인 원관에서의 공기의 속도(m/s)는?

① 2.43 ② 2.50 ③ 2.67 ④ 4.50

해설 $\rho_1 = \dfrac{P_1}{RT_1} = \dfrac{200}{0.287 \times 400} = 1.742\ \text{kg/m}^3$

$$\rho_2 = \frac{P_2}{RT_2} = \frac{180}{0.287 \times 350} = 1.792\ \text{kg/m}^3$$

$$\dot{m} = \rho A V = C$$

$$\rho_1 A_1 V_1 = \rho_2 A_2 V_2 [\text{kg/s}]$$

$$V_2 = V_1 \left(\frac{\rho_1}{\rho_2}\right)\left(\frac{A_1}{A_2}\right) = V_1 \left(\frac{\rho_1}{\rho_2}\right)\left(\frac{d_1}{d_2}\right)^2 = 10\left(\frac{1.742}{1.792}\right)\left(\frac{10}{20}\right)^2 = 2.43\ \text{m/s}$$

08. 단면적이 일정한 물 분류가 20 m/s, 유량 0.3 m^3/s로 분출되고 있다. 분류와 같은 방향으로 10 m/s의 속도로 운동하고 있는 평판에 이 분류가 수직으로 충돌할 경우 판에 작용하는 충격력은 몇 N인가?

① 1500 ② 2000 ③ 2500 ④ 3000

해설 $F = \rho Q(V - u) = 1000 \times 0.3(20 - 10) = 3000\ \text{N}$

09. 기름이 0.02 m^3/s의 유량으로 직경 50 cm인 주철관 속을 흐르고 있다. 길이 1000 m에 대한 손실수두는 약 몇 m인가? (단, 기름의 점성계수는 0.103 N · s/m^2, 비중은 0.9이다.)

① 0.15 ② 0.3 ③ 0.45 ④ 0.6

해설 $Q = AV[\text{m/s}^3]$에서

$$V = \frac{Q}{A} = \frac{0.02}{\frac{\pi}{4}(0.5)^2} = 0.102\ \text{m/s}$$

$$Re = \frac{\rho V d}{\mu} = \frac{(1000 \times 0.9) \times 0.102 \times 0.5}{0.103} = 455.63 < 2100(\text{층류})$$

$$\therefore\ h_L = f\frac{L}{d}\frac{V^2}{2g} = \left(\frac{64}{Re}\right)\frac{L}{d}\frac{V^2}{2g} = \left(\frac{64}{455.63}\right) \times \frac{1000}{0.5} \times \frac{(0.102)^2}{2 \times 9.8} \fallingdotseq 0.15\ \text{m}$$

※ 압력 강하에 의한 직관 마찰손실수두(h_L)를 구하는 다르시 방정식은 층류와 난류에 모두 적용 가능하다.

정답 7. ① 8. ④ 9. ①

10. 펌프로부터 분당 150 L의 소방용수가 토출되고 있다. 토출배관의 내경이 65 mm일 때 레이놀즈수는 약 얼마인가?(단, 물의 점성계수는 0.001 kg/m · s로 한다.)

① 1300 ② 5400
③ 49000 ④ 82000

해설 $Re = \frac{\rho V d}{\mu} = \frac{Vd}{\nu} = \frac{4Q}{\pi d \nu}$

$$= \frac{4 \times \left(\frac{0.15}{60}\right)}{\pi \times 0.065 \times 1 \times 10^{-6}} = 48970 \fallingdotseq 49000$$

동점성계수(ν)$= \frac{\mu}{\rho} = \frac{0.001}{1000} = 1 \times 10^{-6}\ \mathrm{m^2/s}$

11. 유체 내에서 쇠구슬의 낙하속도를 측정하여 점도를 측정하고자 한다. 점도가 μ_1 그리고 μ_2인 두 유체의 밀도가 각각 ρ_1과 $\rho_2(>\rho_1)$일 때 낙하속도 $U_2 = \frac{1}{2}U_1$이면 다음 중 맞는 것은?(단, 항력은 Stokes의 법칙을 따른다.)

① $\frac{\mu_2}{\mu_1} < 2$ ② $\frac{\mu_2}{\mu_1} = 2$
③ $\frac{\mu_2}{\mu_1} > 2$ ④ 주어진 정보만으로는 결정할 수 없다.

해설 Stokes의 법칙을 이용한 낙구식 점도계에서

점성계수(μ)$= \frac{d^2(\gamma_s - \gamma_l)}{18V} = \frac{d^2(\rho_s - \rho_l)g}{18V}$[Pa · s]

$$\frac{\mu_2}{\mu_1} = \left(\frac{V_1}{V_2}\right) = \frac{\rho_s - \rho_2}{\rho_s - \rho_1}$$

$\rho_2 > \rho_1$, $V_1 = 2V_2$이므로 $\frac{\mu_2}{\mu_1} < 2$

12. 직경 4 cm이고 관마찰계수가 0.02인 원 관에 부차적 손실계수가 4인 밸브가 장치되어 있을 때 이 밸브의 등가길이(상당길이)는 몇 m인가?

① 4 ② 6
③ 8 ④ 10

해설 $l_e = \frac{Kd}{f} = \frac{4 \times 0.04}{0.02} = 8\ \mathrm{m}$

정답 10. ③ 11. ① 12. ③

13. 액체 분자들 사이의 응집력과 고체면에 대한 부착력의 차이에 의하여 관내 액체표면과 자유표면 사이에 높이 차이가 나타나는 것과 가장 관계가 깊은 것은?

① 관성력
② 점성
③ 뉴턴의 마찰법칙
④ 모세관 현상

해설 모세관 현상이란 직경이 작은 유리관을 액체(유체) 중에 넣었을 때 액면이 상승하거나 강하하는 현상을 말한다. 부착력>응집력일 때 액면이 상승하고 응집력>부착력일 때 액면이 강하한다.

14. 그림에서 A점의 압력이 B의 압력보다 6.8 kPa 크다면 경사관의 각도 $\theta[°]$는 얼마인가?(단, S는 비중을 나타낸다.)

① 12.8
② 19.3
③ 22.5
④ 34.5

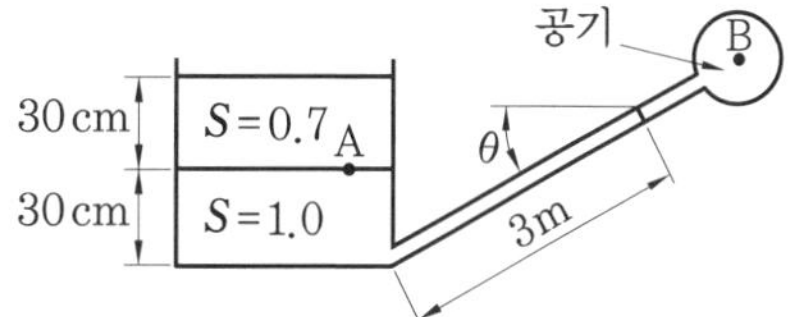

해설 $P_A + S \cdot \gamma_w \cdot h - S \cdot \gamma_w \cdot l \cdot \sin\theta = P_B$

$(P_A - P_B) + S \cdot \gamma_w \cdot h = S \cdot \gamma_w \cdot l \cdot \sin\theta$

$6.8\,\text{kPa} + 1 \times 9.8\,\text{kN/m}^3 \times 0.3\,\text{m} = 1 \times 9.8\,\text{kN/m}^3 \times 3\,\text{m} \times \sin\theta$

$9.74 = 29.4 \times \sin\theta$

$\theta = \sin^{-1}\left(\frac{9.74}{29.4}\right) = 19.3°$

15. 저수조의 소화수를 빨아올릴 때 펌프의 유효흡입양정(NPSHav)으로 적합한 것은? (단, P_a : 흡입수면의 대기압, P_v : 포화증기압, γ : 비중량, H_s : 흡입양정, H_L : 흡입손실수두)

① $NPSH_{av} = \frac{P_a}{\gamma} + \frac{P_v}{\gamma} - H_s - H_L$
② $NPSH_{av} = \frac{P_a}{\gamma} - \frac{P_v}{\gamma} + H_s - H_L$
③ $NPSH_{av} = \frac{P_a}{\gamma} - \frac{P_v}{\gamma} - H_s - H_L$
④ $NPSH_{av} = \frac{P_a}{\gamma} - \frac{P_v}{\gamma} - H_s + H_L$

해설 $NPSH_{av} = \frac{P_a}{\gamma}$(대기압수두)$- \frac{P_v}{\gamma}$(증기압수두)$\pm H_s$(흡입양정)$- H_L$(배관마찰손실수두)

※ 흡입양정(H_s)은 흡상이면 ⊖, 압입이면 ⊕

정답 13. ④ 14. ② 15. ③

16. 안지름이 30 cm이고 길이가 800 m인 관로를 통하여 300 L/s의 물을 50 m 높이까지 양수하는 데 필요한 펌프의 동력은 약 몇 kW인가?(단, 관마찰계수는 0.03이고 펌프의 효율은 85 %이다.)

① 173 ② 259
③ 398 ④ 427

해설 $Q = AV[\text{m}^3/\text{s}]$에서

$$V = \frac{Q}{A} = \frac{0.3}{\frac{\pi}{4}(0.3)^2} = 4.24\ \text{m/s}$$

$$h_L = f\frac{L}{d}\frac{V^2}{2g} = 0.03 \times \frac{800}{0.3} \times \frac{(4.24)^2}{2 \times 9.8} = 73.38\ \text{m}$$

$$\therefore\ H = h + h_L = 50 + 73.38 = 123.38\ \text{m}$$

$$\therefore\ \text{펌프 축동력}(L_s) = \frac{\gamma_w QH}{\eta_p} = \frac{9.8QH}{\eta_p} = \frac{9.8 \times 0.3 \times 123.38}{0.85} \fallingdotseq 427\ \text{kW}$$

17. 물이 들어 있는 탱크에 수면으로부터 20 m 깊이에 지름 50 mm의 오리피스가 있다. 이 오리피스에서 흘러나오는 유량은 약 몇 m^3/min인가?(단, 탱크의 수면 높이는 일정하고 모든 손실은 무시한다.)

① 1.3 ② 2.3
③ 3.3 ④ 4.3

해설 $Q = AV = A\sqrt{2gh}$

$$= \frac{\pi}{4}(0.05)^2 \times \sqrt{2 \times 9.8 \times 20} = 0.039\ \text{m}^3/\text{s}$$

$$= (0.039 \times 60)\ \text{m}^3/\text{min} = 2.33\ \text{m}^3/\text{min}$$

18. 회전날개를 이용하여 용기 속에서 두 종류의 유체를 섞었다. 이 과정 동안 날개를 통해 입력된 일은 5090 kJ이며 탱크의 발열량은 1500 kJ이다. 용기 내 내부에너지 변화량(kJ)은?

① 3590 ② 5090
③ 6590 ④ 15000

해설 $Q = \Delta U + W[\text{kJ}]$에서

$$\Delta U = Q - W = 1500 - (-5090) = 6590\ \text{kJ}$$

정답 16. ④ 17. ② 18. ③

19. 다음 중 크기가 가장 큰 것은?

① 19.6 N

② 질량 2 kg인 물체의 무게

③ 비중 1, 부피 2 m^3인 물체의 무게

④ 질량 4.9 kg인 물체가 4 m/s^2의 가속도를 받을 때의 힘

해설 ① $W = 19.6$ N

② $W = mg = 2 \times 9.8 = 19.6$ N

③ $W = \gamma V = 9800 \times 2 = 19600$ N

④ $F = ma = 4.9 \times 4 = 19.6$ N

20. 2 m 깊이로 물(비중량 9.8 kN/m^3)이 채워진 직육면체 모양의 물탱크 바닥에 지름 20 cm의 원형 수문을 닫았을 때 수문이 받는 정수력의 크기는 약 몇 kN인가?

① 0.411
② 0.616
③ 0.784
④ 2.46

해설 $F = \gamma_w h A = 9.8 \times 2 \times \frac{\pi}{4}(0.2)^2 \fallingdotseq 0.616$ kN

정답 19. ③ 20. ②

소방설비기계기사 2015년 9월 19일(제4회)

01. 공기의 정압비열이 절대온도 T의 함수 $C_p=1.0101+0.0000798\,T$[kJ/kg·K]로 주어진다. 공기를 273.15 K에서 373.15 K까지 높일 때 평균정압비열(kJ/kg·K)은?

① 1.036 ② 1.181
③ 1.283 ④ 1.373

해설 평균정압비열(C_{pm})

$$=\frac{1}{T_2-T_1}\int_{T_1}^{T_2}C_p\cdot dT=\frac{1}{373.15-273.15}\times\int_{273.15}^{373.15}(1.0101+0.0000798\,T)dT$$

$$=\frac{1}{373.15-273.15}\times[1.0101\times(373.15-273.15)+\frac{1}{2}\times0.0000798\times(373.15^2-273.15^2)]$$

$\fallingdotseq 1.036$ kJ/kg·K

02. 392 N/s의 물이 지름 20 cm의 관 속에 흐르고 있을 때 평균속도는 약 몇 m/s인가?

① 0.127 ② 1.27
③ 2.27 ④ 12.7

해설 $G=\gamma AV$[N/s]에서 $V=\frac{G}{\gamma A}=\frac{392}{9800\times\frac{\pi}{4}(0.2)^2}=1.27$ m/s

03. 다음 중 레이놀즈수에 대한 설명으로 옳은 것은?

① 정상류와 비정상류를 구별하여 주는 척도가 된다.
② 실체유체와 이상유체를 구별하여 주는 척도가 된다.
③ 층류와 난류를 구별하여 주는 척도가 된다.
④ 등류와 비등류를 구별하여 주는 척도가 된다.

해설 레이놀즈수(Reynold's number)는 실제(점성)유체에서 층류와 난류를 구별하는 무차원 수로서 직경이 d인 원관 유동인 경우 다음과 같이 정의한다.

$$Re=\frac{\text{관성력}}{\text{점성력}}=\frac{\rho Vd}{\mu}=\frac{Vd}{\nu}=\frac{4Q}{\pi d\nu}$$

(1) 층류 : $Re<2100$
(2) 천이구역 : $2100<Re<4000$
(3) 난류 : $Re>4000$

정답 1. ① 2. ② 3. ③

04. 소방펌프의 회전수를 2배로 증가시키면 소방펌프 동력은 몇 배로 증가하는가?(단, 기타 조건은 동일)

① 2 ② 4 ③ 6 ④ 8

해설 $\frac{L_{s_2}}{L_{s_1}}=\left(\frac{N_2}{N_1}\right)^3=2^3=8$배

05. 체적 0.05 m^3인 구 안에 가득 찬 유체가 있다. 이 구를 오른쪽 그림과 같이 물속에 넣고 수직 방향으로 100 N의 힘을 가해서 들어 주면 구가 물속에 절반만 잠긴다. 구 안에 있는 유체의 비중량(N/m^3)은?(단, 구의 두께와 무게는 모두 무시할 정도로 작다고 가정한다.)

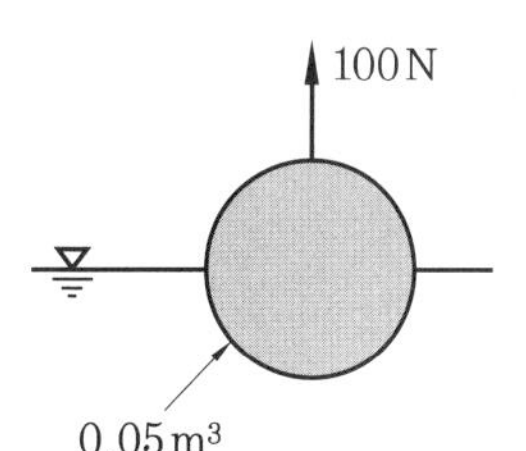

① 6900 ② 7250
③ 7580 ④ 7850

해설 물속에 절반만 잠길 때의 부력(F_B)$=\gamma V-\frac{1}{2}\gamma_w V$, $F_B+\frac{1}{2}\gamma_w V=\gamma V$

$$\therefore \gamma=\frac{F_B+\frac{1}{2}\gamma_w V}{V}=\frac{100+\frac{1}{2}\times 9800\times 0.05}{0.05}=6900\ \text{N/m}^3$$

06. 다음 시차압력계에서 압력차(P_A-P_B)는 몇 kPa인가?(단, H_1 = 300 mm, H_2 = 200 mm, H_3 = 800 mm이고 수은의 비중은 13.6이다.)

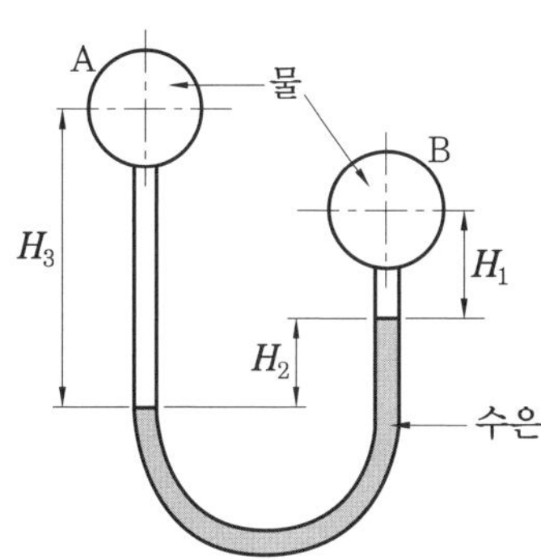

① 21.76 ② 31.07 ③ 217.6 ④ 310.7

해설 $P_A+\gamma_3 H_3=P_B+\gamma_1 H_1+\gamma_2 H_2$

$(P_A-P_B)=\gamma_1 H_1+\gamma_2 H_2-\gamma_3 H_3=9.8\times 0.3+9.8\times 13.6\times 0.2-9.8\times 0.8 ≒ 21.76\ \text{kPa}$

정답 4. ④ 5. ① 6. ①

07. 액체가 지름 4 mm의 수평으로 놓인 원통형 튜브를 12×10^{-6} m^3/s의 유량으로 흐르고 있다. 길이 1 m에서의 압력 강하는 몇 kPa인가? (단, 유체의 밀도와 점성계수는 $\rho=1.18\times10^3$ kg/m^3, $\mu=0.0045$ $N\cdot s/m^2$이다.)

① 7.59 ② 8.59 ③ 9.59 ④ 10.59

해설 $V=\dfrac{Q}{A}=\dfrac{Q}{\dfrac{\pi d^2}{4}}=\dfrac{4Q}{\pi d^2}=\dfrac{4\times12\times10^{-6}}{\pi(0.004)^2}=0.955\ \mathrm{m/s}$

$Re=\dfrac{\rho Vd}{\mu}=\dfrac{1.18\times10^3\times0.955\times0.004}{0.0045}=1001.7<2100$이므로 층류

∴ Hagen-Poiseuille equation을 적용하면

$\Delta P=\dfrac{128\mu QL}{\pi d^4}=\dfrac{128\times0.0045\times12\times10^{-6}\times1}{\pi(0.004)^4}=8.59\ \mathrm{kPa}$

08. 반지름 r인 뜨거운 금속 구를 실에 매달아 선풍기 바람으로 식힌다. 표면에서의 평균 열전달계수를 h, 공기와 금속의 열전도계수를 k_a와 k_b라고 할 때, 구의 표면 위치에서 금속에서의 온도 기울기와 공기에서의 온도 기울기 비는?

① $k_a : k_b$ ② $k_b : k_a$ ③ $(rh-k_a)k_b$ ④ $k_a : (k_b-rh)$

해설 온도 기울기 비$=\dfrac{k_a}{k_b}=k_a : k_b$

09. 검사체적(control volume)에 대한 운동량방정식의 근원이 되는 법칙 또는 방정식은?

① 질량보존법칙 ② 연속방정식
③ 베르누이방정식 ④ 뉴턴의 운동 제2법칙

해설 뉴턴의 운동 제2법칙(Newton's second law of motion) : 운동량의 변화는 가해진 힘에 비례하고 가해진 힘의 방향을 따른다.

10. 유량이 0.6 m^3/min일 때 손실수두가 7 m인 관로를 통하여 10 m 높이 위에 있는 저수조로 물을 이송하고자 한다. 펌프의 효율이 90 %라고 할 때 펌프에 공급해야 하는 전력은 몇 kW인가?

① 0.45 ② 1.85 ③ 2.27 ④ 136

해설 $H_{kW}=\dfrac{\gamma_w QH}{\eta_P}=\dfrac{9.8QH}{\eta_P}=\dfrac{9.8\times\dfrac{0.6}{60}\times17}{0.9}=1.85\ \mathrm{kW}$

정답 7. ② 8. ① 9. ④ 10. ②

11. 체적탄성계수가 2×10^9 Pa인 물의 체적을 3 % 감소시키려면 몇 MPa의 압력을 가하여야 하는가?

① 25 ② 30 ③ 45 ④ 60

해설 $K=-\dfrac{\Delta P}{\dfrac{\Delta V}{V}}$[MPa]이므로 $\therefore \Delta P=K\left(-\dfrac{\Delta V}{V}\right)=2\times10^3\times0.03=60$ MPa

12. 그림과 같이 탱크에 비중이 0.8인 기름과 물이 들어 있다. 벽면 AB에 작용하는 유체(기름 및 물)에 의한 힘은 약 몇 kN인가? (단, 벽면 AB의 폭(y방향)은 1 m이다.)

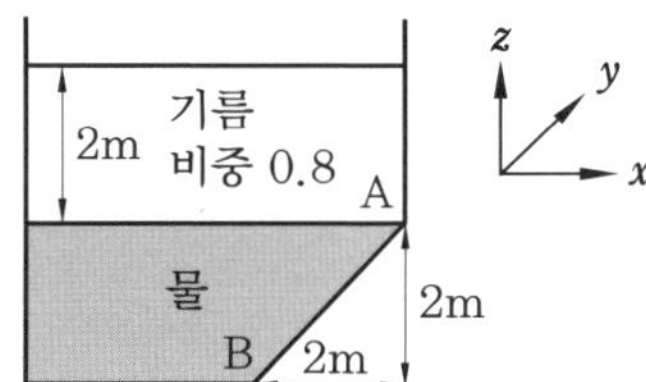

① 50 ② 72 ③ 82 ④ 96

해설 $L_{AB}=\sqrt{2^2+2^2}=2.828$ m

$F_{AB}=\gamma_w\bar{h}A=9.8\times2.6\times(2.828\times1)\fallingdotseq72.06$ kN

※ 기름과 물의 경계면 압력(P)

$=\gamma h=(\gamma_w S)h=(9.8\times0.8)\times2=15.68$ kPa

∴ 물의 등가깊이(h_e)로 환산하면 $h_e=\dfrac{P}{\gamma_w}=\dfrac{15.68}{9.8}=1.6$ m

$\bar{h}=h_e+\dfrac{2}{2}=1.6+1=2.6$ m

13. 동점성계수가 0.1×10^{-5} m^2/s인 유체가 안지름 10 cm인 원관 내에 1 m/s로 흐르고 있다. 관의 마찰계수가 $f=0.022$이며 등가길이가 200 m일 때의 손실수두는 몇 m인가? (단, 비중량은 9800 N/m^3이다.)

① 2.24 ② 6.58 ③ 11.0 ④ 22.0

해설 Darcy-Weisbach equation

$h_L=f\dfrac{L}{d}\dfrac{V^2}{2g}=0.022\times\dfrac{200}{0.1}\times\dfrac{1^2}{2\times9.8}=2.24$ m

정답 11. ④ 12. ② 13. ①

14. 무한한 두 평판 사이에 유체가 채워져 있고 한 평판은 정지해 있고 또 다른 평판은 일정한 속도로 움직이는 Couette 유동을 고려하자. 단, 유체 A만 채워져 있을 때 평판을 움직이기 위한 단위면적당 힘을 τ_1이라 하고 같은 평판 사이의 점성이 다른 유체 B만 채워져 있을 때 필요한 힘을 τ_2라 하면 유체 A와 B가 반반씩 위·아래로 채워져 있을 때 평판을 같은 속도로 움직이기 위한 단위면적당 힘에 대한 표현으로 맞는 것은?

① $\dfrac{\tau_1+\tau_2}{2}$ ② $\sqrt{\tau_1\tau_2}$ ③ $\dfrac{2\tau_1\tau_2}{\tau_1+\tau_2}$ ④ $\tau_1+\tau_2$

해설 $\tau_1=\dfrac{F_1}{A_1}$, $\tau_2=\dfrac{F_2}{A_2}$, $F=\dfrac{\tau_1\tau_2}{\tau_1+\tau_2}$, 유체가 $\dfrac{1}{2}$씩 채워져 있으므로 $F=\dfrac{\tau_1\tau_2}{\dfrac{\tau_1+\tau_2}{2}}=\dfrac{2\tau_1\tau_2}{\tau_1+\tau_2}$

15. 온도가 T인 유체가 정압이 P인 상태로 관 속을 흐를 때 공동 현상이 발생하는 조건으로 가장 적절한 것은?(단, 유체온도 T에 해당하는 포화증기압을 P_s라 한다.)

① $P>P_s$ ② $P>2\times P_s$ ③ $P<P_s$ ④ $P<2\times P_s$

해설 공동 현상(cavitation)은 관 속을 흐르는 유체의 온도(T)에 해당하는 포화증기압(P_s)이 유체의 정압(P)보다 큰 경우 발생한다.

16. 수평 배관 설비에서 상류 지점인 A지점의 배관을 조사해 보니 지름 100 mm, 압력 0.45 MPa, 평균유속 1 m/s이었다. 또, 하류의 B지점을 조사해 보니 지름 50 mm, 압력 0.4 MPa이었다면 두 지점 사이의 손실수두는 약 몇 m인가?

① 4.34 ② 5.87 ③ 8.67 ④ 10.87

해설 $\dfrac{P_A}{\gamma}+\dfrac{V_A^2}{2g}=\dfrac{P_B}{\gamma}+\dfrac{V_B^2}{2g}+h_{L(A-B)}$

$$h_{L(A-B)}=\frac{P_A-P_B}{\gamma}+\frac{V_A^2-V_B^2}{2g}=\frac{(0.45-0.4)\times10^3}{9.8}+\frac{1^2-4^2}{2\times9.8}=4.34\,\text{m}$$

$Q=A_AV_A=A_BV_B[\text{m}^3/\text{s}]$에서 $V_B=V_A\left(\dfrac{A_A}{A_B}\right)=V_A\left(\dfrac{d_A}{d_B}\right)^2=1\left(\dfrac{100}{50}\right)^2=4\,\text{m/s}$

17. 이상기체의 정압과정에 해당하는 것은?(단, P는 압력, T는 절대온도, v는 비체적, k는 비열비를 나타낸다.)

① $\dfrac{P}{T}=$일정 ② $Pv=$일정 ③ $Pv^k=$일정 ④ $\dfrac{v}{T}=$일정

정답 14. ③ 15. ③ 16. ① 17. ④

해설 ① 정적과정($V=C$) : $\frac{P}{T}=C$

② 등온과정($T=C$) : $PV=C$(Boyle's law)

③ 가역단열과정(등엔트로피과정) : $PV^k=C$

④ 등압과정($P=C$) : $\frac{V}{T}=C$(Charle's law)

18. 온도 20℃, 압력 500 kPa에서 비체적이 0.2 m^3/kg인 이상기체가 있다. 이 기체의 기체상수(kJ/kg · K)는 얼마인가?

① 0.341 ② 3.41 ③ 34.1 ④ 341

해설 $Pv=RT$에서

$$R=\frac{Pv}{T}=\frac{500\times 0.2}{(20+273)}=0.341\text{ kJ/kg}\cdot\text{K}$$

19. 그림과 같이 크기가 다른 관이 접속된 수평관 내에 화살표의 방향으로 정상류의 물이 흐르고 있고, 두 개의 압력계 A, B가 각각 설치되어 있다. 압력계 A, B에서 지시하는 압력을 각각 P_A, P_B라고 할 때 P_A와 P_B의 관계로 옳은 것은? (단, A와 B지점 간의 배관 내 마찰손실은 없다고 가정한다.)

① $P_A > P_B$

② $P_A < P_B$

③ $P_A = P_B$

④ 이 조건만으로는 판단할 수 없다.

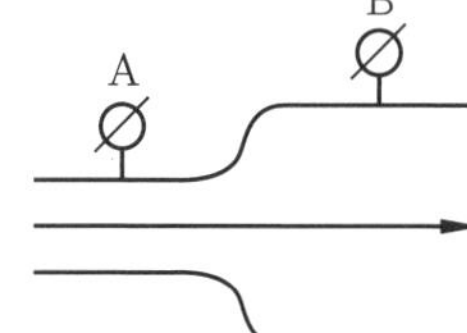

해설 베르누이 방정식을 적용하면 동일 수평면이므로 $Z_1=Z_2$

$$\therefore \frac{P_A}{\gamma}+\frac{V_A^2}{2g}=\frac{P_B}{\gamma}+\frac{V_B^2}{2g}$$

$V_A>V_B$이므로 $P_A<P_B$가 된다.

20. 국소대기압이 98.6 kPa인 곳에서 펌프에 의하여 흡입되는 물의 압력을 진공계로 측정하였다. 진공계가 7.3 kPa을 가리켰을 때 절대압력은 몇 kPa인가?

① 0.93 ② 9.3 ③ 91.3 ④ 105.9

해설 $P_a=P_o-P_g=98.6-7.3=91.3\text{ kPa}$

정답 18. ① 19. ② 20. ③

2016년도 시행문제

소방설비기계기사

2016년 3월 8일 (제1회)

01. 펌프의 입구 및 출구측에 연결된 진공계와 압력계가 각각 25 mmHg와 260 kPa을 가리켰다. 이 펌프의 배출유량이 0.15 m^3/s가 되려면 펌프의 동력은 약 몇 kW가 되어야 하는가? (단, 펌프의 입구와 출구의 높이차는 없고, 입구측 관직경은 20 cm, 출구측 관직경은 15 cm이다.)

① 3.95 ② 4.32
③ 39.5 ④ 43.2

해설 펌프 동력(kW) $=\gamma_w QH_P = 9.8\times 0.15\times 29.38 \fallingdotseq 43.2$ kW

$$H_P=\frac{P_2-P_1}{\gamma}+\frac{V_2^2-V_1^2}{2g}=\frac{260-(-3.33)}{9.8}+\frac{8.49^2-4.78^2}{2\times 9.8}=26.87+2.51=29.38\text{ m}$$

$P_1=-\gamma_w S_{Hg}h=-9.8\times 13.6\times 0.025=-3.33$ kPa(−는 진공압을 의미)

$Q=A_1V_1[\text{m}^3/\text{s}]$에서 $V_1=\dfrac{Q}{A_1}=\dfrac{0.15}{\frac{\pi}{4}(0.2)^2}=4.78\text{ m/s}$

$Q=A_2V_2[\text{m}^3/\text{s}]$에서 $V_2=\dfrac{Q}{A_2}=\dfrac{0.15}{\frac{\pi}{4}(0.15)^2}=8.49\text{ m/s}$

02. 펌프에 대한 설명 중 틀린 것은?

① 회전식 펌프는 대용량에 적당하며 고장 수리가 간단하다.
② 기어 펌프는 회전식 펌프의 일종이다.
③ 플런저 펌프는 회전식 펌프의 일종이다.
④ 터빈 펌프는 고양정, 대용량에 적당하다.

해설 ① 회전식 펌프(rotary pump)는 펌프 안의 회전날개나 프로펠러가 회전하여 그때 발생하는 원심력이나 추진력에 의해 액체를 토출한다. 회전날개차에 원심력에 의해 액체가 밀어 올려지면 여기에 진공에 가까운 부압(−압)이 발생하여 액을 흡입한다. 소용량에 적당하고 구조가 간단하다.

② 기어 펌프는 회전식 펌프의 일종이다.
③ 플런저 펌프는 왕복동식 펌프로 초고압용 펌프이다.
④ 터빈 펌프는 고양정, 대용량에 적합하다.

정답 1. ④ 2. ①

03. 어떤 밸브가 장치된 지름 20 cm인 원판에 4℃의 물이 2 m/s의 평균속도로 흐르고 있다. 밸브의 앞과 뒤에서의 압력 차이가 7.6 kPa일 때, 이 밸브의 부차적 손실계수 K와 등가길이 L_e은?(단, 관의 마찰계수는 0.02이다.)

① $K=3.8$, $L_e=38\,\mathrm{m}$ ② $K=7.6$, $L_e=38\,\mathrm{m}$
③ $K=38$, $L_e=3.8\,\mathrm{m}$ ④ $K=38$, $L_e=7.6\,\mathrm{m}$

해설 $\Delta P=\gamma h_L$에서 $h_L=\dfrac{\Delta P}{\gamma}=K\dfrac{V^2}{2g}[\mathrm{kPa}]$

부차적 손실계수$(K)=\dfrac{2g\Delta P}{\gamma V^2}=\dfrac{2\times 9.8\times 7.6}{9.8\times 2^2}=3.8$

등가길이$(L_e)=\dfrac{Kd}{f}=\dfrac{3.8\times 0.2}{0.02}=38\,\mathrm{m}$

04. 안지름 30 cm의 원관 속을 절대압력 0.32 MPa, 온도 27℃인 공기가 4 kg/s로 흐를 때 이 원관 속을 흐르는 공기의 평균속도는 약 몇 m/s인가?(단, 공기의 기체상수 $R=$ 287 J/kg · K이다.)

① 15.2 ② 20.3
③ 25.2 ④ 32.5

해설 $\dot{m}=\rho A V[\mathrm{kg/s}]$에서

$$V=\frac{\dot{m}}{\rho A}=\frac{4}{3.717\times 0.071}\fallingdotseq 15.2\,\mathrm{m/s}$$

$$\rho=\frac{P}{RT}=\frac{0.32\times 10^3}{0.287\times(27+273)}\fallingdotseq 3.717\,\mathrm{kg/m^3}$$

$$A=\frac{\pi d^2}{4}=\frac{\pi}{4}(0.3)^2\fallingdotseq 0.071\,\mathrm{m^2}$$

05. 국소대기압이 102 kPa인 곳의 기압을 비중 1.59, 증기압 13 kPa인 액체를 이용한 기압계로 측정하면 기압계에서 액주의 높이는?

① 5.71 m ② 6.55 m
③ 9.08 m ④ 10.4 m

해설 $P=\gamma h+P_V=9.8Sh+P_V$

$$h=\frac{P-P_V}{9.8S}=\frac{102-13}{9.8\times 1.59}=5.71\,\mathrm{m}$$

정답 3. ① 4. ① 5. ①

06. 이상기체 1 kg을 35℃로부터 65℃까지 정적과정에서 가열하는 데 필요한 열량이 118 kJ이라면 정압비열은? (단, 이 기체의 분자량은 4이고, 일반기체상수는 8.314 kJ/kmol·K이다.)

① 2.11 kJ/kg·K ② 3.93 kJ/kg·K
③ 5.23 kJ/kg·K ④ 6.01 kJ/kg·K

해설 $Q = mC_v(t_2 - t_1)$[kJ]

$$C_v = \frac{Q}{m(t_2 - t_1)} = \frac{118}{1 \times (65 - 35)} = 3.93 \text{ kJ/kg} \cdot \text{K}$$

$$C_p = C_v + R = 3.93 + \frac{\overline{R}}{M} = 3.93 + \frac{8.314}{4} = 6.01 \text{ kJ/kg} \cdot \text{K}$$

07. 경사진 관로의 유체 흐름에서 수력기울기선의 위치로 옳은 것은?

① 언제나 에너지선보다 위에 있다.
② 에너지선보다 속도수두만큼 아래에 있다.
③ 항상 수평이 된다.
④ 개수로의 수면보다 속도수두만큼 위에 있다.

해설 수력구배선(H.G.L)은 에너지선(E.L)보다 속도수두$\left(\frac{V^2}{2g}\right)$만큼 아래에 있다.

$$\text{H.G.L} = \text{E.L} - \frac{V^2}{2g} = \frac{P}{\gamma} + Z[\text{m}]$$

※ 수력구배선(H.G.L)은 압력수두$\left(\frac{P}{\gamma}\right)$와 위치수두($Z$)를 연결시켜 주는 선이다.

08. A, B 두 원관 속을 기체가 미소한 압력차로 흐르고 있을 때 이 압력차를 측정하려면 다음 중 어떤 압력계를 쓰는 것이 가장 적절한가?

① 간섭계 ② 오리피스
③ 마이크로마노미터 ④ 부르동 압력계

해설 ① 간섭계(interfero meter) : 빛의 간섭을 이용하여 길이를 측정하는 장치
② 오리피스(orifice) : 정압차를 이용하여 유량을 측정하는 장치
③ 마이크로마노미터(micro manometer) A, B 두 원관 속을 기체가 미소한 압력차로 흐르고 있을 때 압력차를 측정하는 계기
④ 부르동 압력계(탄성력과 평형) : 부르동관의 변위를 통해 압력을 측정하는 장치(증기압력이 가해지면 끝부분이 직선으로 펴지고 증기압력을 없애면 탄성에 의해 다시 구부러짐)

정답 6. ④ 7. ② 8. ③

09. 그림과 같이 속도 V인 유체가 정지하고 있는 곡면 깃에 부딪혀 θ의 각도로 유동방향이 바뀐다. 유체가 곡면에 가하는 힘의 x, y 성분의 크기를 $|F_x|$와 $|F_y|$라 할 때, $|F_y|/|F_x|$는?(단, 유동단면적은 일정하고 0°<θ<90°이다.)

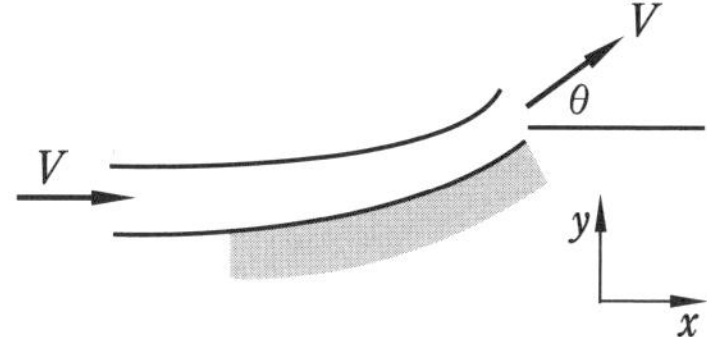

① $\dfrac{1-\cos\theta}{\sin\theta}$ ② $\dfrac{\sin\theta}{1-\cos\theta}$ ③ $\dfrac{1-\sin\theta}{\cos\theta}$ ④ $\dfrac{\cos\theta}{1-\sin\theta}$

해설 운동량 방정식(곡면인 경우)

$F_x = \rho QV(1-\cos\theta)[\text{N}]$

$F_y = \rho QV\sin\theta[\text{N}]$

$\therefore \dfrac{F_y}{F_x} = \dfrac{\sin\theta}{1-\cos\theta}$

10. 안지름 50 mm인 관에 동점성계수 2×10^{-3} cm^2/s인 유체가 흐르고 있다. 층류로 흐를 수 있는 최대유량은 약 얼마인가?(단, 임계 레이놀즈수는 2100으로 한다.)

① 16.5 cm^3/s ② 33 cm^3/s ③ 49.5 cm^3/s ④ 66 cm^3/s

해설 $Re = \dfrac{\rho Vd}{\mu} = \dfrac{Vd}{\nu} = \dfrac{4Q}{\pi d\nu}$

$Re_c = \dfrac{4Q_m}{\pi d\nu}$에서

$Q_m = \dfrac{\pi d\nu Re_c}{4} = \dfrac{\pi\times5\times2\times10^{-3}\times2100}{4} = 16.5\text{ cm}^3/\text{s}$

11. 보기 중 Newton의 점성 법칙에 대한 옳은 설명으로 모두 짝지은 것은?

〈보기〉

㉮ 전단응력은 점성계수와 속도기울기의 곱이다.
㉯ 전단응력은 점성계수에 비례한다.
㉰ 전단응력은 속도기울기에 반비례한다.

① ㉮, ㉯ ② ㉯, ㉰
③ ㉮, ㉰ ④ ㉮, ㉯, ㉰

정답 9. ② 10. ① 11. ①

해설 뉴턴의 점성 법칙(Newton's viscosity law)

$$\tau = \mu \frac{du}{dy} [\text{Pa} = \text{N/m}^2]$$

(1) 전단응력(τ)은 점성계수(μ)와 속도구배$\left(\frac{du}{dy}\right)$의 곱이다.

(2) 전단응력(τ)은 점성계수(μ)와 속도구배$\left(\frac{du}{dy}\right)$에 비례한다.

12. 전체 질량이 3000 kg인 소방차의 속력을 4초 만에 시속 40 km에서 80 km로 가속하는 데 필요한 동력은 약 몇 kW인가?

① 34　　② 70

③ 139　　④ 209

해설 $F = ma = m\frac{(V_2 - V_1)}{t} = 3000 \times \frac{\left(\frac{80-40}{3.6}\right)}{4} = 8333.33 \text{ N}$

$$V_m = \frac{V_1 + V_2}{2} = \frac{40+80}{2} = 60 \text{ km/h} = \frac{60}{3.6} \text{ m/s} = 16.67 \text{ m/s}$$

$$\therefore \text{소요동력(kW)} = \frac{F \times V_m}{1000} = \frac{8333.33 \times 16.67}{1000} = 138.92 \fallingdotseq 139 \text{ kW}$$

13. 관의 단면적이 0.6 m^{2}에서 0.2 m^{2}로 감소하는 수평 원형 축소관으로 공기를 수송하고 있다. 관 마찰손실은 없는 것으로 가정하고 7.26 N/s의 공기가 흐를 때 압력 감소는 몇 Pa인가?(단, 공기 밀도는 1.23 kg/m^{3}이다.)

① 4.96　　② 5.58

③ 6.20　　④ 9.92

해설 $\gamma = \rho g = 1.23 \times 9.8 = 12.054 \text{ N/m}^3$

$G = \gamma A_1 V_1 [\text{N/s}]$에서

$$V_1 = \frac{G}{\gamma A_1} = \frac{7.26}{12.054 \times 0.6} = 1 \text{ m/s}$$

$$V_2 = \frac{G}{\gamma A_2} = \frac{7.26}{12.054 \times 0.2} = 3.01 \text{ m/s}$$

$$\frac{P_1}{\gamma} + \frac{V_1^2}{2g} = \frac{P_2}{\gamma} + \frac{V_2^2}{2g}$$

$$\frac{P_1 - P_2}{\gamma} = \frac{V_2^2 - V_1^2}{2g}$$

$$\therefore P_1 - P_2 = \frac{\gamma(V_2^2 - V_1^2)}{2g} = \frac{\rho g(V_2^2 - V_1^2)}{2g} = \frac{1.23 \times 9.8(3.01^2 - 1^2)}{2 \times 9.8} \fallingdotseq 4.96 \text{ Pa(N/m}^2)$$

정답 12. ③　13. ①

14. 물의 압력파에 의한 수격 작용을 방지하기 위한 방법으로 옳지 않은 것은?
① 펌프의 속도가 급격히 변화하는 것을 방지한다.
② 관로 내의 관경을 축소시킨다.
③ 관로 내 유체의 유속을 낮게 한다.
④ 밸브 개폐시간을 가급적 길게 한다.

해설 (1) 수격 작용(water hammering) : 물 또는 유동적 물체의 움직임이 갑자기 멈추거나 방향이 바뀌게 될 때 순간적인 압력이 발생하여 소음과 진동을 유발하는 현상이다. 운동에너지가 압력에너지로 변화하면서 배관의 벽면을 치는 현상으로 수충격(hydraulic shock)이라고도 한다.

(2) 수격 작용의 방지 대책
- 관경을 크게 하여 유속을 낮춘다.
- 펌프에 플라이 휠(fly-wheel)을 설치한다.
- 관로에 조압수조(surge tank), 공기실(air chamber) 등을 설치한다.
- 수격방지기를 설치한다.
- 밸브는 가능한 한 펌프 송출구 가까이에 설치한다.
- 배관은 가능한 직선으로 짧게 시공한다.

15. 오른쪽 그림과 같이 반경 2 m, 폭(y 방향) 4 m의 곡면 AB가 수문으로 이용된다. 이 수문에 작용하는 물에 의한 힘의 수평성분(x 방향)의 크기는 약 얼마인가?

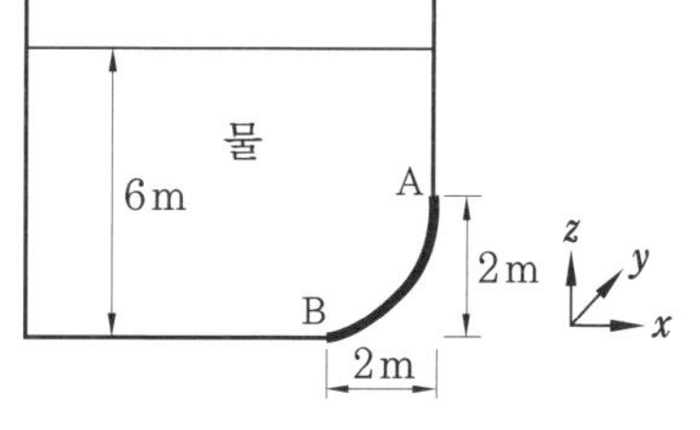

① 337 kN ② 392 kN
③ 437 kN ④ 492 kN

해설 $F_H = \gamma \bar{h} A = \gamma \bar{h}(rL) = 9.8 \times 5 \times (2 \times 4) = 329\,\text{kN}$

$\bar{h} = 4 + \frac{2}{2} = 4 + 1 = 5\,\text{m}$

16. 기체의 체적탄성계수에 관한 설명으로 옳지 않은 것은?
① 체적탄성계수는 압력의 차원을 가진다.
② 체적탄성계수가 큰 기체는 압축하기가 쉽다.
③ 체적탄성계수의 역수를 압축률이라고 한다.
④ 이상기체를 등온압축시킬 때 체적탄성계수는 절대압력과 같은 값이다.

정답 14. ② 15. ② 16. ②

해설 (1) 체적탄성계수(E)는 압력변화량(dP)에 비례하고 체적감소율$\left(-\frac{dV}{V}\right)$에 반비례한다.

(2) 체적탄성계수(E)가 큰 기체는 압축하기 어렵다.

체적탄성계수$(E) = \dfrac{dP}{-\dfrac{dV}{V}}$[Pa]

17. 수두 100 mmAq로 표시되는 압력은 몇 Pa인가?

① 0.098 ② 0.98 ③ 9.8 ④ 980

해설 $P = \gamma_w h = 9800 \times 0.1 = 980\ \mathrm{Pa[N/m^2]}$

18. ϕ150 mm 관을 통해 소방용수가 흐르고 있다. 평균유속이 5 m/s이고 50 m 떨어진 두 지점 사이의 수두손실이 10 m라고 하면 이 관의 마찰계수는?

① 0.0235 ② 0.0315 ③ 0.0351 ④ 0.0472

해설 $h_L = f\dfrac{L}{d}\dfrac{V^2}{2g}$[m]에서 $f = \dfrac{2h_L dg}{LV^2} = \dfrac{2 \times 10 \times 0.15 \times 9.8}{50 \times 5^2} = 0.0235$

19. 직경 2 m인 구 형태의 화염이 1 MW의 발열량을 내고 있다. 모두 복사로 방출될 때 화염의 표면 온도는? (단, 화염은 흑체로 가정하고, 주변온도는 300 K, 슈테판-볼츠만 상수는 5.67×10^{-8} W/m^2 · K^4)

① 1090 K ② 2619 K ③ 3720 K ④ 6240 K

해설 구의 표면적$(A) = 4\pi r^2$[m^2]

$q_R = \varepsilon\sigma A(T_1^4 - T_2^4)$[W]

$$T_1 = \sqrt[4]{T_2^4 + \frac{q_R}{\varepsilon\sigma A}} = \sqrt[4]{300^4 + \frac{1 \times 10^6}{1 \times 5.67 \times 10^{-8} \times (4\pi \times 1^2)}} \fallingdotseq 1090\ \mathrm{K}$$

20. 안지름이 15 cm인 소화용 호스에 물이 질량유량 100 kg/s로 흐르는 경우 평균유속은 약 몇 m/s인가?

① 1 ② 1.41 ③ 3.18 ④ 5.66

해설 $\dot{m} = \rho A V$[kg/s]에서 $V = \dfrac{\dot{m}}{\rho A} = \dfrac{100}{1000 \times \dfrac{\pi}{4}(0.15)^2} \fallingdotseq 5.66\ \mathrm{m/s}$

정답 17. ④ 18. ① 19. ① 20. ④

소방설비기계기사 2016년 5월 8일(제2회)

01. 배연설비의 배관을 흐르는 공기의 유속을 피토정압관으로 측정할 때 정압단과 정체압단에 연결된 U자관의 수은기둥 높이차가 0.03 m이었다. 이때 공기의 속도는 약 몇 m/s인가?(단, 공기의 비중은 0.00122, 수은의 비중은 13.6이다.)

① 81 ② 86 ③ 91 ④ 96

해설 $V = \sqrt{2gh\left(\dfrac{S_{Hg}}{S} - 1\right)} = \sqrt{2 \times 9.8 \times 0.03\left(\dfrac{13.6}{0.00122} - 1\right)} = 80.96 \text{ m/s} \fallingdotseq 81 \text{ m/s}$

02. 펌프 입구의 진공계 및 출구의 압력계 지침이 흔들리고 송출유량도 주기적으로 변화하는 이상 현상은?

① 공동 현상(cavitation) ② 수격 작용(water hammering)
③ 맥동 현상(surging) ④ 언밸런스(unbalance)

해설 맥동(서징) 현상 : 원심펌프나 원심압축기에서 유체의 토출압력과 토출량의 변동으로 진동이나 소음이 일어나는 현상으로 심한 경우 운전이 불가능하다.

(1) 맥동(서징) 현상의 발생 원인
- 펌프 특성 곡선이 좌향하강 특성을 갖는 펌프를 사용할 때
- 배관 중에 수조나 공기실(air chamber)과 같은 에너지 저장 부분이 있을 때

(2) 맥동(서징)의 방지 대책
- 전유량영역에서 우향하강 특성을 갖는 펌프를 사용한다.
- 배관 중에 수조나 공기실(air chamber)과 같은 에너지 저장 부분을 없앤다.
- 바이패스관을 사용하여 펌프작동점이 항상 펌프 특성 곡선의 우하향 부분에 있도록 한다.
- 펌프 양수량을 증가시키거나 회전차 회전수를 변화시킨다.
- 유량조절밸브는 펌프의 토출측 직후에 설치한다(배관 내 공기 제거 및 유속, 단면적 변화, 유량 조절).

03. 동일한 성능의 두 펌프를 직렬 또는 병렬로 연결하는 경우의 주된 목적은?

① 직렬 : 유량 증가, 병렬 : 양정 증가
② 직렬 : 유량 증가, 병렬 : 유량 증가
③ 직렬 : 양정 증가, 병렬 : 유량 증가
④ 직렬 : 양정 증가, 병렬 : 양정 증가

정답 1. ① 2. ③ 3. ③

해설 동일한 성능의 두 펌프를 직렬 연결하면 유량은 일정하고 양정은 두 배 증가하며, 병렬 연결하면 유량은 두 배 증가하고 양정은 일정하다.

04. 액체가 일정한 유량으로 파이프를 흐를 때 유체속도에 대한 설명으로 틀린 것은?

① 관지름에 반비례한다.
② 관단면적에 반비례한다.
③ 관지름의 제곱에 반비례한다.
④ 관반지름의 제곱에 반비례한다.

해설 체적유량(Q)$= AV$[m^3/s]

평균속도(V)$= \dfrac{Q}{A} = \dfrac{Q}{\dfrac{\pi d^2}{4}} = \dfrac{4Q}{\pi d^2}$[m/s]이므로

평균속도(V)는 관지름(d)의 제곱에 반비례한다$\left(V \propto \dfrac{1}{d^2}\right)$.

05. 매끈한 원관을 통과하는 난류의 관마찰계수에 영향을 미치지 않는 변수는?

① 길이
② 속도
③ 직경
④ 밀도

해설 관의 내면이 매끈한 경우 난류의 관마찰계수(f)는 레이놀즈수(Re)만의 함수이다.

※ Blausius의 실험식($4000 < Re < 10^5$)

$$f = 0.3164\,Re^{-\frac{1}{4}} = \frac{0.3164}{\sqrt[4]{Re}}$$

$$Re = \frac{\rho V d}{\mu} = \frac{Vd}{\nu} = \frac{4Q}{\pi d \nu}$$

여기서, ρ : 유체의 밀도(kg/m^3)
μ : 유체의 절대 점성계수(Pa · s)
V : 평균속도(m/s)
ν : 동점성계수$\left(= \dfrac{\mu}{\rho}\right)$[$m^2/s$]
d : 관의 안지름(m)
Q : 체적유량($= AV$)[m^3/s]

06. 구조가 상사한 2대의 펌프에서 유동상태가 상사할 경우 2대의 펌프 사이에 성립하는 상사 법칙이 아닌 것은?(단, 비압축성 유체인 경우이다.)

① 유량에 관한 상사 법칙
② 전양정에 관한 상사 법칙
③ 축동력에 관한 상사 법칙
④ 밀도에 관한 상사 법칙

정답 4. ① 5. ① 6. ④

해설 펌프의 상사 법칙 : 유량(Q), 전양정(H), 축동력(L_s)의 상관관계

(1) $\dfrac{Q_2}{Q_1}=\left(\dfrac{N_2}{N_1}\right)\left(\dfrac{D_2}{D_1}\right)^3$

(2) $\dfrac{H_2}{H_1}=\left(\dfrac{N_2}{N_1}\right)^2\left(\dfrac{D_2}{D_1}\right)^2$

(3) $\dfrac{L_{s2}}{L_{s1}}=\left(\dfrac{N_2}{N_1}\right)^3\left(\dfrac{D_2}{D_1}\right)^5$

07. 온도 20℃의 물을 계기압력이 400 kPa인 보일러에 공급하여 포화수증기 1 kg을 만들고자 한다. 주어진 표를 이용하여 필요한 열량을 구하면?(단, 대기압은 100 kPa, 액체상태 물의 평균비열은 4.18 kJ /kg · K이다.)

포화압력(kPa)	포화온도(℃)	수증기의 증발 엔탈피(kJ/kg)
400	143.63	2133.81
500	151.86	2108.47
600	158.85	2086.86

① 2640 ② 2651 ③ 2660 ④ 2667

해설 $P_a=P_o+P_g=100+400=500\text{ kPa}$

표(table)에서 둘째 줄의 값을 기준으로 계산한다.

$\therefore\ Q=mC(t_2-t_1)+m\gamma_0=1\times4.18(151.86-20)+1\times2108.47=2660\text{ kJ}$

08. 질량 4 kg의 어떤 기체로 구성된 밀폐계가 열을 받아 100 kJ의 일을 하고, 이 기체의 온도가 10℃ 상승하였다면 이 계가 받은 열은 몇 kJ인가?(단, 이 기체의 정적비열은 5 kJ/kg · K, 정압비열은 6 kJ/kg · K이다.)

① 200 ② 240 ③ 300 ④ 340

해설 $Q=\Delta u+{}_1W_2\,[\text{kJ}]=mC_v\Delta T+{}_1W_2=4\times5\times10+100=300\text{ kJ}$

09. 프루드(Froude)수의 물리적인 의미는?

① $\dfrac{\text{관성력}}{\text{탄성력}}$ ② $\dfrac{\text{관성력}}{\text{중력}}$ ③ $\dfrac{\text{압축력}}{\text{관성력}}$ ④ $\dfrac{\text{관성력}}{\text{점성력}}$

해설 프루드수(Fr) $=\dfrac{\text{관성력}}{\text{중력}}=\dfrac{V}{\sqrt{lg}}$

정답 7. ③ 8. ③ 9. ②

10. 다음 보기는 열역학적 사이클에서 일어나는 여러 가지의 과정이다. 이들 중 카르노(Carnot) 사이클에서 일어나는 과정을 모두 고른 것은?

〈보기〉

㉠ 등온압축 ㉡ 단열팽창 ㉢ 정적압축 ㉣ 정압팽창

① ㉠ ② ㉠, ㉡
③ ㉡, ㉢, ㉣ ④ ㉠, ㉡, ㉢, ㉣

해설 (1) 카르노 사이클(Carnot cycle) : 가역 사이클로 열기관 중 효율이 최고로 높다.
(2) 카르노 사이클 과정
- 1→2 : 가역단열압축($S=C$)
- 2→3 : 등온팽창($T=C$)
- 3→4 : 가연단열팽창($S=C$)
- 4→1 : 등온압축($T=C$)

11. 표면적이 2 m^2이고 표면 온도가 60℃인 고체 표면을 20℃의 공기로 대류 열전달에 의해서 냉각한다. 평균 대류 열전달계수가 30 $W/m^2 \cdot K$라고 할 때 고체 표면의 열손실은 몇 W인가?

① 600 ② 1200
③ 2400 ④ 3600

해설 $q_{conv} = hA\Delta t = 30 \times 2 \times (60-20) = 2400\ W$

여기서, h : 대류열전달계수($W/m^2 \cdot K$), A : 전열면적(m^2), Δt : 온도차(K)

12. 그림과 같은 수조에 0.3 m×1.0 m 크기의 사각 수문을 통하여 유출되는 유량은 몇 m^3/s인가? (단, 마찰손실은 무시하고 수조의 크기는 매우 크다고 가정한다.)

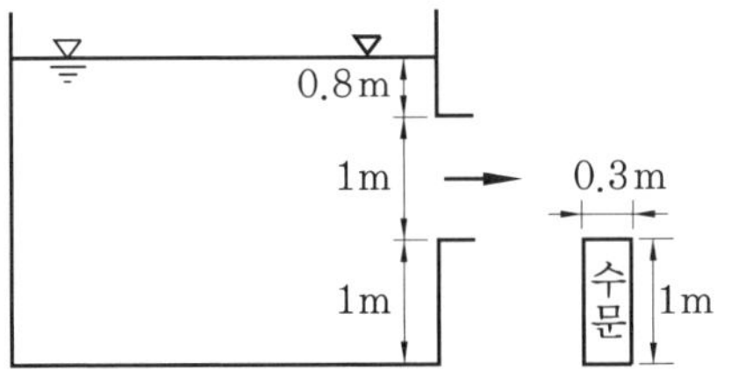

① 1.3 ② 1.5 ③ 1.7 ④ 1.9

정답 10. ② 11. ③ 12. ②

해설 $Q = AV = A\sqrt{2gh} = 0.3 \times \sqrt{2 \times 9.8 \times 1.3} = 1.51\,\mathrm{m^3/s}$

여기서, 단면적$(A) = 0.3 \times 1 = 0.3\,\mathrm{m^2}$, $h = 0.8 + \frac{1}{2} = 1.3\,\mathrm{m}$

13. 그림과 같이 평형 상태를 유지하고 있을 때 오른쪽 관에 있는 유체의 비중(S)은? (단, 물의 밀도는 1000 kg/m³이다.)

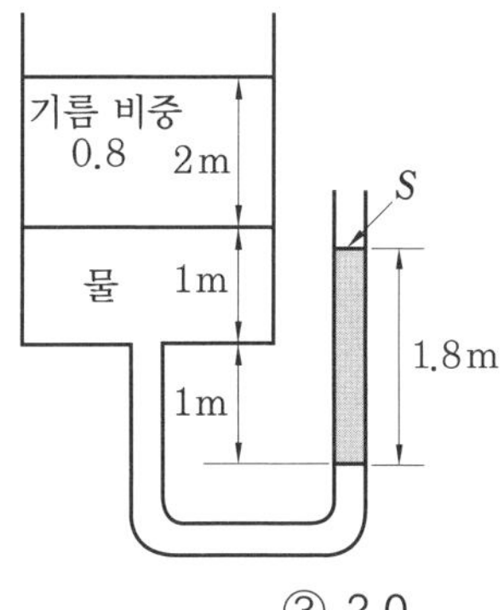

① 0.9 ② 1.8 ③ 2.0 ④ 2.2

해설 $P_1 = P_2$

$\gamma_w S_1 h_1 + \gamma_w h_2 = \gamma_w S h$

$9800 \times 0.8 \times 2 + 9800 \times 2 = 9800S \times 1.8$

$9800(0.8 \times 2 + 2) = 9800S \times 1.8$

$\therefore S = \frac{3.6}{1.8} = 2$

14. 직경이 2 cm인 호스에 출구 직경이 1 cm인 원뿔형 노즐이 연결되어 있고 노즐을 통해서 600 cm³/s의 물(밀도 998 kg/cm³)이 수평방향으로 대기 중에 분사되고 있다. 노즐 입구의 계기압력이 400 kPa일 때 노즐을 고정하기 위한 수평방향의 힘은?

① 122 N ② 126 N

③ 130 kN ④ 136 kN

해설 $F = P_1A_1 - \rho Q(V_2 - V_1) = P_1A_1 + \rho Q(V_1 - V_2)$

$= 400 \times 10^3 \times \frac{\pi}{4}(0.02)^2 + 998 \times 6 \times 10^{-4}(1.91 - 7.64) = 122.23\,\mathrm{N}$

여기서, $V_1 = \frac{Q}{A_1} = \frac{6 \times 10^{-4}}{\frac{\pi}{4}(0.02)^2} = 1.91\,\mathrm{m/s}$

$V_2 = \frac{Q}{A_2} = \frac{6 \times 10^{-4}}{\frac{\pi}{4}(0.01)^2} = 7.64\,\mathrm{m/s}$

정답 13. ③ 14. ①

15. 호수 수면 아래에서 지름 d인 공기방울이 수면으로 올라오면서 지름이 1.5배로 팽창하였다. 공기방울의 최초 위치는 수면에서부터 몇 m가 되는 곳인가?(단, 이 호수의 대기압은 750 mmHg, 수은의 비중은 13.6, 공기방울 내부의 공기는 Boyle의 법칙에 따른다.)

① 12.0 ② 24.2
③ 34.4 ④ 43.3

해설 (1) 팽창 전 구의 체적$(V_1)=\frac{4}{3}\pi r^3=\frac{4}{3}\pi\left(\frac{d}{2}\right)^3=0.524d^3$

(2) 팽창 후 구의 체적$(V_2)=\frac{4}{3}\pi\left(\frac{1.5d}{2}\right)^3=1.767d^3$

Boyle's law$(T=C)$을 적용하면 $PV=C$이므로

$P_1V_1=P_2V_2$

$P_1\times 0.524d^3=P_2\times 1.767d^3$

$P_1=\frac{1.767}{0.524}P_2=3.372P_2$

여기서, P_1 : 수심(물속)의 압력
P_2 : 수면의 압력(대기압)
H : 공기방울의 최초 생성 깊이
$P_1=\gamma H=3.372P_2$

$$H=\frac{3.372P_2}{\gamma}-\text{대기압수두}\left(\frac{9800\times 13.6\times 0.75}{9800}\right)=\frac{3.372\left(\frac{750}{760}\times 101325\right)}{9800}-10.2=24.2\text{ m}$$

16. 부차적 손실계수가 5인 밸브가 관에 부착되어 있으며 물의 평균유속이 4 m/s인 경우, 이 밸브에서 발생하는 부차적 손실수두는 몇 m인가?

① 61.3 ② 6.13
③ 40.8 ④ 4.08

해설 $h=K\frac{V^2}{2g}=5\times\frac{4^2}{2\times 9.8}=4.08\text{ m}$

17. 지름의 비가 1 : 2인 2개의 모세관을 물속에 수직으로 세울 때 모세관 현상으로 물이 관 속으로 올라가는 높이의 비는?

① 1 : 4 ② 1 : 2
③ 2 : 1 ④ 4 : 1

정답 15. ② 16. ④ 17. ③

해설 $h=\frac{4\sigma\cos\beta}{\gamma d}=\frac{4\sigma\cos\beta}{\rho g d}$[m]이므로 $h\propto\frac{1}{d}$

$\therefore\ 1:\frac{1}{2}=2:1$

18. 다음 중 동점성계수의 차원을 옳게 표현한 것은?(단, 질량 M, 길이 L, 시간 T로 표시한다.)

① $[ML^{-1}T^{-1}]$ ② $[L^2T^{-1}]$
③ $[ML^{-2}T^{-2}]$ ④ $[ML^{-1}T^{-2}]$

해설 동점성계수$(\nu)=\frac{\mu}{\rho}$이므로 단위는 $\frac{\text{N}\cdot\text{s/m}^2}{\text{N}\cdot\text{s}^2/\text{m}^4}=\text{m}^2/\text{s}$

$\therefore$ 동점성계수의 차원은 L^2T^{-1}이다.

19. 지름이 400 mm인 베어링이 400 rpm으로 회전하고 있을 때 마찰에 의한 손실동력은 약 몇 kW인가?(단, 베어링과 축 사이에는 점성계수가 0.049 N · s/m^{2}인 기름이 차 있다.)

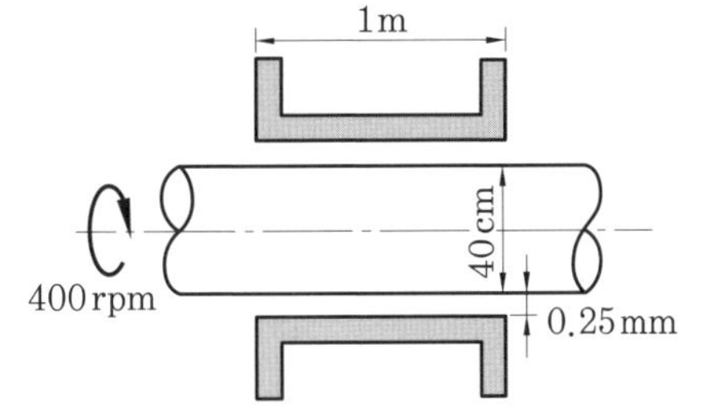

① 15.1 ② 15.6
③ 16.3 ④ 17.3

해설 회전속도$(V)=\frac{\pi DN}{60}=\frac{\pi\times0.4\times400}{60}\fallingdotseq8.38$ m/s

전단력$(F)=\mu A\frac{V}{h}=\mu(\pi DL)\frac{V}{h}=0.049(\pi\times0.4\times1)\times\frac{8.38}{0.25\times10^{-3}}=2064$ N

손실동력(kW)$=\frac{FV}{1000}=\frac{2064\times8.38}{1000}\fallingdotseq17.3$ kW

20. 오른쪽 그림과 같이 30°로 경사진 0.5 m×3 m 크기의 수문 평판 AB가 있다. 수문 AB가 받는 전압력(kN)은 얼마인가?

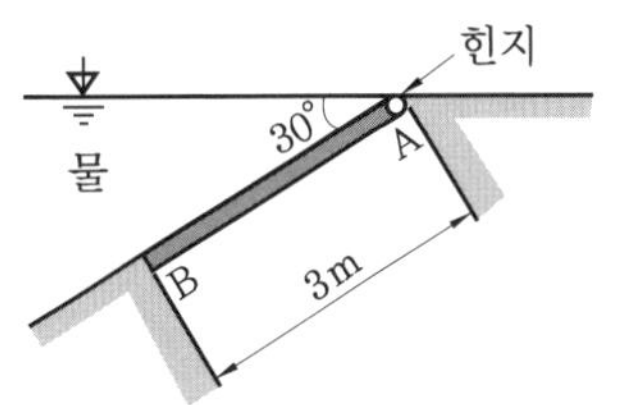

① 9 ② 10
③ 11 ④ 12

해설 $F=\gamma\bar{h}A=\gamma\bar{y}\sin\theta A=9.8\times\frac{3}{2}\times\sin30°\times(0.5\times3)=11.025$ kN

정답 18. ② 19. ④ 20. ③

소방설비기계기사 2016년 10월 1일(제4회)

01. 유체에 관한 설명 중 옳은 것은?

① 실제 유체는 유동할 때 마찰손실이 생기지 않는다.
② 이상 유체는 높은 압력에서 밀도가 변화하는 유체이다.
③ 유체에 압력을 가하면 체적이 줄어드는 유체는 압축성 유체이다.
④ 압력을 가해도 밀도 변화가 없으며 점성에 의한 마찰손실만 있는 유체가 이상 유체이다.

해설 (1) 압축성 유체 : 유체에 압력을 가하면 체적이 감소하는(줄어드는) 유체
(2) 실제 유체 : 점성 유체 유동 시 마찰손실(에너지 손실)이 생긴다.
(3) 이상 유체 : 완전 유체로 점성이 없고(비점성이고) 비압축성인 유체

02. 송풍기의 풍량이 15 m^3/s, 전압이 540 Pa, 전압효율이 55 %일 때 필요한 축동력은 몇 kW인가?

① 2.23 ② 4.46 ③ 8.1 ④ 14.7

해설 축동력$(L_s) = \dfrac{P_t Q}{1000\eta_t} = \dfrac{540 \times 15}{1000 \times 0.55} = 14.72\ \mathrm{W}$

03. 직경 50 cm의 배관 내를 유속 0.06 m/s의 속도로 흐르는 물의 유량은 약 몇 L/min인가?

① 153 ② 255 ③ 338 ④ 707

해설 $Q = AV = \dfrac{\pi d^2}{4} V = \dfrac{\pi (0.5)^2}{4} \times 0.06 \times 60 = 0.7065\ \mathrm{m^3/min} \fallingdotseq 707\ \mathrm{L/min}$

04. 공기의 온도 T_1에서의 음속 c_1과 이보다 20 K 높은 온도 T_2에서의 음속 c_2의 비가 $\dfrac{c_2}{c_1} = 1.05$이면 T_1은 약 몇 도인가?

① 97 K ② 195 K ③ 273 K ④ 300 K

정답 1. ③ 2. ④ 3. ④ 4. ②

해설 공기 중의 음속$(c) = \sqrt{kRT}$[m/s]

$c \propto \sqrt{T}$

$\therefore \frac{c_2}{c_1} = \sqrt{\frac{T_2}{T_1}}$

$1.05 = \sqrt{\frac{T_1 + 20}{T_1}} = \sqrt{1 + \frac{20}{T_1}}$

$(1.05)^2 = 1 + \frac{20}{T_1}$

$\therefore T_1 = \frac{20}{(1.05)^2 - 1} = \frac{20}{0.1025} = 195.12\,\text{K} ≒ 195\,\text{K}$

05. 다음 계측기 중 측정하고자 하는 것이 다른 것은?

① Bourdon 압력계 ② U자관 마노미터
③ 피에조미터 ④ 열선풍속계

해설 (1) 압력 측정용 계기 : 부르동(Bourdon) 압력계, U자관 마노미터(manometer), 피에조미터(piezometer)

(2) 열선풍속계(hot wire anemometer) : 어떤 물체로부터 나오는 열의 대류가 통풍에 좌우된다는 원리를 이용한 풍속 측정용 계기

06. 그림과 같은 원형관에 유체가 흐르고 있다. 원형관 내의 유속분포를 측정하여 실험식을 구하였더니 $V = V_{max}\frac{(r_o^2 - r^2)}{r_o}$ 이었다. 관 속을 흐르는 유체의 평균속도는 얼마인가?

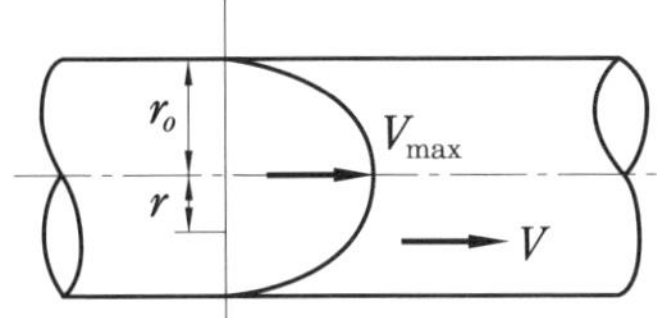

① $\frac{V_{max}}{8}$ ② $\frac{V_{max}}{4}$ ③ $\frac{V_{max}}{2}$ ④ V_{max}

해설 층류 수평 원관 유동인 경우 관의 중심에서 최대속도(V_{max})는 평균속도(V_m)의 2배이다.

$V_{max} = 2V_m$[m/s]

$\therefore$ 평균속도$(V_m) = \frac{V_{max}}{2}$[m/s]

정답 5. ④ 6. ③

07. 열전도도가 0.08 W/m · K인 단열재의 고온부가 75℃, 저온부가 20℃이다. 단위면적당 열손실이 200 W/m^{2}인 경우의 단열재 두께는 몇 mm인가?

① 22 ② 45 ③ 55 ④ 80

해설 $q_{con} = \frac{Q}{A} = \frac{\Delta t}{\frac{\delta}{\lambda}} = \frac{\lambda \Delta t}{\delta}\,[\mathrm{W/m^2}]$

$\therefore\ \delta = \frac{\lambda \Delta t}{q_{con}} = \frac{0.08 \times (75-20)}{200} = 0.022\ \mathrm{m} = 22\ \mathrm{mm}$

08. 부차적 손실계수 $K=40$인 밸브를 통과할 때의 수두손실이 2 m일 때, 이 밸브를 지나는 유체의 평균유속은 약 몇 m/s인가?

① 0.49 ② 0.99 ③ 1.98 ④ 9.81

해설 수두손실$(h_L) = K\frac{V^2}{2g}\,[\mathrm{m}]$

$\therefore\ V = \sqrt{\frac{2gh_L}{K}} = \sqrt{\frac{2 \times 9.8 \times 2}{40}} = 0.99\ \mathrm{m/s}$

09. 두 개의 견고한 밀폐용기 A, B가 밸브로 연결되어 있다. 용기 A에는 온도 300 K, 압력 100 kPa의 공기 1 m^3, 용기 B에는 온도 300 K, 압력 330 kPa의 공기 2 m^{3}가 들어 있다. 밸브를 열어 두 용기 안에 들어 있는 공기(이상기체)를 혼합한 후 장시간 방치하였다. 이때 주위온도는 300 K로 일정하다. 내부공기의 최종압력은 몇 kPa인가?

① 177 ② 210 ③ 215 ④ 253

해설 전압력$(P_t) = P_A + P_B = \frac{100}{3} + 220 \fallingdotseq 253\ \mathrm{kPa}$

$P_A = \frac{P_1 V_1}{V_2} = \frac{100 \times 1}{3} = \frac{100}{3}\ \mathrm{kPa},\quad P_B = \frac{P_1 V_1}{V_2} = \frac{330 \times 2}{3} = 220\ \mathrm{kPa}$

10. 지름이 15 cm인 관에 질소가 흐르는데, 피토관에 의한 마노미터는 4 cmHg의 차를 나타냈다. 유속은 약 몇 m/s인가? (단, 질소의 비중은 0.00114, 수은의 비중은 13.6, 중력가속도는 9.8 m/s^{2}이다.)

① 76.5 ② 85.6 ③ 96.7 ④ 105.6

해설 유속$(V) = \sqrt{2gh\left(\frac{S_o}{S}\right) - 1} = \sqrt{2 \times 9.8 \times 0.04\left(\frac{13.6}{0.00114} - 1\right)} = 96.71\ \mathrm{m/s}$

정답 7. ① 8. ② 9. ④ 10. ③

11. 오른쪽 그림과 같은 곡관에 물이 흐르고 있을 때 계기압력으로 P_1이 98 kPa이고, P_2가 29.42 kPa이면 이 곡관을 고정시키는 데 필요한 힘은 몇 N인가?(단, 높이차 및 모든 손실은 무시한다.)

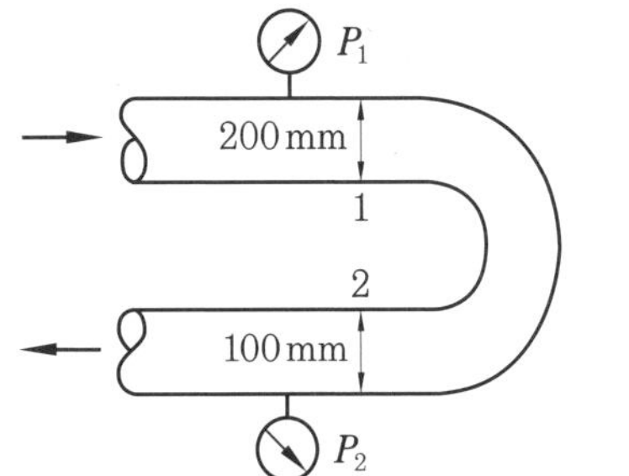

① 4141 ② 4314
③ 4565 ④ 4744

해설 $\dfrac{P_1}{\gamma}+\dfrac{V_1^2}{2g}+Z_1=\dfrac{P_2}{\gamma}+\dfrac{V_2^2}{2g}+Z_2(Z_1=Z_2)$에서

$$\frac{P_1-P_2}{\gamma}=\frac{V_2^2-V_1^2}{2g}$$

$A_1V_1=A_2V_2$에서 $\dfrac{A_2}{A_1}=\dfrac{V_1}{V_2}=\left(\dfrac{d_2}{d_1}\right)^2$

$$V_2=V_1\left(\frac{d_1}{d_2}\right)^2=V_1\left(\frac{200}{100}\right)^2=4V_1[\text{m/s}]$$

$$\frac{98-29.42}{9.8}=\frac{16V_1^2-V_1^2}{2\times9.8}=\frac{15V_1^2}{19.6}$$

$$\therefore\ V_1=\sqrt{\frac{19.6(98-29.42)}{15\times9.8}}=3.02\text{m/s},\quad V_2=4V_1=4\times3.02=12.08\text{m/s}$$

※ $Q=A_1V_1=A_2V_2=\dfrac{\pi}{4}\times(0.2)^2\times3.02\fallingdotseq0.095\text{m}^3/\text{s}$

$\Sigma F=\rho Q(V_2-V_1)$에서 $P_1A_1-F+P_2A_2=\rho Q(V_2-V_1)$

$F=P_1A_1+P_2A_2-\rho Q(V_2-V_1)=P_1A_1+P_2A_2+\rho Q(V_1-V_2)$

$=98000\times\dfrac{\pi}{4}\times(0.2)^2+29420\times\dfrac{\pi}{4}\times(0.1)^2+1000\times0.095\times\{3.02-(-12.08)\}\fallingdotseq4744\text{N}$

※ 속도의 방향 : $V_1=3.02\text{m/s}\rightarrow\oplus$, $V_2=12.08\text{m/s}\leftarrow\ominus$

12. 오른쪽 그림과 같이 수족관에 직경 3 m의 투시경이 설치되어 있다. 이 투시경에 작용하는 힘은 약 몇 kN인가?

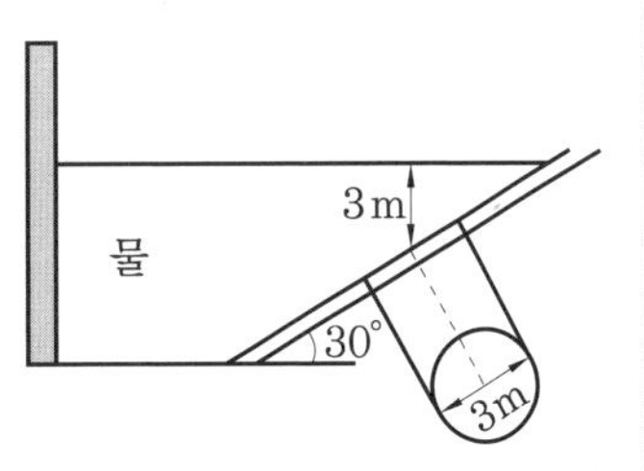

① 207.8 ② 123.9
③ 87.1 ④ 52.4

해설 $F=\gamma\bar{y}\sin\theta A=\gamma\bar{h}A=9.8\times3\times\dfrac{\pi}{4}\times3^2\fallingdotseq207.8\text{ kN}$

정답 11. ④ 12. ①

13. 화씨온도 200°F는 섭씨온도(℃)로 약 얼마인가?

① 93.3℃ ② 186.6℃

③ 279.9℃ ④ 392℃

해설 $t_C = \frac{5}{9}(t_F - 32) = \frac{5}{9}(200 - 32) = 93.3$℃

14. 공동 현상(cavitation)의 발생 원인과 가장 관계가 먼 것은?

① 관내의 수온이 높을 때

② 펌프의 흡입양정이 클 때

③ 펌프의 설치위치가 수원보다 낮을 때

④ 관내의 물의 정압이 그때의 증기압보다 낮을 때

해설 (1) 공동 현상의 발생 원인

- 펌프의 흡입양정(H_s)이 클 경우
- 임펠러 회전속도가 클 경우
- 펌프의 마찰손실이 클 경우
- 펌프의 설치위치가 수조(수원)보다 높은 경우
- 펌프의 흡입압력이 유체의 증기압보다 낮은 경우
- 펌프의 흡입관경이 작을 경우

(2) 공동 현상의 방지책

- 펌프의 설치위치가 수원보다 낮게 설치한다.
- 펌프의 흡입관경을 크게 한다.
- 단흡입이면 양흡입펌프를 사용한다.
- 펌프의 흡입양정 및 마찰손실을 작게 한다.
- 펌프의 회전차(임펠러) 속도를 감속한다.

15. 소화펌프의 회전수가 1450 rpm일 때 양정이 25 m, 유량이 5 m^3/min이었다. 펌프의 회전수를 1740 rpm으로 높일 경우 양정(m)과 유량(m^3/min)은? (단, 회전차의 직경은 일정하다.)

① 양정 : 17, 유량 : 4.2 ② 양정 : 21, 유량 : 5

③ 양정 : 30.2, 유량 : 5.2 ④ 양정 : 36, 유량 : 6

해설 펌프의 상사 법칙

(1) 양정(H_2) $= H_1\left(\frac{N_2}{N_1}\right)^2 = 25\left(\frac{1740}{1450}\right)^2 = 36$ m

정답 13. ① 14. ③ 15. ④

(2) 유량$(Q_2) = Q_1\left(\frac{N_2}{N_1}\right) = 5\left(\frac{1740}{1450}\right) = 6\ \mathrm{m^3/min}$

16. 안지름이 0.1 m인 파이프 내를 평균유속 5 m/s로 물이 흐르고 있다. 길이 10 m 사이에서 나타나는 손실수두는 약 몇 m인가? (단, 관마찰계수는 0.013이다.)

① 0.7 ② 1 ③ 1.5 ④ 1.7

해설 $h_L = \lambda \frac{L}{d}\frac{V^2}{2g} = 0.013 \times \frac{10}{0.1} \times \frac{5^2}{2 \times 9.8} = 1.7\ \mathrm{m}$

17. 베르누이의 정리($\frac{P}{p} + \frac{V^2}{2} + gZ =$ constant)가 적용되는 조건이 될 수 없는 것은?

① 압축성의 흐름이다.
② 정상상태의 흐름이다.
③ 마찰이 없는 흐름이다.
④ 베르누이 정리가 적용되는 임의의 두 점은 같은 유선상에 있다.

해설 베르누이 방정식 가정

(1) 정상유동$\left(\frac{\partial \rho}{\partial t} = 0\right)$일 것
(2) 비압축성 유체$(\rho = c)$일 것
(3) 마찰이 없는 흐름(점성력이 0일 것)
(4) 유체 입자는 유선을 따른다.(임의의 두 점은 같은 유선상에 있다.)

18. 직경이 D인 원형 축과 슬라이딩 베어링 사이(간격$= t$, 길이$= L$)에 점성계수가 μ인 유체가 채워져 있다. 축을 ω의 각속도로 회전시킬 때 필요한 토크를 구하면? (단, $t \ll D$)

① $T = \mu \frac{\omega D}{2t}$ ② $T = \frac{\pi \mu \omega D^2 L}{2t}$

③ $T = \frac{\pi \mu \omega D^3 L}{2t}$ ④ $T = \frac{\pi \mu \omega D^3 L}{4t}$

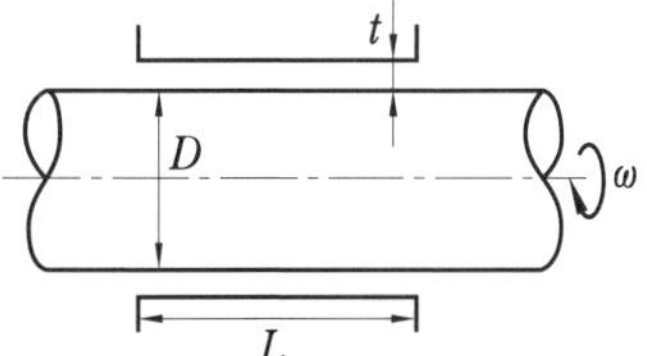

해설 각속도(ω)와 토크(T)의 관계식

$$T = \frac{\pi \mu \omega D^3 L}{4t} = \frac{2\pi \mu \omega R^3 L}{t} [\mathrm{N \cdot m}]$$

정답 16. ④ 17. ① 18. ④

※ $F=\tau A=\mu \frac{R\omega}{t}(2\pi RL)=\frac{2\pi\mu R^2\omega L}{t}$[N]

$T=FR=\frac{2\pi\mu R^2\omega L}{t}\times R=\frac{2\pi\mu R^3\omega L}{t}=\frac{\pi\mu D^3\omega L}{4t}$[N · m]

19. 절대온도와 비체적이 각각 T, v인 이상기체 1 kg이 압력이 P로 일정하게 유지되는 가운데 가열되어 절대온도가 6T까지 상승되었다. 이 과정에서 이상기체가 한 일은 얼마인가?

① Pv
② $3Pv$
③ $5Pv$
④ $6Pv$

해설 샤를의 법칙(Charle's law)

$P=C$일 때 $\frac{v}{T}=C$

$\frac{v_1}{T_1}=\frac{v_2}{T_2}$, $v_2=v_1\left(\frac{T_2}{T_1}\right)=6v_1$

$W=\int_1^2 Pdv=P(v_2-v_1)=P(6v_1-v_1)=5Pv_1$[kJ/kg]

20. 수면에 잠긴 무게가 490 N인 매끈한 쇠구슬을 줄에 매달아서 일정한 속도로 내리고 있다. 쇠구슬이 물속으로 내려갈수록 들고 있는 데 필요한 힘은 어떻게 되는가?(단, 물은 정지된 상태이며, 쇠구슬은 완전한 구형체이다.)

① 적어진다.
② 동일하다.
③ 수면 위보다 커진다.
④ 수면 바로 아래보다 커진다.

해설 물체가 받는 부력(F_B)의 크기는 그 물체가 배제한 유체의 무게(W)와 같다. 따라서 쇠구슬이 물에 완전히 잠긴 상태에서 차지한 쇠구슬의 부피는 일정하므로 부력의 크기도 일정(동일)하다(부력=쇠구슬의 무게).

정답 19. ③ 20. ②

2017년도 시행문제

소방설비기계기사

2017년 3월 5일(제1회)

01. 다음 중 펌프를 직렬 운전해야 할 상황으로 가장 적절한 것은?

① 유량의 변화가 크고 1대로는 유량이 부족할 때
② 소요되는 양정이 일정하지 않고 크게 변동될 때
③ 펌프에 폐입 현상이 발생할 때
④ 펌프에 무구속속도(run away speed)가 나타날 때

해설 동일 용량의 펌프를 두 대 직렬 연결(운전) 시 양정은 2배, 유량은 일정, 병렬 연결(운전) 시 유량은 2배, 양정은 일정하다. 따라서 소요되는 양정이 일정하지 않고 크게 변동하는 경우는 펌프를 직렬 운전하는 것이 적절하다.

※ 펌프의 무구속속도(run away speed)란 펌프 압력 차단 시 역방향 회전, 역방향 흐름의 영역에 있어서 펌프의 최대회전수(회전기계에서 조속기가 작용하지 않는 상태에서 무부하(unloading)로 되었을 때 최대회전수)를 의미한다.

02. 베르누이 방정식을 적용할 수 있는 기본 전제 조건으로 옳은 것은?

① 비압축성 흐름, 점성 흐름, 정상 유동
② 압축성 흐름, 비점성 흐름, 정상 유동
③ 비압축성 흐름, 비점성 흐름, 비정상 유동
④ 비압축성 흐름, 비점성 흐름, 정상 유동

해설 (1) 베르누이 방정식

$$\frac{P}{\gamma}+\frac{V^2}{2g}+Z=H=C$$

$$\frac{P}{\rho}+\frac{V^2}{2}+gZ=H=C$$

(2) 가정 조건

- 정상 유동$\left(\frac{\partial\rho}{\partial t}=0\right)$
- 비압축성 유체($\rho=C$)일 것
- 비점성 유동(마찰력이 없을 것)
- 유체 입자는 유선을 따른다.

정답 1. ② 2. ④

03. 펌프 운전 중 발생하는 수격 작용의 발생을 예방하기 위한 방법에 해당되지 않는 것은?

① 밸브를 가능한 펌프 송출구에서 멀리 설치한다.
② 서지탱크를 관로에 설치한다.
③ 밸브의 조작을 천천히 한다.
④ 관내의 유속을 낮게 한다.

해설 수격 작용(water hammering) 방지책

(1) 밸브는 펌프 송출구 가까이 설치한다.(밸브 조작을 천천히 할 것)
(2) 배관은 가능한 직선으로 짧게 시공한다.(배관 부품이나 곡관이 없게 할 것)
(3) 관경을 크게 하여 관내의 유속을 낮춘다.
(4) 관로에 조압수조(surge tank)나 수격방지기 등을 설치한다.
(5) 펌프에 플라이휠(flywheel)을 설치한다.

04. 그림과 같이 반지름이 0.8 m이고 폭이 2 m인 곡면 AB가 수문으로 이용된다. 물에 의한 힘의 수평성분의 크기는 약 몇 kN인가?(단, 수문의 폭은 2 m이다.)

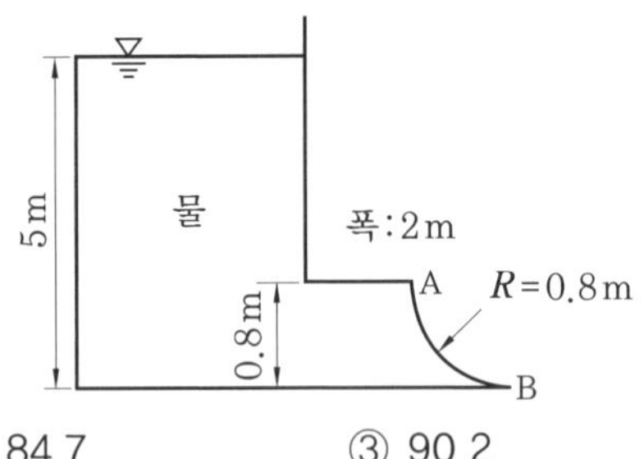

① 72.1 ② 84.7 ③ 90.2 ④ 95.4

해설 수평분력$(F_H) = \gamma_\omega \bar{h} A = 9.8 \times \left(5 - \frac{0.8}{2}\right) \times (0.8 \times 2) \fallingdotseq 72.13\text{ kN}$

05. 그림과 같이 매끄러운 유리관에 물이 채워져 있을 때 모세관 상승 높이 h는 약 몇 m인가?

〈조건〉

㉮ 액체의 표면장력 $\sigma = 0.073\text{ N/m}$
㉯ $R = 1\text{ mm}$
㉰ 매끄러운 유리관의 접촉각 $\theta \approx 0°$

① 0.007 ② 0.015 ③ 0.07 ④ 0.15

정답 3. ① 4. ① 5. ②

해설 모세관 현상에 의한 액면 상승 높이(h)

$$= \frac{4\sigma\cos\theta}{\gamma d} = \frac{4\sigma\cos\theta}{\rho g d} = \frac{4\times 0.073\cos 0°}{9800\times 0.002} \fallingdotseq 0.015\,\mathrm{m}$$

여기서, σ : 표면장력(N/m)

θ : 액면접촉각(°)

γ : 물의 비중량($9800\,\mathrm{N/m^3}$)

d : 유리관의 직경(m)

$\rho\left(=\frac{\gamma}{g}\right)$: 물의 밀도($\mathrm{kg/m^3}$)

g : 지구 평균 중력가속도($9.8\,\mathrm{m/s^2}$)

06. 공기 10 kg과 수증기 1 kg이 혼합되어 10 $\mathrm{m^3}$의 용기 안에 들어 있다. 이 혼합 기체의 온도가 60℃라면, 이 혼합 기체의 압력은 약 몇 kPa인가? (단, 수증기 및 공기의 기체상수는 각각 0.462 및 0.287 kJ · K이고 수증기는 모두 기체 상태이다.)

① 95.6 ② 111

③ 126 ④ 145

해설 $PV=(m_1R_1+m_2R_2)T$에서

$$P=\frac{(m_1R_1+m_2R_2)T}{V}=\frac{(10\times 0.287+1\times 0.462)\times(60+273)}{10} \fallingdotseq 111\,\mathrm{kPa}$$

07. 파이프 내의 정상 비압축성 유동에 있어서 관마찰계수는 어떤 변수들의 함수인가?

① 절대조도와 관지름 ② 절대조도와 상대조도

③ 레이놀즈수와 상대조도 ④ 마하수와 코시수

해설 관로(pipe) 내에서 비압축성 유체 유동 시 관마찰계수(f)는 레이놀즈수(Re)와 상대조도$\left(\frac{e}{d}\right)$만의 함수이다.

(1) 층류($Re<2100$)인 경우 : 관마찰계수(f)는 레이놀즈수(Re)만의 함수이다. $f=\frac{64}{Re}$

(2) 천이구역($2100<Re<4000$)인 경우 : $f=F(Re,\ \frac{e}{d})$

(3) 난류($Re>4000$)인 경우 : 매끈한 관인 경우 레이놀즈수(Re)만의 함수이다.

※ $3000<Re<10^5$인 경우 블라시우스(Blausius)의 실험식 적용

$$f=0.3164\,Re^{-\frac{1}{4}}=\frac{0.3164}{\sqrt[4]{Re}}$$

정답 6. ② 7. ③

08. 점성계수의 단위로 사용되는 푸아즈(poise)의 환산단위로 옳은 것은?

① cm^2/s ② $N \cdot s^2/m^2$

③ dyne/cm · s ④ $dyne \cdot s/cm^2$

해설 점성계수의 CGS계 유도단위

$1\ poise = 1\ dyne \cdot s/cm^2 = 1\ g/cm \cdot s$

09. 3 m/s의 속도로 물이 흐르고 있는 관로 내에 피토관을 삽입하고, 비중 1.8의 액체를 넣은 시차액주계에서 나타나게 되는 액주차는 약 몇 m인가?

① 0.191 ② 0.573

③ 1.41 ④ 2.15

해설 $V = \sqrt{2gh\left(\frac{S}{S_0} - 1\right)}$ [m/s]

$$V^2 = 2gh\left(\frac{S}{S_0} - 1\right)$$

$$\therefore h = \frac{V^2}{2g\left(\frac{S}{S_0} - 1\right)} = \frac{3^2}{2 \times 9.8\left(\frac{1.8}{1} - 1\right)} = 0.573\ m$$

10. 온도 50℃, 압력 100 kPa인 공기가 지름 10 mm인 관 속을 흐르고 있다. 임계 레이놀즈수가 2100일 때 층류로 흐를 수 있는 최대평균속도와 유량은 각각 약 얼마인가?(단, 공기의 점성계수는 19.5×10^{-6} kg/m · s이며, 기체상수는 287 J/kg · K이다.)

① $V = 0.6$ m/s, $Q = 0.5 \times 10^{-4}$ m^3/s

② $V = 1.9$ m/s, $Q = 1.5 \times 10^{-4}$ m^3/s

③ $V = 3.8$ m/s, $Q = 3.0 \times 10^{-4}$ m^3/s

④ $V = 5.8$ m/s, $Q = 6.1 \times 10^{-4}$ m^3/s

해설 $Re_c = \frac{\rho V d}{\mu}$ 에서

$$V = \frac{Re_c \mu}{\rho d} = \frac{2100 \times 19.5 \times 10^{-6}}{1.08 \times 0.01} \fallingdotseq 3.8\ m/s$$

$$\rho = \frac{P}{RT} = \frac{100}{0.287 \times (50 + 273)} = 1.08\ kg/m^3$$

$$Q = AV = \frac{\pi d^2}{4} V = \frac{\pi}{4}(0.01)^2 \times 3.8 = 3 \times 10^{-4}\ m^3/s$$

정답 8. ④ 9. ② 10. ③

11. 오른쪽 그림과 같은 탱크에 물이 들어 있다. 물이 탱크의 밑면에 가하는 힘은 약 몇 N인가?(단, 물의 밀도는 1000 kg/m^3, 중력가속도는 10 m/s^{2}로 가정하며 대기압은 무시한다. 또한 탱크의 폭은 전체가 1 m로 동일하다.)

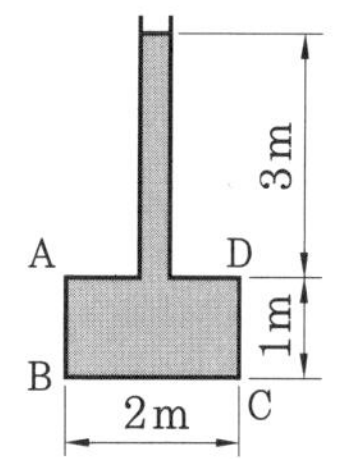

① 40000 ② 20000
③ 80000 ④ 60000

해설 $F=\gamma hA=\rho ghA=1000\times 10\times 4\times(1\times 2)=80000\text{ N}$

12. 오른쪽 그림과 같이 수평면에 대하여 60° 기울어진 경사관에 비중(S)이 13.6인 수은이 채워져 있으며, A와 B에는 물이 채워져 있다. A의 압력이 250 kPa, B의 압력이 200 kPa일 때, 길이 L은 약 몇 cm인가?

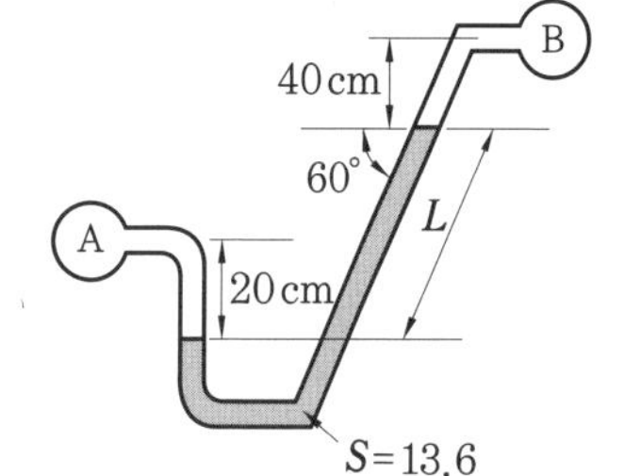

① 33.3 ② 38.2
③ 41.6 ④ 45.1

해설 $P_A+\gamma_w h_1=P_B+\gamma_w h_2+\gamma_w S_{Hg}L\sin 60°$

$250+9.8\times 0.2=200+9.8\times 0.4+9.8\times 13.6L\sin 60°$

$$\therefore L=\frac{(250+9.8\times 0.2)-(200+9.8\times 0.4)}{9.8\times 13.6\sin 60°}=\frac{48.04}{9.8\times 13.6\sin 60°}$$

$=0.416\text{ m}=41.6\text{ cm}$

13. 표면적이 A, 절대온도가 T_1인 흑체와 절대온도가 T_2인 흑체 주위 밀폐공간 사이의 열전달량은?

① T_1-T_2에 비례한다. ② $T_1^2-T_2^2$에 비례한다.
③ $T_1^3-T_2^3$에 비례한다. ④ $T_1^4-T_2^4$에 비례한다.

해설 복사열전달에서는 슈테판-볼츠만 공식(Stefan-Boltzmann formula)을 적용한다.

$q_R=\varepsilon A\sigma(T_1^4-T_2^4)$[W]

여기서, ε : 복사율($0<\varepsilon<1$)

A : 전열면적(m^2)

σ : 슈테판-볼츠만상수($=5.67\times 10^{-8}$ W/m$^2\cdot$K^4)

T_1, T_2 : 흑체(black body) 표면 절대온도(K)

$\therefore q_R\propto T_1^4-T_2^4$

정답 11. ③ 12. ③ 13. ④

14. 압력 200 kPa, 온도 60℃의 공기 2 kg이 이상적인 폴리트로픽 과정으로 압축되어 압력 2 MPa, 온도 250℃로 변화하였을 때 이 과정 동안 소요된 일의 양은 약 몇 kJ인가? (단, 기체상수는 0.287 kJ/kg · K이다.)

① 224 ② 327 ③ 447 ④ 560

해설 $P_1 v_1 = RT_1$

$$v_1 = \frac{RT_1}{P_1} = \frac{0.287 \times (60+273)}{200} = 0.478\ \mathrm{m^3/kg}$$

$P_2 v_2 = RT_2$

$$v_2 = \frac{RT_2}{P_2} = \frac{0.287 \times (250+273)}{2000} = 0.075\ \mathrm{m^3/kg}$$

$P_1 v_1^n = P_2 v_2^n$에서 $\dfrac{P_2}{P_1} = \left(\dfrac{v_1}{v_2}\right)^n$

양변에 ln을 취하면 $\ln\left(\dfrac{P_2}{P_1}\right) = n\ln\left(\dfrac{v_1}{v_2}\right)$

$$\therefore\ n = \frac{\ln\left(\dfrac{P_2}{P_1}\right)}{\ln\left(\dfrac{v_1}{v_2}\right)} = \frac{\ln\left(\dfrac{2000}{200}\right)}{\ln\left(\dfrac{0.478}{0.075}\right)} = 1.243$$

$${}_1W_2 = \frac{1}{n-1}(P_1V_1 - P_2V_2) = \frac{mR}{n-1}(T_1 - T_2) = \frac{mRT_1}{n-1}\left[1 - \left(\frac{T_2}{T_1}\right)\right]$$

$$= \frac{2 \times 0.287 \times 333}{1.243 - 1}\left[1 - \left(\frac{523}{333}\right)\right] \fallingdotseq -448\ \mathrm{kJ}$$

15. 압력 0.1 MPa, 온도 250℃ 상태인 물의 엔탈피가 2974.33 kJ/kg이고 비체적은 2.40604 $\mathrm{m^3}$/kg이다. 이 상태에서 물의 내부에너지(kJ/kg)는?

① 2733.7 ② 2974.1 ③ 3214.9 ④ 3582.7

해설 $h = u + pv\,[\mathrm{kJ/kg}]$에서 $u = h - pv = 2974.33 - 0.1 \times 10^3 \times 2.40604 = 2733.73\ \mathrm{kJ/kg}$

16. 길이가 400 m이고 유동단면이 20 cm× 30 cm인 직사각형관에 물이 가득 차서 평균속도 3 m/s로 흐르고 있다. 이때 손실수두는 약 몇 m인가? (단, 관마찰계수는 0.01이다.)

① 2.38 ② 4.76 ③ 7.65 ④ 9.52

해설 $h_L = \lambda \dfrac{L}{4R_h}\dfrac{V^2}{2g} = 0.01 \times \dfrac{400}{4 \times 0.06} \times \dfrac{3^2}{2 \times 9.8} \fallingdotseq 7.65\ \mathrm{m}$

정답 14. ③ 15. ① 16. ③

$$수력반경(R_h) = \frac{유동단면적(A)}{접수길이(P)} = \frac{bh}{2(b+h)} = \frac{0.2 \times 0.3}{2(0.2+0.3)} = 0.06\text{ m}$$

17. 안지름 100 mm인 파이프를 통해 2 m/s의 속도로 흐르는 물의 질량유량은 약 몇 kg/min인가?

① 15.7 ② 157 ③ 94.2 ④ 942

해설 $\dot{m} = \rho A V = 1000 \times \frac{\pi}{4}(0.1)^2 \times 2 = 15.7\text{ kg/s} = 942\text{ kg/min}$

18. 유량이 0.6 m^3/min일 때 손실수두가 5 m인 관로를 통하여 10 m 높이 위에 있는 저수조로 물을 이송하고자 한다. 펌프의 효율이 85 %라고 할 때 펌프에 공급해야 하는 전력은 약 몇 kW인가?

① 0.58 ② 1.15 ③ 1.47 ④ 1.73

해설 $H_{kW} = \frac{9.8QH}{\eta_P} = \frac{9.8 \times \left(\frac{0.6}{60}\right) \times 15}{0.85} = 1.73\text{ kW}$

전양정$(H) = h + h_L = 10 + 5 = 15\text{m}$

19. 대기의 압력이 1.08 kgf/cm^2였다면 게이지 압력이 12.5kgf/cm^2인 용기에서 절대압력(kgf/cm^2)은?

① 12.50 ② 13.58 ③ 11.42 ④ 14.50

해설 $P_a = P_o + P_g = 1.08 + 12.5 = 13.58\text{ ata}(\text{kgf/cm}^2 \cdot \text{a})$

20. 시간 Δt 사이에 유체의 선운동량이 ΔP만큼 변했을 때 $\frac{\Delta P}{\Delta t}$는 무엇을 뜻하는가?

① 유체 운동량의 변화량 ② 유체 충격량의 변화량

③ 유체의 가속도 ④ 유체에 작용하는 힘

해설 $F = ma = m\frac{dV}{dt} = \frac{\Delta P}{\Delta t}[\text{N}]$

※ 선운동량(linear momentum) 변화량 $\Delta P = d(mV)[\text{N} \cdot \text{s}]$

정답 17. ④ 18. ④ 19. ② 20. ④

소방설비기계기사 2017년 5월 7일(제2회)

01. 그림과 같은 삼각형 모양의 평판이 수직으로 유체 내에 놓여 있을 때 압력에 의한 힘의 작용점은 자유표면에서 얼마나 떨어져 있는가?(단, 삼각형의 도심에서 단면 2차 모멘트는 $\dfrac{bh^3}{36}$ 이다.)

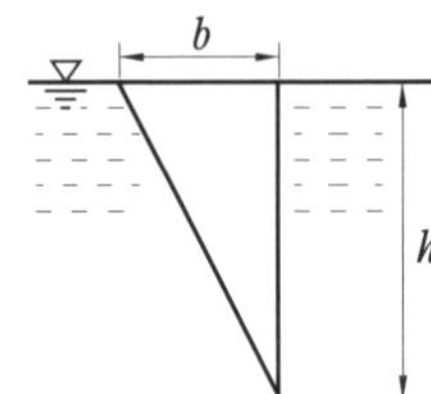

① $\dfrac{h}{4}$ ② $\dfrac{h}{3}$ ③ $\dfrac{h}{2}$ ④ $\dfrac{2h}{3}$

해설 전압력의 작용위치$(y_F)=\bar{y}+\dfrac{I_G}{A\bar{y}}=\dfrac{h}{3}+\dfrac{\dfrac{bh^3}{36}}{\dfrac{bh}{2}\times\dfrac{h}{3}}=\dfrac{h}{3}+\dfrac{h}{6}=\dfrac{2h}{6}+\dfrac{h}{6}=\dfrac{3h}{6}=\dfrac{h}{2}$[m]

02. 압력의 변화가 없을 경우 0℃의 이상기체는 약 몇 ℃가 되면 부피가 2배로 되는가?

① 273 ② 373 ③ 546 ④ 646

해설 샤를의 법칙($P=C$일 때 $\dfrac{V}{T}=C$) 적용

$$\frac{V_1}{T_1}=\frac{V_2}{T_2}$$

$$\therefore\ T_2=T_1\left(\frac{V_2}{V_1}\right)=273\times 2=546\text{ K}-273\text{ K}=273℃$$

03. 서로 다른 재질로 만든 평판의 양쪽 온도가 다음과 같을 때, 동일한 면적 및 두께를 통한 열류량이 모두 동일하다면, 어느 것이 단열재로서 성능이 가장 우수한가?

① 30~10℃ ② 10~−10℃
③ 20~10℃ ④ 40~10℃

정답 1. ③ 2. ① 3. ④

해설 $q_c = \lambda F \frac{\Delta T}{L}$[W]에서 $\lambda = \frac{q_c L}{F\Delta t}$[W/m・K]

$\therefore \lambda \propto \frac{1}{\Delta t}$ 이므로 열전도계수와 온도차는 반비례한다. 단열재의 성능은 열전도계수가 작을수록 우수하므로 온도차가 가장 큰 것이 답이다.

① 30－10＝20℃
② 10－(－10)＝20℃
③ 20－10＝10℃
④ 40－10＝30℃

04. 지름 40cm인 소방용 배관에 물이 80 kg/s로 흐르고 있다면 물의 유속은 약 몇 m/s인가?

① 6.4　② 0.64　③ 12.7　④ 1.27

해설 $\dot{m} = \rho A V$[kg/s]에서

$$V = \frac{\dot{m}}{\rho A} = \frac{80}{1000 \times \frac{\pi}{4}(0.4)^2} = 0.64\,\text{m/s}$$

05. 동력(power)의 차원을 옳게 표시한 것은? (단, M : 질량, L : 길이, T : 시간을 나타낸다.)

① ML^2T^{-3}　② L^2T^{-1}　③ $ML^{-1}T^{-1}$　④ MLT^{-2}

해설 동력(power)$=\frac{\text{일량(N・m)}}{\text{시간(s)}}$ 이므로

단위는 N・m/s＝kg・m^2/s^3

차원은 $FLT^{-1} = (MLT^{-2})LT^{-1} = ML^2T^{-3}$

06. 그림에서 두 피스톤의 지름이 각각 30 cm와 5 cm이다. 큰 피스톤이 1 cm 아래로 움직이면 작은 피스톤은 위로 몇 cm 움직이는가?

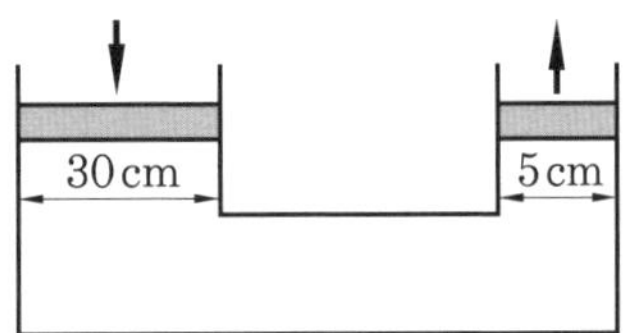

① 1 cm　② 5 cm　③ 30 cm　④ 36 cm

정답 4. ②　5. ①　6. ④

해설 $A_1S_1 = A_2S_2$(두 피스톤의 이동된 유체의 체적량은 같다.)

$$\therefore S_2 = S_1\left(\frac{A_1}{A_2}\right) = S_1\left(\frac{d_1}{d_2}\right)^2 = 1\left(\frac{30}{5}\right)^2 = 36\text{ cm}$$

07. 계기압력(gauge pressure)이 50 kPa인 파이프 속의 압력은 진공압력(vacuum pressure)이 30 kPa인 용기 속의 압력보다 얼마나 높은가?

① 0 kPa ② 20 kPa ③ 80 kPa ④ 130 kPa

해설 압력차$(\Delta P) = 50 - (-30) = 80\text{ kPa}$

08. 직사각형 단면의 덕트에서 가로와 세로가 각각 a 및 1.5 a이고, 길이가 L이며, 이 안에서 공기가 V의 평균속도로 흐르고 있다. 이때 손실수두를 구하는 식으로 옳은 것은? (단, f는 이 수력지름에 기초한 마찰계수이고, g는 중력가속도를 의미한다.)

① $f\frac{L}{a}\frac{V^2}{2.4g}$ ② $f\frac{L}{a}\frac{V^2}{2g}$

③ $f\frac{L}{a}\frac{V^2}{1.4g}$ ④ $f\frac{L}{a}\frac{V^2}{g}$

해설 $h_L = f\frac{L}{4R_h}\frac{V^2}{2g} = f\frac{L}{4\times 0.3a}\frac{V^2}{2g} = f\frac{L}{a}\frac{V^2}{2.4g}[\text{m}]$

$$R_h = \frac{A}{P} = \frac{bh}{2(b+h)} = \frac{a\times 1.5a}{2(a+1.5a)} = \frac{1.5a^2}{5a} = 0.3a[\text{m}]$$

09. 65 %의 효율을 가진 원심펌프를 통하여 물을 1 m^3/s의 유량으로 송출 시 필요한 펌프수두가 6 m이다. 이때 펌프에 필요한 축동력은 약 몇 kW인가?

① 40 kW ② 60 kW

③ 80 kW ④ 90 kW

해설 $L_s = \frac{9.8QH}{\eta_P} = \frac{9.8\times 1\times 6}{0.65} = 90.46\text{ kW}$

10. 중력가속도가 2 m/s^2인 곳에서 무게가 8 kN이고 부피가 5 m^3인 물체의 비중은 약 얼마인가?

① 0.2 ② 0.8 ③ 1.0 ④ 1.6

정답 7. ③ 8. ① 9. ④ 10. ②

해설 비중$(S)=\frac{\gamma}{\gamma_w}=\frac{7.84}{9.8}=0.8$

$\gamma=\frac{W}{V}=\frac{39.2}{5}=7.84\text{ kN/m}^3$

중력가속도(g)와 무게(W)는 비례하므로

$2:8=9.8:W$

$\therefore\ W=\frac{8\times9.8}{2}=39.2\text{ kN}$

11. 관 내 물의 속도가 12 m/s, 압력이 103 kPa이다. 속도수두(H_v)와 압력수두(H_p)는 각각 약 몇 m인가?

① $H_v=7.35,\ H_p=9.8$ ② $H_v=7.35,\ H_p=10.5$

③ $H_v=6.52,\ H_p=9.8$ ④ $H_v=6.52,\ H_p=10.5$

해설 (1) 속도수두$(H_v)=\frac{V^2}{2g}=\frac{12^2}{2\times9.8}=7.35\text{ m}$

(2) 압력수두$(H_p)=\frac{P}{\gamma}=\frac{103}{9.8}=10.51\text{ m}$

12. 노즐에서 분사되는 물의 속도가 V = 12 m/s이고, 분류에 수직인 평판은 속도 u = 4 m/s로 움직일 때, 평판이 받는 힘은 약 몇 N인가? (단, 노즐(분류)의 단면적은 0.01 m^2이다.)

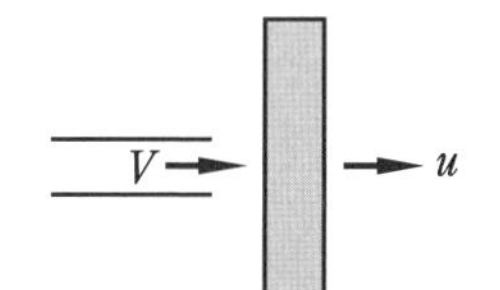

① 640 ② 960

③ 1280 ④ 1440

해설 $F=\rho Q(V-u)=\rho A(V-u)^2=1000\times0.01(12-4)^2=640\text{ N}$

13. 그림과 같이 물탱크에서 2 m^2의 단면적을 가진 파이프를 통해 터빈으로 물이 공급되고 있다. 송출되는 터빈은 수면으로부터 30 m 아래에 위치하고, 유량은 10 m^3/s 이고 터빈 효율이 80 %일 때 터빈 출력은 약 몇 kW인가? (단, 밴드나 밸브 등에 의한 부차적 손실계수는 2로 가정한다.)

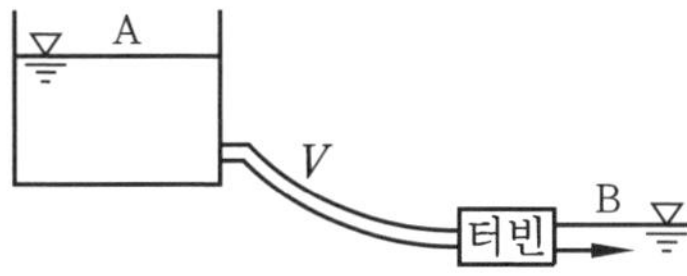

① 1254 ② 2690 ③ 2152 ④ 3363

정답 11. ② 12. ① 13. ③

해설 $P_1 = P_2 = P_0$(대기압)$=0$

부차적 손실수두$(h_L) = k\dfrac{V^2}{2g} = 2\times\dfrac{5^2}{2\times 9.8} = 2.55\text{ m}$

$Q = AV[\text{m}^3/\text{s}]$에서 $V = \dfrac{Q}{A} = \dfrac{10}{2} = 5\text{ m/s}$

$$\frac{P_1}{\gamma} + \frac{V_1^2}{2g} + Z_1 = \frac{P_2}{\gamma} + k\frac{V^2}{2g} + Z_2 + H_t$$

$0+0+30 = 0+2.55+0+H_t$

$\therefore\ H_t = 27.45\text{ m}$

$\therefore$ 터빈 출력(kW)$= 9.8QH_t\eta_t = 9.8\times 10\times 27.45\times 0.8 = 2152\text{ kW}$

14. 가역단열과정에서 엔트로피 변화 ΔS는?

① $\Delta S > 1$　② $0 < \Delta S < 1$
③ $\Delta S = 1$　④ $\Delta S = 0$

해설 가역단열변화란 외부와 경계를 통한 열의 출입이 전혀 없는 경우를 말하므로 엔트로피 변화량은 0이다.

$\Delta S = \dfrac{\delta Q}{T}[\text{kJ/K}]$에서 $\delta Q = 0$

$\therefore\ \Delta S = 0$

※ 가역단열변화는 등엔트로피($S=C$)변화이며 비가역단열변화는 엔트로피가 증가한다 ($\Delta S > 0$).

15. 안지름 300 mm, 길이 200 m인 수평 원관을 통해 유량 0.2 m^3/s의 물이 흐르고 있다. 관의 양 끝단에서의 압력 차이가 500 mmHg이면 관의 마찰계수는 약 얼마인가? (단, 수은의 비중은 13.6이다.)

① 0.017　② 0.025
③ 0.038　④ 0.041

해설 $Q = AV[\text{m}^3/\text{s}]$에서 $V = \dfrac{Q}{A} = \dfrac{0.2}{\dfrac{\pi}{4}(0.3)^2} = 2.83\text{ m/s}$

$$h_L = \frac{\Delta P}{\gamma_w} = \frac{\gamma_w S_{Hg} h}{\gamma_w} = \frac{9800\times 13.6\times 0.5}{9800} = 6.8\text{ m}$$

$h_L = f\dfrac{L}{d}\dfrac{V^2}{2g}[\text{m}]$에서 $f = \dfrac{2h_L gd}{LV^2} = \dfrac{2\times 6.8\times 9.8\times 0.3}{200\times(2.83)^2} = 0.025$

정답 14. ④ 15. ②

16. 온도가 37.5℃인 원유가 0.3 m^3/s의 유량으로 원관에 흐르고 있다. 레이놀즈수가 2100일 때 관의 지름은 약 몇 m인가?(단, 원유의 동점성계수는 6×10^{-5} m^2/s이다.)

① 1.25 ② 2.45 ③ 3.03 ④ 4.45

해설 $Re_c = \dfrac{\rho Vd}{\mu} = \dfrac{Vd}{\nu} = \dfrac{\left(\dfrac{Q}{A}\right)d}{\nu} = \dfrac{4Q}{\pi d\nu}$

$\therefore\ d = \dfrac{4Q}{\pi\nu Re_c} = \dfrac{4\times0.3}{\pi\times6\times10^{-5}\times2100} = 3.03\ \text{m}$

17. 뉴턴(Newton)의 점성 법칙을 이용한 회전 원통식 점도계는?

① 세이볼트 점도계 ② 오스트발트 점도계
③ 레드우드 점도계 ④ 스토머 점도계

해설 (1) 뉴턴(Newton)의 점성 법칙을 이용한 점도계
- 스토머 점도계
- 맥미첼(MacMichael) 점도계

(2) 하겐-푸아죄유(Hagen-Poiseuille)의 원리를 이용한 점도계
- 세이볼트(Saybolt) 점도계
- 오스트발트(Ostwald) 점도계

(3) 스토크스 법칙의 원리를 이용한 점도계 : 낙구식 점도계

점성계수(μ)$= 1.1\times\dfrac{d^2(\gamma_s-\gamma_l)}{18V}$[Pa·s]

※ 레드우드 점도계, 앵귤러 점도계 등은 기름의 점도를 측정하는 점도계이다.

18. 분당 토출량이 1600 L, 전양정이 100 m인 물펌프의 회전수를 1000 rpm에서 1400 rpm으로 증가하면 전동기 소요동력은 약 몇 kW가 되어야 하는가?(단, 펌프의 효율은 65 %이고 전달계수는 1.1이다.)

① 44.1 ② 82.1 ③ 121 ④ 142

해설 전동기 동력(L_{m1})$= K\dfrac{9.8QH}{\eta_P} = 1.1\times\dfrac{9.8\times\left(\dfrac{1.6}{60}\right)\times100}{0.65} = 44.23\ \text{kW}$

펌프 상사 법칙을 적용하면

$L_{m2} = L_{m1}\left(\dfrac{N_2}{N_1}\right)^3 = 44.23\left(\dfrac{1400}{1000}\right)^3 \fallingdotseq 121.37\ \text{kW}$

정답 16. ③ 17. ④ 18. ③

19. 펌프의 공동 현상(cavitation)을 방지하기 위한 방법이 아닌 것은?

① 펌프의 설치위치를 되도록 낮게 하여 흡입양정을 짧게 한다.
② 단흡입펌프보다는 양흡입펌프를 사용한다.
③ 펌프의 흡입관경을 크게 한다.
④ 펌프의 회전수를 크게 한다.

해설 공동 현상(캐비테이션) 방지책

- 펌프의 설치위치를 수원보다 낮게 한다.
- 흡입양정(suction head)을 낮게 한다.
- 펌프 흡입관경을 크게 한다(유속을 낮춘다).
- 펌프의 회전속도(임펠러 회전수)를 작게 한다.
- 단흡입펌프보다는 양흡입펌프를 사용한다.

20. 체적 2000 L의 용기 내에서 압력 0.4 MPa, 온도 55℃의 혼합기체의 체적비가 각각 메탄(CH_4) 35 %, 수소(H_2) 40 %, 질소(N_2) 25 %이다. 이 혼합기체의 질량은 약 몇 kg인가? (단, 일반기체상수는 8.314 kJ/kmol · K이다.)

① 3.11 ② 3.53 ③ 3.93 ④ 4.52

해설 (1) 성분기체의 체적 계산

- 메탄(CH_4)의 체적(V_1) $= 2 \times 0.35 = 0.7\ \text{m}^3$
- 수소(H_2)의 체적(V_2) $= 2 \times 0.4 = 0.8\ \text{m}^3$
- 질소(N_2)의 체적(V_3) $= 2 \times 0.25 = 0.5\ \text{m}^3$

(2) 성분기체의 밀도(ρ) 계산

$$PV = mRT,\ P = \frac{m}{V}RT = \rho RT\left(R = \frac{\overline{R}}{M} = \frac{\text{공통기체상수}}{\text{분자량}}\right)$$

$$\rho = \frac{P}{RT} = \frac{P}{\left(\frac{\overline{R}}{M}\right)T} = \frac{PM}{\overline{R}T}[\text{kg/m}^3]$$

- 메탄의 밀도(ρ_{CH_4}) $= \frac{PM}{\overline{R}T} = \frac{400 \times 16}{8.314 \times (55+273)} = 2.35\ \text{kg/m}^3 (M = 12 + 1 \times 4 = 16\ \text{kg/kmol})$
- 수소의 밀도(ρ_{H_2}) $= \frac{PM}{\overline{R}T} = \frac{400 \times 2}{8.314 \times (55+273)} = 0.29\ \text{kg/m}^3 (M = 1 \times 2 = 2\ \text{kg/kmol})$
- 질소의 밀도(ρ_{N_2}) $= \frac{PM}{\overline{R}T} = \frac{400 \times 28}{8.314 \times (55+273)} = 4.11\ \text{kg/m}^3 (M = 14 \times 2 = 28\ \text{kg/kmol})$

(3) 혼합기체 질량(m) = 각 성분기체 질량의 합($m_1 + m_2 + m_3$)

$$m = m_1 + m_2 + m_3 = \rho_{CH_4} V_1 + \rho_{H_2} V_2 + \rho_{N_2} V_3 = 2.35 \times 0.7 + 0.29 \times 0.8 + 4.11 \times 0.5 \fallingdotseq 3.932\ \text{kg}$$

정답 19. ④ 20. ③

소방설비기계기사 2017년 9월 23일 (제4회)

01. 질량 m[kg]의 어떤 기체로 구성된 밀폐계가 Q[kJ]의 열을 받아 일을 하고, 이 기체의 온도가 ΔT[℃] 상승하였다면 이 계가 외부에 한 일(W)은? (단, 이 기체의 정적비열은 C_v[kJ/kg·K], 정압비열은 C_p[kJ/kg·K]이다.)

① $W=Q-mC_v\Delta T$　② $W=Q+mC_v\Delta T$
③ $W=Q-mC_p\Delta T$　④ $W=Q+mC_p\Delta T$

해설 $Q=\Delta U+W$[kJ]
내부에너지 변화량(ΔU)$=mC_v\Delta T$[kJ]
$W=Q-\Delta U=Q-mC_v\Delta T$[kJ]

02. 오른쪽 그림과 같이 수조의 밑부분에 구멍을 뚫고 물을 유량 Q로 방출시키고 있다. 손실을 무시할 때 수위가 처음 높이의 1/2로 되었을 때 방출되는 유량은 어떻게 되는가?

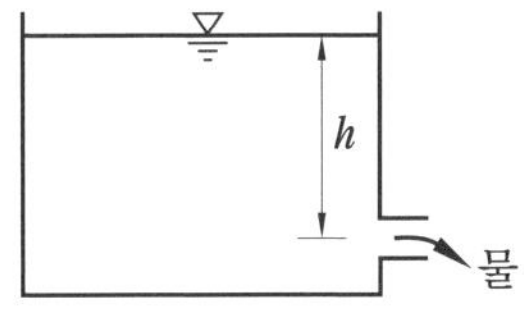

① $\frac{1}{\sqrt{2}}Q$　② $\frac{1}{2}Q$
③ $\frac{1}{\sqrt{3}}Q$　④ $\frac{1}{3}Q$

해설 $Q_1=AV_1=A\sqrt{2gh}\,[\mathrm{m^3/s}]$, $Q_2=AV_2=A\sqrt{2g\cdot\frac{h}{2}}\,[\mathrm{m^3/s}]$

$\therefore \frac{Q_2}{Q_1}=\frac{A\sqrt{gh}}{A\sqrt{2gh}}=\frac{1}{\sqrt{2}}$ 이므로 $Q_2=\frac{1}{\sqrt{2}}Q_1=\frac{1}{\sqrt{2}}Q$

03. 오른쪽 그림과 같이 기름이 흐르는 관에 오리피스가 설치되어 있고 그 사이의 압력을 측정하기 위해 U자형 차압 액주계가 설치되어 있다. 이때 두 지점 간의 압력차 (P_x-P_y)는 약 몇 kPa인가?

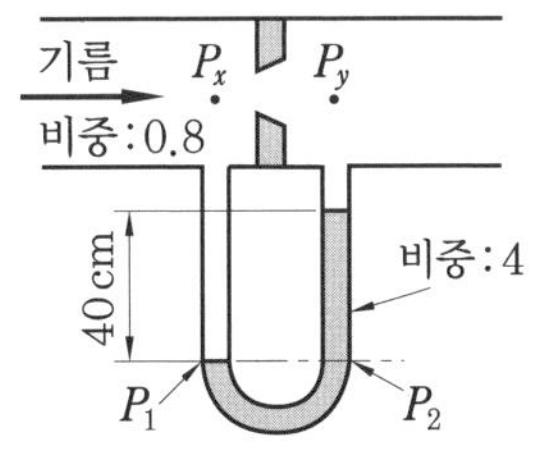

① 28.8　② 15.7
③ 12.5　④ 3.14

해설 $P_1=P_2$
$P_x+9.8\times0.8\times0.4=P_y+9.8\times4\times0.4$
$\therefore P_x-P_y=9.8\times4\times0.4-9.8\times0.8\times0.4=12.54\text{ kPa}$

정답 1. ①　2. ①　3. ③

04. 지름이 5 cm인 소방노즐에서 물제트가 40 m/s의 속도로 건물 벽에 수직으로 충돌하고 있다. 벽이 받는 힘은 약 몇 N인가?

① 1204
② 2253
③ 2570
④ 3141

해설 $\sum F=\rho Q(V_2-V_1)$, $-F=\rho Q(0-V_1)$

$$F=\rho QV=\rho AV^2=1000\times\frac{\pi}{4}(0.05)^2\times 40^2\fallingdotseq 3141\text{ N}$$

05. 체적이 0.1 m^{3}인 탱크 안에 절대압력이 1000 kPa인 공기가 6.5 kg/m^{3}의 밀도로 채워져 있다. 시간이 $t=0$일 때 단면적이 70 mm^{2}인 1차원 출구로 공기가 300 m/s의 속도로 빠져나가기 시작한다면 그 순간에서의 밀도 변화율(kg/m^3·s)은 약 얼마인가? (단, 탱크 안의 유체의 특성량은 일정하다고 가정한다.)

① −1.365
② −1.865
③ −2.365
④ −2.865

해설 $\frac{\partial}{\partial t}(\rho V)=-\rho_1 A_1 V_1$

탱크 체적 V는 일정하므로 $t=0$에서

$$\text{밀도 변화율}\left(\frac{\partial\rho}{\partial t}\right)=-\frac{\rho_1 A_1 V_1}{V}=-\frac{6.5\times\left(\frac{70}{10^6}\right)\times 300}{0.1}=-1.365\text{ kg/m}^3\cdot\text{s}$$

06. 모세관에 일정한 압력차를 가함에 따라 발생하는 층류 유동의 유량을 측정함으로써 유체의 점도를 측정할 수 있다. 같은 압력차에서 두 유체의 유량의 비 $Q_2/Q_1=2$이고 밀도비 $p_2/p_1=2$일 때, 점성계수비 μ_2/μ_1은?

① $\frac{1}{4}$
② $\frac{1}{2}$
③ 1
④ 2

해설 $Q=\frac{\Delta P\pi d^4}{128\mu L}=\frac{(\gamma h_L)\pi d^4}{128\mu L}=\frac{(\rho g h_L)\pi d^4}{128\mu L}[\text{m}^3/\text{s}]$이므로

$$Q\propto\frac{1}{\mu}$$

$$\therefore\ \frac{\mu_2}{\mu_1}=\frac{Q_1}{Q_2}=\frac{\rho_1}{\rho_2}=\frac{1}{2}$$

정답 4. ④ 5. ① 6. ②

07. 다음 중 동일한 액체의 물성치를 나타낸 것이 아닌 것은?

① 비중이 0.8 ② 밀도가 800 kg/m^3

③ 비중량이 7840 N/m^3 ④ 비체적이 1.25 m^3/kg

해설 ① 비중$(S)=0.8$

② 밀도$(\rho)=\rho_w S=1000\times0.8=800\ \mathrm{kg/m^3}$

③ 비중량$(\gamma)=\gamma_w S=9800\times0.8=7840\ \mathrm{N/m^3}$

④ 비체적$(v)=\dfrac{1}{\rho}=\dfrac{1}{800}=1.25\times10^{-3}\ \mathrm{m^3/kg}=1.25\ \mathrm{L/kg}$

08. 길이가 5 m이며 외경과 내경이 각각 40 cm와 30 cm인 환형(annular)관에 물이 4 m/s의 평균속도로 흐르고 있다. 수력지름에 기초한 마찰계수가 0.02일 때 손실수두는 약 몇 m인가?

① 0.063 ② 0.204 ③ 0.472 ④ 0.816

해설 $h_L=\lambda\dfrac{L}{4R_h}\dfrac{V^2}{2g}=0.02\times\dfrac{5}{4\times0.025}\times\dfrac{4^2}{2\times9.8}=0.816\ \mathrm{m}$

$$R_h=\frac{A}{P}=\frac{\frac{\pi}{4}(D^2-d^2)}{\pi(D+d)}=\frac{1}{4}(D-d)=\frac{1}{4}(0.4-0.3)=0.025\ \mathrm{m}$$

09. 열전달면적이 A이고 온도 차이가 10℃, 벽의 열전도율이 10 W/m · K, 두께 25 cm인 벽을 통한 열류량은 100 W이다. 동일한 열전달면적에서 온도 차이가 2배, 벽의 열전도율이 4배가 되고 벽의 두께가 2배가 되는 경우 열류량은 약 몇 W인가?

① 50 ② 200 ③ 400 ④ 800

해설 $Q=\lambda A\dfrac{\Delta t}{L}[\mathrm{W}]$

$$\frac{q_{con}'}{q_{con}}=\left(\frac{\Delta T'}{\Delta T}\right)\left(\frac{\lambda'}{\lambda}\right)\left(\frac{L}{L'}\right)$$

$$\therefore\ q_{con}'=q_{con}\left(\frac{\Delta T'}{\Delta T}\right)\left(\frac{\lambda'}{\lambda}\right)\left(\frac{L}{L'}\right)=100\times2\times4\times\frac{1}{2}=400\mathrm{W}$$

10. Carnot(카르노) 사이클이 800 K의 고온열원과 500 K의 저온 열원 사이에서 작동한다. 이 사이클에 공급하는 열량이 사이클당 800 kJ이라 할 때 사이클당 외부에 하는 일은 약 몇 kJ인가?

① 200 ② 300 ③ 400 ④ 500

정답 7. ④ 8. ④ 9. ③ 10. ②

해설 $\eta_c = \dfrac{W_{net}}{Q_1} = 1 - \dfrac{T_2}{T_1} = 1 - \dfrac{500}{800} = 0.375$

$\therefore\ W_{net} = \eta_c Q_1 = 0.375 \times 800 = 300\ \text{kJ}$

11. 길이 1200 m, 안지름 100 mm인 매끈한 원관을 통해서 0.01 m³/s의 유량으로 기름을 수송한다. 이때 관에서 발생하는 압력손실은 약 몇 kPa인가? (단, 기름의 비중은 0.8, 점성계수는 0.06 N · s/m²이다.)

① 163.2　② 201.5
③ 293.4　④ 349.7

해설 $V = \dfrac{Q}{A} = \dfrac{0.01}{\dfrac{\pi}{4}(0.1)^2} = 1.27\ \text{m/s}$

$Re = \dfrac{\rho V d}{\mu} = \dfrac{800 \times 1.27 \times 0.1}{0.06} = 1693 < 2100$이므로 층류

층류 원관 유동 시 압력 강하(손실) ΔP

$= \dfrac{128 \mu Q L}{\pi d^4} = \dfrac{128 \times 0.06 \times 0.01 \times 1200}{\pi (0.1)^4} = 293354\ \text{Pa} \fallingdotseq 293.4\ \text{kPa}$

12. 대기 중으로 방사되는 물제트에 피토관의 흡입구를 갖다 대었을 때 피토관의 수직부에 나타나는 수주의 높이가 0.6 m라고 하면, 물제트의 유속은 약 몇 m/s인가? (단, 모든 손실은 무시한다.)

① 0.25　② 1.55
③ 2.75　④ 3.43

해설 물제트의 유속(V)$= \sqrt{2gh} = \sqrt{2 \times 9.8 \times 0.6} = 3.43\ \text{m/s}$

13. 안지름이 13 mm인 옥내소화전의 노즐에서 방출되는 물의 압력(계기압력)이 230 kPa이라면 10분 동안의 방수량은 약 몇 m³인가?

① 1.7　② 3.6
③ 5.2　④ 7.4

해설 옥내소화전 관창(노즐)의 방수량(Q)$= 0.653 D^2 \sqrt{10P}$

$= 0.653 \times 13^2 \sqrt{10 \times 0.23} = 167.36\ \text{L/min}$

$\therefore$ 10분(min) 동안 방수량(Q)$= 167.36\ \text{L/min} \times 10\ \text{min} = 1673.6\ \text{L} \fallingdotseq 1.67\ \text{m}^3$

정답 11. ③　12. ④　13. ①

14. 계기압력이 730 mmHg이고 대기압이 101.3kPa일 때 절대압력은 약 몇 kPa인가? (단, 수은의 비중은 13.6이다.)

① 198.6 ② 100.2 ③ 214.4 ④ 93.2

해설 $P_a = P_o + P_g = 101.3 + \gamma_w S_{Hg} h = 101.3 + 9.8 \times 13.6 \times 0.73 \fallingdotseq 198.6\,\text{kPa}$

15. 펌프의 공동 현상(cavitation)을 방지하기 위한 대책으로 옳지 않은 것은?

① 펌프의 설치높이를 될 수 있는 대로 높여서 흡입양정을 길게 한다.
② 펌프의 회전수를 낮추어 흡입 비속도를 적게 한다.
③ 단흡입펌프보다는 양흡입펌프를 사용한다.
④ 밸브, 플랜지 등의 부속부품수를 줄여서 손실수두를 줄인다.

해설 (1) 공동 현상의 발생 원인

- 펌프의 흡입양정(H_s)이 큰 경우
- 임펠러(회전차) 회전속도가 클 경우
- 펌프의 마찰이 클 경우
- 펌프의 설치위치가 수조(수원)보다 높을 경우
- 펌프의 흡입관경이 작을 경우
- 펌프의 흡입압력이 유체의 증기압보다 낮을 경우

(2) 공동 현상의 방지책

- 펌프의 설치위치를 수조(수원)보다 낮게 한다.
- 펌프의 흡입관경을 크게 한다.
- 단흡입펌프보다는 양흡입펌프를 사용한다.
- 펌프의 흡입양정 및 마찰손실을 작게 한다.
- 펌프의 회전차(임펠러) 속도를 감속한다.

16. 이상적인 교축과정(throttling process)에 대한 설명 중 옳은 것은?

① 압력이 변하지 않는다. ② 온도가 변하지 않는다.
③ 엔탈피가 변하지 않는다. ④ 엔트로피가 변하지 않는다.

해설 이상기체(ideal gas)의 교축과정

(1) 등엔탈피 과정($h_1 = h_2$) (2) 온도 강하($T_1 > T_2$)
(3) 압력 강하($p_1 > p_2$) (4) 엔트로피 증가($\Delta S > 0$)

17. 전양정 80 m, 토출량 500 L/min인 물을 사용하는 소화펌프가 있다. 펌프효율 65 %, 전달계수(k) 1.1인 경우 필요한 전동기의 최소동력은 약 몇 kW인가?

① 9 kW ② 11 kW ③ 13 kW ④ 15 kW

정답 14. ① 15. ① 16. ③ 17. ②

해설 $L_m = k\dfrac{9.8QH}{\eta_p} = 1.1 \times \dfrac{9.8 \times \dfrac{0.5}{60} \times 80}{0.65} \fallingdotseq 11.06\ \text{kW}$

18. 피스톤 A_2의 반지름이 A_1의 반지름의 2배이며 A_1과 A_2에 작용하는 압력을 각각 P_1, P_2라 하면 두 피스톤이 같은 높이에서 평형을 이룰 때 P_1과 P_2 사이의 관계는?

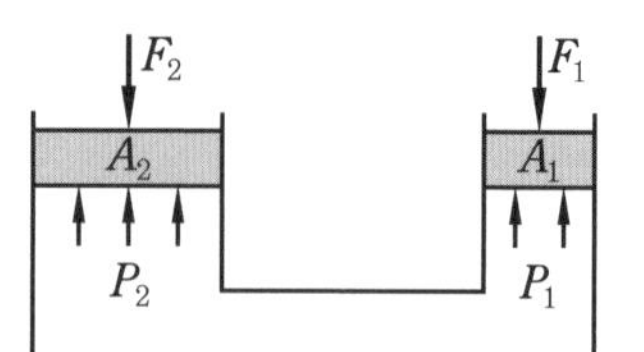

① $P_1 = 2P_2$ ② $P_2 = 4P_1$
③ $P_1 = P_2$ ④ $P_2 = 2P_1$

해설 수압기(hydraulic pressure)는 파스칼의 원리를 이용하여 작은 힘으로 큰 힘을 낼 수 있는 기계이다. $P_1 = P_2$, $\dfrac{F_1}{A_1} = \dfrac{F_2}{A_2}$

19. 오른쪽 그림과 같이 수조에 비중이 1.03인 액체가 담겨 있다. 이 수조의 바닥면적이 4 m²일 때 이 수조 바닥 전체에

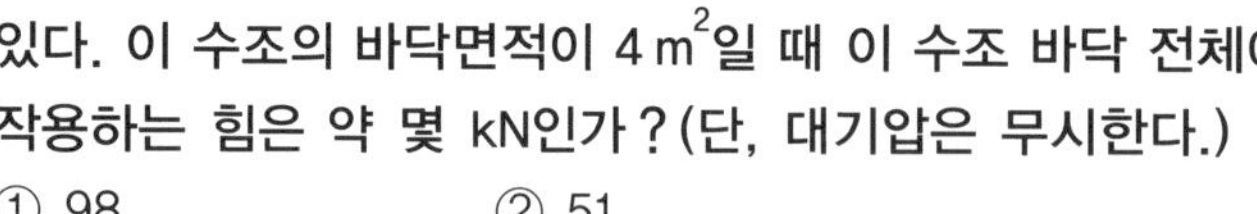

작용하는 힘은 약 몇 kN인가?(단, 대기압은 무시한다.)

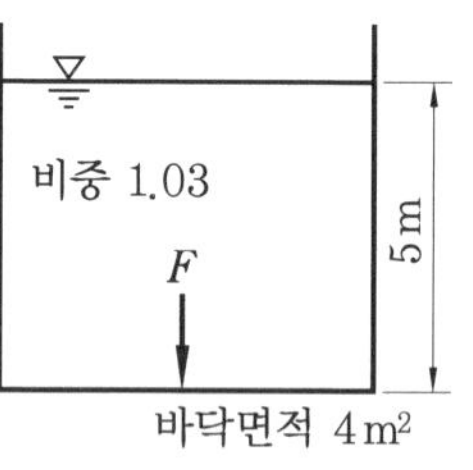

① 98 ② 51
③ 156 ④ 202

해설 $F = PA = \gamma hA = (9.8\ S)hA = (9.8 \times 1.03) \times 5 \times 4 \fallingdotseq 202\ \text{kN}$

20. 유체가 평판 위를 u[m/s] = $500y - 6y^2$의 속도분포로 흐르고 있다. 이때 y[m]는 벽면으로부터 측정된 수직거리일 때 벽면에서의 전단응력은 약 몇 N/m²인가?(단, 점성계수는 1.4×10^{-3} Pa · s이다.)

① 14 ② 7 ③ 1.4 ④ 0.7

해설 $u = 500y - 6y^2$[m/s], y에 대해 미분하고 벽면($y = 0$)에서 속도가 0인 조건을 고려하면

$$\left.\frac{du}{dy}\right|_{y=0} = 500 - 12y = 500\ \text{s}^{-1}$$

$$\therefore \tau = \mu\frac{du}{dy} = 1.4 \times 10^{-3} \times 500 = 0.7\ \text{Pa(N/m}^2)$$

정답 18. ③ 19. ④ 20. ④

2018년도 시행문제

소방설비기계기사

2018년 3월 4일(제1회)

01. 유속 6 m/s로 정상류의 물이 화살표 방향으로 흐르는 배관에 압력계와 피토계가 설치되어 있다. 이때 압력계의 계기압력이 300 kPa이었다면 피토계의 계기압력은 약 몇 kPa인가?

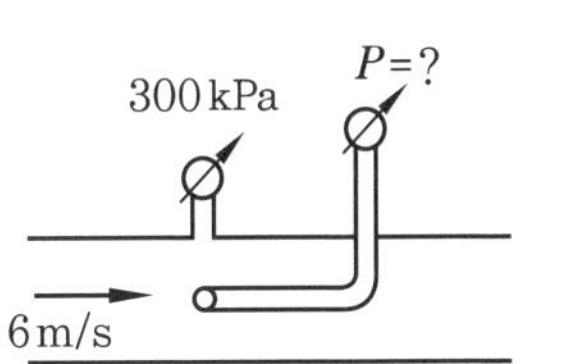

① 180　② 280
③ 318　④ 336

해설 $P_s = P + \frac{\gamma V^2}{2g} = 300 + \frac{9.8 \times 6^2}{2 \times 9.8} = 318\,\text{kPa}$

02. 관내에 흐르는 유체의 흐름을 구분하는 데 사용되는 레이놀즈수의 물리적인 의미는?

① $\frac{\text{관성력}}{\text{중력}}$　② $\frac{\text{관성력}}{\text{탄성력}}$　③ $\frac{\text{관성력}}{\text{압축력}}$　④ $\frac{\text{관성력}}{\text{점성력}}$

해설 (1) 레이놀즈수$(Re) = \frac{\text{관성력}}{\text{점성력}} = \frac{\rho V d}{\mu} = \frac{Vd}{\nu} = \frac{4Q}{\pi d \nu}$

(2) 프루드수$(Fr) = \frac{\text{관성력}}{\text{중력}} = \frac{V}{\sqrt{lg}}$

(3) 마하수$(Ma) = \frac{\text{관성력}}{\text{탄성력}} = \frac{V}{\sqrt{k/e}}$

03. 정육면체의 그릇에 물을 가득 채울 때, 그릇 밑면이 받는 압력에 의한 수직방향 평균 힘의 크기를 P라고 하면, 한 측면이 받는 압력에 의한 수평방향 평균 힘의 크기는 얼마인가?

① $0.5P$　② P　③ $2P$　④ $4P$

해설 (1) 수직방향 전압력$(F_V) = \gamma h A = P[\text{N}]$

(2) 수평방향 전압력$(F_H) = \gamma \bar{h} A = \frac{P}{2} = 0.5P[\text{N}]$

정답 1. ③　2. ④　3. ①

04. 그림과 같이 수직 평판에 속도 2 m/s로 단면적이 0.01 m^2인 물제트가 수직으로 세워진 벽면에 충돌하고 있다. 벽면의 오른쪽에서 물제트를 왼쪽 방향으로 쏘아 벽면의 평형을 이루게 하려면 물제트의 속도를 약 몇 m/s로 해야 하는가?(단, 오른쪽에서 쏘는 물제트의 단면적은 0.005 m^2이다.)

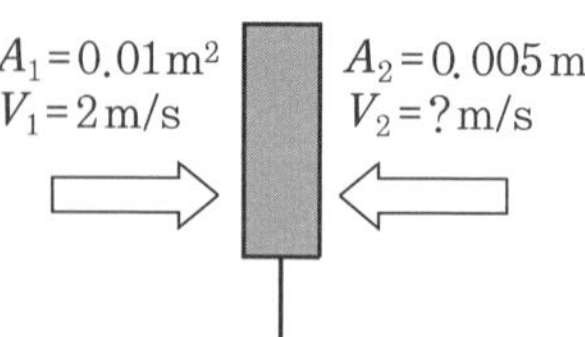

① 1.42　　② 2.00
③ 2.83　　④ 4.00

해설 $F_1 = \rho Q V_1 = \rho A_1 V_1^2 = 1000 \times 0.01 \times 2^2 = 40\ \mathrm{N}(\Rightarrow)$

$F_2 = \rho Q V_2 = \rho A_2 V_2^2 (\Leftarrow)$

$F_1 = F_2 (40 = \rho A_2 V_2^2)$ 에서 $V_2 = \sqrt{\dfrac{F_1}{\rho A_2}} = \sqrt{\dfrac{40}{1000 \times 0.005}} = 2.83\ \mathrm{m/s}$

05. 오른쪽 그림과 같은 사이펀에서 마찰손실을 무시할 때, 사이펀 끝단에서의 속도(V)가 4 m/s이기 위해서는 h가 약 몇 m이어야 하는가?

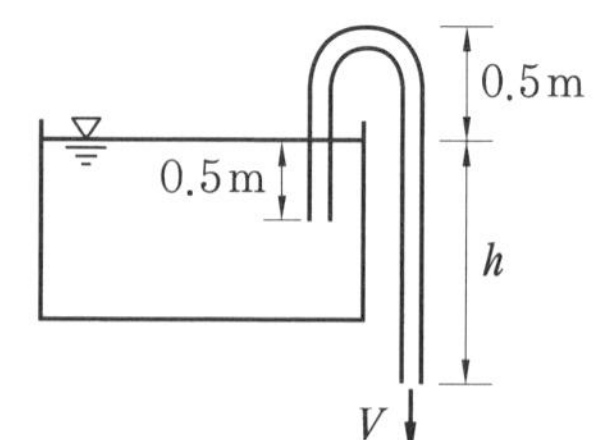

① 0.82 m　　② 0.77 m
③ 0.72 m　　④ 0.87 m

해설 $V = \sqrt{2gh}\,[\mathrm{m/s}]$

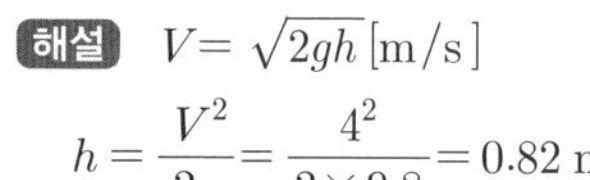

$h = \dfrac{V^2}{2g} = \dfrac{4^2}{2 \times 9.8} = 0.82\ \mathrm{m}$

06. 펌프에 의하여 유체에 실제로 주어지는 동력은?(단, L_w는 동력(kW), γ는 물의 비중량(N/m^3), Q는 토출량(m^3/min), H는 전양정(m), g는 중력가속도(m/s^2)이다.)

① $L_w = \dfrac{\gamma Q H}{102 \times 60}$　　② $L_w = \dfrac{\gamma Q H}{1000 \times 60}$

③ $L_w = \dfrac{\gamma Q H g}{102 \times 60}$　　④ $L_w = \dfrac{\gamma Q H g}{1000 \times 60}$

정답 4. ③　5. ①　6. ②

해설 수동력(L_w)$=\dfrac{\gamma_w QH}{1000\times 60}=\dfrac{9800QH}{1000\times 60}$[kW]

여기서, γ_w : 물의 비중량($=9800\ \mathrm{N/m^3}$)

Q : 체적유량($\mathrm{m^3/min}$)

H : 전양정(m)

07. 성능이 같은 3대의 펌프를 병렬로 연결하였을 경우 양정과 유량은 얼마인가?(단, 펌프 1대에서 유량은 Q, 양정은 H라고 한다.)

① 유량은 $9Q$, 양정은 H
② 유량은 $9Q$, 양정은 $3H$
③ 유량은 $3Q$, 양정은 $3H$
④ 유량은 $3Q$, 양정은 H

해설 성능이 같은 펌프를 직렬 연결하면 펌프의 양정은 펌프 대수에 비례하고 유량은 일정하며, 병렬 연결하면 펌프의 양정은 일정하고 유량은 펌프 대수에 비례하여 증가한다. 따라서, 3대의 펌프를 병렬 연결하면 유량은 $3Q$(3배 증가), 양정은 H(일정)이다.

08. 비압축성 유체의 2차원 정상 유동에서 x방향의 속도를 u, y방향의 속도를 v라고 할 때 다음에 주어진 식들 중에서 연속 방정식을 만족하는 것은 어느 것인가?

① $u=2x+2y,\ v=2x-2y$
② $u=x+2y,\ v=x^2-2y$
③ $u=2x+y,\ v=x^2+2y$
④ $u=x+2y,\ v=2x-y^2$

해설 비압축성 유체의 2차원 정상 유동의 연속 방정식$\left(\dfrac{\partial u}{\partial x}+\dfrac{\partial v}{\partial y}=0\right)$을 만족시키는 것을 찾으면 된다.

① $\dfrac{\partial u}{\partial x}+\dfrac{\partial v}{\partial y}=2-2=0$
② $\dfrac{\partial u}{\partial x}+\dfrac{\partial v}{\partial y}=1-2\neq 0$
③ $\dfrac{\partial u}{\partial x}+\dfrac{\partial v}{\partial y}=2+2\neq 0$
④ $\dfrac{\partial u}{\partial x}+\dfrac{\partial v}{\partial y}=1-2\neq 0$

09. 다음 중 동력의 단위가 아닌 것은?

① J/s
② W
③ kg · $\mathrm{m^2/s}$
④ N · m/s

해설 동력(power)이란 단위시간(s)당 행한 일량(N · m = J)을 말한다.

동력의 단위 : 1 W = 1 J/s = 1 N · m/s = 1 kg · $\mathrm{m^2/s^3}$

정답 7. ④ 8. ① 9. ③

10. 지름 10 cm인 금속구가 대류에 의해 열을 외부 공기로 방출한다. 이때 발생하는 열전달량이 40 W이고, 구 표면과 공기 사이의 온도차가 50℃라면 공기와 구 사이의 대류 열전달 계수($W/m^2 \cdot K$)는 약 얼마인가?

① 25 ② 50
③ 75 ④ 100

해설 $q_{conv} = hA\Delta t[\mathrm{W}]$

$$h = \frac{q_{conv}}{A\Delta t} = \frac{q_{conv}}{(4\pi r^2)\Delta t} = \frac{40}{(4\pi \times 0.05^2) \times 50} = 25.46\ \mathrm{W/m^2 \cdot K}$$

11. 지름 0.4 m인 관에 물이 0.5 m^3/s로 흐를 때 길이 300 m에 대한 동력손실은 60 kW였다. 이때 관마찰계수 f는 약 얼마인가?

① 0.015 ② 0.020
③ 0.025 ④ 0.030

해설 $Q = AV[\mathrm{m^3/s}]$에서 $V = \dfrac{Q}{A} = \dfrac{0.5}{\frac{\pi}{4}(0.4)^2} = 3.98\ \mathrm{m/s}$

$$H_{kW} = \gamma_w Q H_L[\mathrm{kW}] = 9.8 Q H_L[\mathrm{kW}]$$

$$H_L = \frac{H_{kW}}{9.8Q} = \frac{60}{9.8 \times 0.5} = 12.24\ \mathrm{m}$$

$$H_L = f\frac{L}{d}\frac{V^2}{2g}[\mathrm{m}]$$

$$f = \frac{2gdH_L}{LV^2} = \frac{2 \times 9.8 \times 0.4 \times 12.24}{300 \times (3.98)^2} = 0.020$$

12. 체적이 10 m^3인 기름의 무게가 30000 N이라면 이 기름의 비중은 얼마인가?(단, 물의 밀도는 1000 kg/m^3이다.)

① 0.153 ② 0.306
③ 0.459 ④ 0.612

해설 $S = \dfrac{\gamma}{\gamma_w} = \dfrac{3000}{9800} = 0.306$

$$\gamma = \frac{W}{V} = \frac{30000}{10} = 3000\ \mathrm{N/m^3}$$

정답 10. ① 11. ② 12. ②

13. **비열에 대한 다음 설명 중 틀린 것은?**

① 정적비열은 체적이 일정하게 유지되는 동안 온도 변화에 대한 내부에너지 변화율이다.
② 정압비열을 정적비열로 나눈 것이 비열비이다.
③ 정압비열은 압력이 일정하게 유지될 때 온도 변화에 대한 엔탈피 변화율이다.
④ 비열비는 일반적으로 1보다 크나 1보다 작은 물질도 있다.

해설 비열비$(k)=\dfrac{\text{정압비열}(C_p)}{\text{정적비열}(C_v)}$

기체인 경우 $C_p > C_v$이므로 비열비(k)는 항상 1보다 크다$(k > 1)$.

14. **비중 0.92인 빙산이 비중 1.025의 바닷물 수면에 떠 있다. 수면 위에 나온 빙산의 체적이 150 m^3이면 빙산의 전체 체적은 약 몇 m^3인가?**

① 1314
② 1464
③ 1725
④ 1875

해설 물체의 무게(W)=부력(F_B)

$\gamma V = \gamma' V' (\gamma_w S V = \gamma_w S' V')$

여기서, V : 물체(빙산)의 전체 체적(m^3)
V' : 잠겨진 부분의 체적(m^3)
S : 물체(빙산)의 비중
S' : 바닷물의 비중

$(9800 \times 0.92) V = 9800 \times 1.025 (V - 150)$

$9016 V = 10045 V - 1506750$

$1506750 = 10045 V - 9016 V$

$1506750 = 1029 V$

$\therefore \ V = \dfrac{1506750}{1029} = 1464.29 \text{ m}^3$

15. **수격 작용에 대한 설명으로 맞는 것은?**

① 관로가 변할 때 물의 급격한 압력 저하로 인해 수중에서 공기가 분리되어 기포가 발생하는 것을 말한다.
② 펌프의 운전 중에 송출압력과 송출유량이 주기적으로 변동하는 현상을 말한다.
③ 관로의 급격한 온도 변화로 인해 응결되는 현상을 말한다.
④ 흐르는 물을 갑자기 정지시킬 때 수압이 급격히 변화하는 현상을 말한다.

정답 13. ④ 14. ② 15. ④

해설 수격 작용(water hammering)은 관 속을 가득 찬 상태로 흐르는 물을 갑자기 막을 때 관 속의 수압이 심하게 올라서 압력파가 급격히 왕복하는 작용(흐르는 물을 갑자기 정지시킬 때 수압이 급격하게 변화하는 현상)이다.

16. 초기 상태에서 압력 100 kPa, 온도 15℃인 공기가 있다. 공기의 부피가 초기 부피의 1/20이 될 때까지 단열압축할 때 압축 후의 온도는 약 몇 ℃인가?(단, 공기의 비열비는 1.4이다.)

① 54 ② 348 ③ 682 ④ 912

해설 $T_1V_1^{k-1} = T_2V_2^{k-1}$(가역단열변화인 경우)

$$\frac{T_2}{T_1} = \left(\frac{V_1}{V_2}\right)^{k-1}$$

$$T_2 = T_1\left(\frac{V_1}{V_2}\right)^{k-1} = (15+273) \times 20^{1.4-1} = 954.56\,\text{K} - 273\,\text{K} \fallingdotseq 682℃$$

17. 오른쪽 그림에서 $h_1 = 120$ mm, $h_2 = 180$ mm, $h_3 = 100$ mm일 때 A에서의 압력과 B에서의 압력의 차이($P_A - P_B$)를 구하면 얼마인가?(단, A, B 속의 액체는 물이고, 차압액주계에서의 중간 액체는 수은(비중 13.6)이다.)

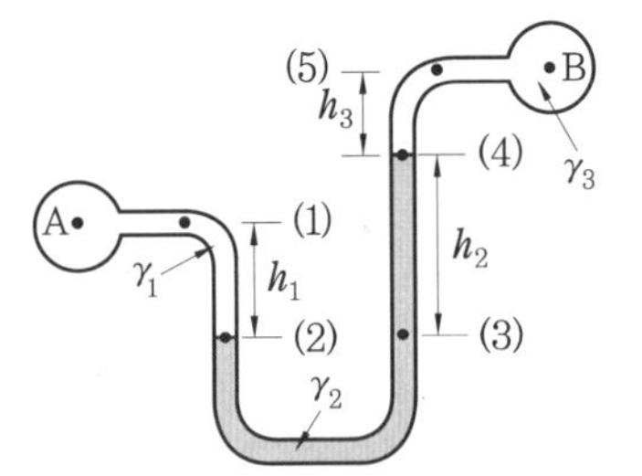

① 20.4 kPa ② 23.8 kPa
③ 26.4 kPa ④ 29.8 kPa

해설 $P_2 = P_3$

$P_A + \gamma_1 h_1 = P_B + \gamma_3 h_3 + \gamma_2 h_2$

$P_A + 9.8 \times 0.12 = P_B + 9.8 \times 0.1 + 9.8 \times 13.6 \times 0.18$

$\therefore (P_A - P_B) = 9.8 \times 0.1 + 9.8 \times 13.6 \times 0.18 - 9.8 \times 0.12 \fallingdotseq 23.8\,\text{kPa}$

18. 원형 단면을 가진 관내에 유체가 완전 발달된 비압축성 층류 유동으로 흐를 때 전단 응력은?

① 중심에서 0이고, 중심선으로부터 거리에 비례하여 변한다.
② 관벽에서 0이고, 중심선에서 최대이며 선형 분포한다.
③ 중심에서 0이고, 중심선으로부터 거리의 제곱에 비례하여 변한다.
④ 전 단면에 걸쳐 일정하다.

정답 16. ③ 17. ② 18. ①

해설 원형 관로에서 층류 유동 시 속도분포와 전단응력의 분포도

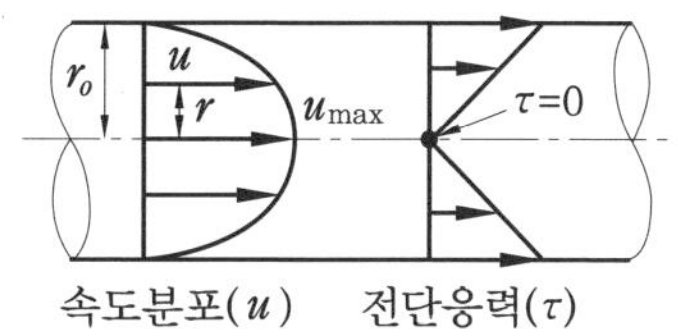

속도분포(u) 전단응력(τ)

$$u = u_{max}\left[1-\left(\frac{r}{r_0}\right)^2\right][\mathrm{m/s}] = \frac{\Delta P}{L} \cdot \frac{r}{2}[\mathrm{Pa}]$$

(1) 전단응력(τ)은 관의 중심에서 0이고 반지름(r)에 직선적(선형적)으로 증가하여 관의 벽면에서 최대(τ_{max})가 된다.

$$\tau_{max} = \frac{\Delta P}{L} \cdot \frac{r_0}{2} = \frac{\Delta P}{L} \cdot \frac{d}{4}[\mathrm{Pa}]$$

(2) 속도분포는 관벽에서 0이고 포물선(2차 함수)적으로 증가하여 관의 중심에서 속도가 최대가 된다(최대속도는 평균속도의 2배).

19. 부피가 0.3 m^3으로 일정한 용기 내의 공기가 원래 300 kPa(절대압력), 400 K의 상태였으나, 일정 시간 동안 출구가 개방되어 공기가 빠져나가 200 kPa(절대압력), 350 K의 상태가 되었다. 빠져나간 공기의 질량은 약 몇 g인가?(단, 공기는 이상기체로 가정하며 기체상수는 287 J/kg · K이다.)

① 74　② 187　③ 295　④ 388

해설 $m_o = m_1 - m_2 = 0.784 - 0.597 = 0.187\ \mathrm{kg} = 187\ \mathrm{g}$

$$m_1 = \frac{P_1V_1}{RT_1} = \frac{300\times0.3}{0.287\times400} = 0.784\ \mathrm{kg}$$

$$m_2 = \frac{P_2V_2}{RT_1} = \frac{200\times0.3}{0.287\times350} = 0.597\ \mathrm{kg}$$

20. 한 변의 길이가 L인 정사각형 단면의 수력지름(hydraulic diameter)은?

① $\frac{L}{4}$　② $\frac{L}{2}$　③ L　④ $2L$

해설 수력반경$(R_h) = \frac{\text{유동단면적}(A)}{\text{접수길이}(P)} = \frac{L\times L}{4L} = \frac{L}{4}[\mathrm{m}]$

$\therefore$ 수력지름(hydraulic diameter) $D_h = 4R_h = 4\times\frac{L}{4} = L[\mathrm{m}]$

정답 19. ② 20. ③

소방설비기계기사 2018년 4월 28일 (제2회)

01. 효율이 50 %인 펌프를 이용하여 저수지의 물을 1초에 10 L씩 30 m 위쪽에 있는 논으로 퍼 올리는 데 필요한 동력은 약 몇 kW인가?

① 18.83 ② 10.48 ③ 2.94 ④ 5.88

해설 $L_s = \dfrac{\gamma_w QH}{\eta_P} = \dfrac{9.8QH}{0.5} = \dfrac{9.8 \times 0.01 \times 30}{0.5} = 5.88\ \text{kW}$

여기서, $\gamma_w = 9800\ \text{N/m}^3 = 9.8\ \text{kN/m}^3$, $Q = 10\ \text{L/s} = 0.01\ \text{m}^3/\text{s}$

02. 펌프가 실제 유동시스템에 사용될 때 펌프의 운전점은 어떻게 결정하는 것이 좋은가?

① 시스템 곡선과 펌프 성능 곡선의 교점에서 운전한다.
② 시스템 곡선과 펌프 효율 곡선의 교점에서 운전한다.
③ 펌프 성능 곡선과 펌프 효율 곡선의 교점에서 운전한다.
④ 펌프 효율 곡선의 최고점, 즉 최고 효율점에서 운전한다.

해설 펌프의 운전점은 시스템 곡선과 펌프 성능 곡선의 교점에서 결정하는 것이 경제적이며 효율적이다.

03. 비중이 1.03인 바닷물에 비중 0.9인 빙산이 떠 있다. 전체 부피의 몇 %가 해수면 위로 올라와 있는가?

① 12.6 ② 10.8 ③ 7.2 ④ 6.3

해설 빙산의 무게(W)=부력(F_B)

$\gamma V = \gamma' V'$

여기서, γ : 빙산의 비중량(N/m^3), V : 빙산의 전체 체적(m^3)
γ' : 해수의 비중량(N/m^3), V' : 잠겨진 부분의 체적(m^3)

$\gamma_w S V = \gamma_w S' V'$

$9800 \times 0.9 \times V = 9800 \times 1.03 \times V'$

$8820\,V = 10094\,V'$

$\dfrac{V'}{V} = \dfrac{8820}{10094} = 0.874$

(잠겨진 부분의 체적은 전체 체적의 87.4 %)

∴ 해수면 위로 올라와 있는 부분은 전체 체적의 12.6 %(=100−87.4)이다.

정답 1. ④ 2. ① 3. ①

04. 그림과 같이 중앙 부분에 구멍이 뚫린 원판에 지름 D의 원형 물제트가 대기압 상태에서 V의 속도로 충돌하여, 원판 뒤로 지름 $D/2$의 원형 물제트가 V의 속도로 흘러나가고 있을 때, 이 원판이 받는 힘은 얼마인가?(단, ρ는 물의 밀도이다.)

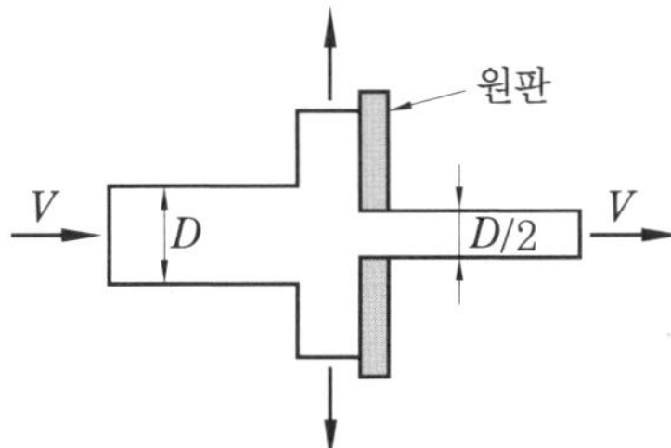

① $\frac{3}{16}\rho\pi V^2 D^2$　② $\frac{3}{8}\rho\pi V^2 D^2$

③ $\frac{3}{4}\rho\pi V^2 D^2$　④ $3\rho\pi V^2 D^2$

해설 (1) 구멍이 없는 경우 원판이 받는 힘

$$F_1 = \rho Q V = \rho A V^2 = \rho \frac{\pi D^2}{4} V^2 [\text{N}]$$

(2) 구멍 $\frac{D}{2}$인 원판이 받는 힘

$$F_2 = \rho A V^2 = \rho \frac{\pi}{4}\left(\frac{D}{2}\right)^2 V^2 = \rho \frac{\pi D^2}{16} V^2 [\text{N}]$$

∴ 원판이 받는 힘$(F) = F_1 - F_2 = \frac{\rho\pi D^2 V^2}{4} - \frac{\rho\pi D^2 V^2}{16}$

$$= \frac{4}{16}\rho\pi D^2 V^2 - \frac{1}{16}\rho\pi D^2 V^2 = \frac{3}{16}\rho\pi D^2 V^2 [\text{N}]$$

05. 저장용기로부터 20℃의 물을 길이 300 m, 지름 900 mm인 콘크리트 수평 원관을 통하여 공급하고 있다. 유량이 1 m^3/s일 때 원관에서의 압력 강하는 약 몇 kPa인가?(단, 관마찰계수는 약 0.023이다.)

① 3.57　② 9.47

③ 14.3　④ 18.8

해설 $\Delta P = \gamma h_L = f\frac{L}{d}\frac{\gamma V^2}{2g} = 0.023 \times \frac{300}{0.9} \times \frac{9.8 \times (1.572)^2}{2 \times 9.8} = 9.47\ \text{kPa}$

$Q = AV[\text{m}^3/\text{s}]$에서

$$V = \frac{Q}{A} = \frac{1}{\frac{\pi}{4}(0.9)^2} = 1.572\ \text{m/s}$$

정답 4. ① 5. ②

06. 물탱크에 담긴 물의 수면의 높이가 10 m인데, 물탱크 바닥에 원형 구멍이 생겨서 10 L/s만큼 물이 유출되고 있다. 원형 구멍의 지름은 약 몇 cm인가?(단, 구멍의 유량보정계수는 0.6이다.)

① 2.7　　② 3.1
③ 3.5　　④ 3.9

해설 $Q = CAV = CA\sqrt{2gh} = C\frac{\pi d^2}{4}\sqrt{2gh}\,[\mathrm{m^3/s}]$

$$d = \sqrt{\frac{4Q}{C\pi\sqrt{2gh}}} = \sqrt{\frac{4\times 0.01}{0.6\times\pi\sqrt{2\times 9.8\times 10}}} \fallingdotseq 0.039\ \mathrm{m} = 3.9\ \mathrm{cm}$$

$Q = 10\ \mathrm{L/s} = 0.01\ \mathrm{m^3/s}$

$C = 0.6,\ h = 10\ \mathrm{m}$

07. 20℃ 물 100 L를 화재 현장의 화염에 살수하였다. 물이 모두 끓는 온도(100℃)까지 가열되는 동안 흡수하는 열량은 약 몇 kJ인가?(단, 물의 비열은 4.2 kJ/kg · K이다.)

① 500　　② 2000
③ 8000　　④ 33600

해설 $Q = mC(t_2 - t_1) = 100\times 4.2(100-20) = 33600\ \mathrm{kJ}$

08. 오른쪽 그림과 같은 반지름이 1 m이고, 폭이 3 m인 곡면의 수문 AB가 받는 수평분력은 약 몇 N인가?

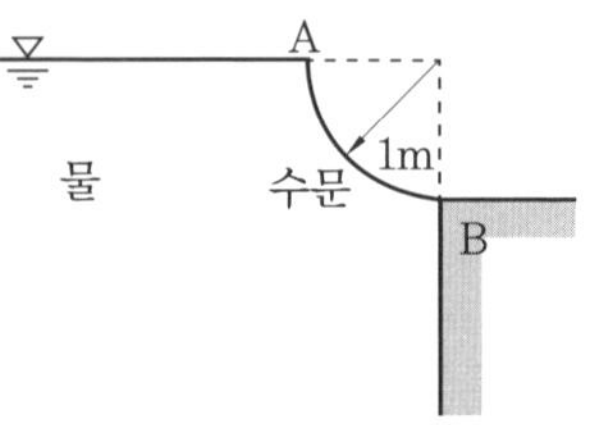

① 7350　　② 14700
③ 23900　　④ 29400

해설 $F = \gamma\bar{h}A = 9800\times\frac{1}{2}\times(1\times 3) = 14700\ \mathrm{N}$

09. 초기온도와 압력이 각각 50℃, 600 kPa인 이상기체를 100 kPa까지 가역 단열팽창시켰을 때 온도는 약 몇 K인가?(단, 이 기체의 비열비는 1.4이다.)

① 194　　② 216
③ 248　　④ 262

정답 6. ④　7. ④　8. ②　9. ①

해설 가역 단열변화 시 P, V, T 관계식

$$\frac{T_2}{T_1}=\left(\frac{P_2}{P_1}\right)^{\frac{k-1}{k}}=\left(\frac{V_1}{V_2}\right)^{k-1}$$

$$T_2=T_1\left(\frac{P_2}{P_1}\right)^{\frac{k-1}{k}}=(50+273)\left(\frac{100}{600}\right)^{\frac{1.4-1}{1.4}}\fallingdotseq 194\text{ K}$$

10. 100 cm×100 cm이고, 300℃로 가열된 평판에 25℃의 공기를 불어준다고 할 때 열전달량은 약 몇 kW인가?(단, 대류열전달 계수는 30 W/m^2·K이다.)

① 2.98　② 5.34
③ 8.25　④ 10.91

해설 $q_{conv}=hA\Delta t=0.03\times(1\times1)\times(300-25)=8.25\text{ kW}$

11. 호주에서 무게가 20 N인 어떤 물체를 한국에서 재어보니 19.8 N이었다면 한국에서의 중력가속도는 약 몇 m/s^{2}인가?(단, 호주에서의 중력가속도는 9.82 m/s^{2}이다.)

① 9.72　② 9.75
③ 9.78　④ 9.82

해설 $W=mg$[N] 무게(W)와 중력가속도(g)는 비례하므로

20 : 9.82=19.8 : g

$$\therefore g=\frac{19.8\times9.82}{20}=9.72\text{ m/s}^2$$

12. 비압축성 유체를 설명한 것으로 가장 옳은 것은?

① 체적탄성계수가 0인 유체를 말한다.
② 관로 내에 흐르는 유체를 말한다.
③ 점성을 갖고 있는 유체를 말한다.
④ 난류 유동을 하는 유체를 말한다.

해설 $E=-\dfrac{dP}{\dfrac{dV}{V}}$ [Pa]

체적탄성계수(E)는 압력변화량(dP)과 체적감소율($-\dfrac{dV}{V}$)의 비이다.

비압축성 유체는 체적탄성계수(E)가 0인 유체를 말한다.

정답 10. ③　11. ①　12. ①

13. 지름 20 cm의 소화용 호스에 물이 질량유량 80 kg/s로 흐른다. 이때 평균유속은 약 몇 m/s인가?

① 0.58 ② 2.55 ③ 5.97 ④ 25.48

해설 $\dot{m} = \rho A V$[kg/s]

$$V = \frac{\dot{m}}{\rho A} = \frac{80}{1000 \times \frac{\pi}{4}(0.2)^2} \fallingdotseq 2.55 \text{ m/s}$$

14. 깊이 1 m까지 물을 넣은 물탱크의 밑에 오리피스가 있다. 수면에 대기압이 작용할 때의 초기 오리피스에서의 유속 대비 2배 유속으로 물을 유출시키려면 수면에는 몇 kPa의 압력을 더 가하면 되는가?(단, 손실은 무시한다.)

① 9.8 ② 19.6 ③ 29.4 ④ 39.2

해설 깊이 1 m일 때 $V = \sqrt{2gh}$[m/s] $= \sqrt{2 \times 9.8 \times 1} = 4.427$ m/s

유속이 2배일 때 $V = 2 \times 4.427 = 8.854$ m/s

$V = \sqrt{2gh}$[m/s]에서 $h = \frac{V^2}{2g} = \frac{(8.854)^2}{2 \times 9.8} \fallingdotseq 4$ m

$\therefore \Delta P = \gamma_w \Delta h = 9.8(4-1) = 29.4$ kPa

15. 오른쪽 그림과 같은 거꾸로 된 마노미터에서 물과 기름, 수은이 채워져 있다. $a = 10$ cm, $c = 25$ cm이고 A의 압력이 B의 압력보다 80 kPa 작을 때 b의 길이는 약 몇 cm인가?(단, 수은의 비중량은 133100 N/m^3, 기름의 비중은 0.9이다.)

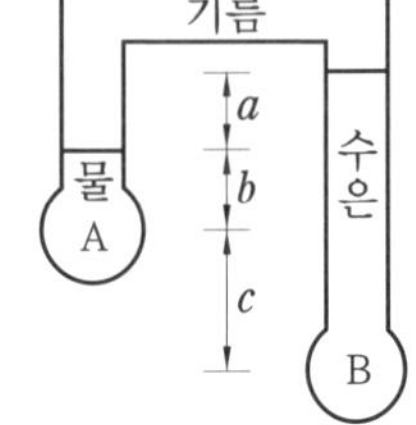

① 17.8 ② 27.8
③ 37.8 ④ 47.8

해설 $P_C = P_D$

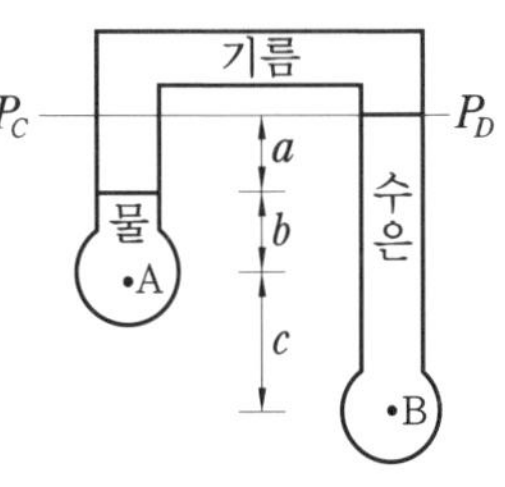

$$P_A - \gamma_w b - \gamma_w S a = P_B - \gamma_{Hg}(a+b+c)$$

$$\begin{aligned} P_B - P_A &= \gamma_{Hg}(a+b+c) - \gamma_w b - \gamma_w S a \\ &= 133.1(0.1 + b + 0.25) - 9.8b - 9.8 \times 0.9 \times 0.1 \\ &= 133.1 \times 0.35 + 133.1b - 9.8b - 0.882 \\ &= 46.585 - 0.882 + 123.3b \\ &= 45.763 + 123.3b \end{aligned}$$

$123.3b = P_B - P_A - 45.763 = 80 - 45.763 = 34.237$

$\therefore b = \frac{34.237}{123.3} \fallingdotseq 0.278 \text{ m} = 27.8 \text{ cm}$

정답 13. ② 14. ③ 15. ②

16. 공기를 체적 비율이 산소(O_2, 분자량 32 g/mol) 20 %, 질소(N_2, 분자량 28 g/ mol) 80 %의 혼합기체라 가정할 때 공기의 기체상수는 약 몇 kJ/kg · K인가?(단, 일반기체 상수는 8.3145 kJ/kmol · K이다.)

① 0.294 ② 0.289 ③ 0.284 ④ 0.279

해설 $R=\frac{PV}{mT}=\frac{101.325\times 22.4}{(32\times 0.2+28\times 0.8)\times 273}\fallingdotseq 0.289\ \text{kJ/kg}\cdot\text{K}$

17. 물이 소방노즐을 통해 대기로 방출될 때 유속이 24 m/s가 되도록 하기 위해서는 노즐입구의 압력은 몇 kPa가 되어야 하는가?(단, 압력은 계기압력으로 표시되며 마찰손실 및 노즐입구에서의 속도는 무시한다.)

① 153 ② 203 ③ 288 ④ 312

해설 $h=\frac{P}{\gamma}=\frac{V^2}{2g}$

$$P=\frac{\gamma V^2}{2g}=\frac{9.8\times 24^2}{2\times 9.8}=288\ \text{kPa}$$

18. 다음과 같은 유동 형태를 갖는 파이프 입구 영역의 유동에서 부차적 손실계수가 가장 큰 것은?

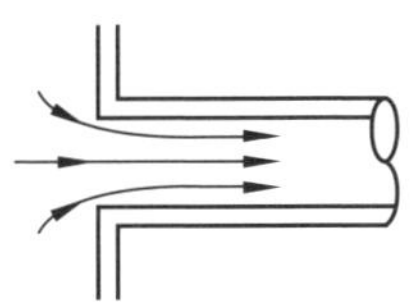
날카로운 모서리

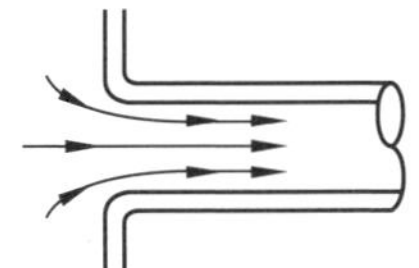
약간 둥근 모서리

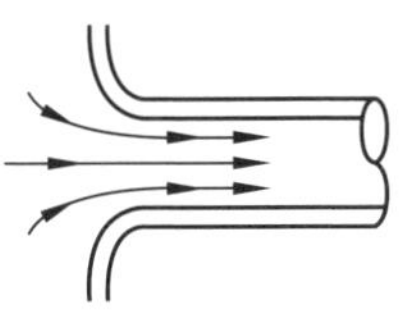
잘 다듬어진 모서리

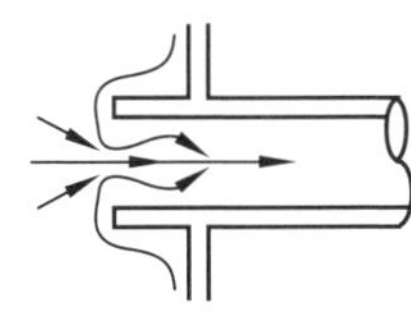
돌출 입구

① 날카로운 모서리 ② 약간 둥근 모서리
③ 잘 다듬어진 모서리 ④ 돌출 입구

해설 부차적 손실계수(k)의 크기 순서

돌출 입구 > 날카로운 모서리 > 약간 둥근 모서리 > 잘 다듬어진 모서리

정답 16. ② 17. ③ 18. ④

19. 무한한 두 평판 사이에 유체가 채워져 있고 한 평판은 정지해 있고 또 다른 평판은 일정한 속도로 움직이는 Couette 유동을 하고 있다. 유체 A만 채워져 있을 때 평판을 움직이기 위한 단위면적당 힘을 τ_1이라 하고 같은 평판 사이에 점성이 다른 유체 B만 채워져 있을 때 필요한 힘을 τ_2라 하면 유체 A와 B가 반반씩 위아래로 채워져 있을 때 평판을 같은 속도로 움직이기 위한 단위면적당 힘에 대한 표현으로 옳은 것은?

① $\dfrac{\tau_1+\tau_2}{2}$ ② $\sqrt{\tau_1\tau_2}$

③ $\dfrac{2\tau_1\tau_2}{\tau_1+\tau_2}$ ④ $\tau_1+\tau_2$

해설 $\tau_1=\dfrac{F_1}{A_1}$, $\tau_2=\dfrac{F_2}{A_2}$, $F=\dfrac{\tau_1\tau_2}{\tau_1+\tau_2}$

유체가 $\dfrac{1}{2}$씩 채워져 있으므로 $F=\dfrac{\tau_1\tau_2}{\dfrac{\tau_1+\tau_2}{2}}=\dfrac{2\tau_1\tau_2}{\tau_1+\tau_2}$

20. 동점성계수가 1.15×10^{-6} m^2/s인 물이 30 mm의 지름 원관 속을 흐르고 있다. 층류가 기대될 수 있는 최대 유량은 약 몇 m^3/s인가?(단, 임계 레이놀즈수는 2100이다.)

① 2.85×10^{-5} ② 5.69×10^{-5}

③ 2.85×10^{-7} ④ 5.69×10^{-7}

해설 $Re_c=\dfrac{4Q}{\pi d\nu}$

$Q=\dfrac{\pi d\nu Re_c}{4}=\dfrac{\pi\times0.03\times1.15\times10^{-6}\times2100}{4}=5.69\times10^{-5}\ \mathrm{m^3/s}$

정답 19. ③ 20. ②

소방설비기계기사 2018년 9월 15일 (제4회)

01. 관내에서 물이 평균속도 9.8 m/s로 흐를 때의 속도수두는 약 몇 m인가?

① 4.9　② 9.8　③ 48　④ 128

해설 $h=\dfrac{V^2}{2g}=\dfrac{(9.8)^2}{2\times 9.8}=4.9\text{ m}$

02. 다음 기체, 유체, 액체에 대한 설명 중 옳은 것만을 모두 고른 것은?

ⓐ 기체 : 매우 작은 응집력을 가지고 있으며, 자유표면을 가지지 않고 주어진 공간을 가득 채우는 물질
ⓑ 유체 : 전단응력을 받을 때 연속적으로 변형하는 물질
ⓒ 액체 : 전단응력이 전단변형률과 선형적인 관계를 가지는 물질

① ⓐ, ⓑ　② ⓐ, ⓒ
③ ⓑ, ⓒ　④ ⓐ, ⓑ, ⓒ

해설 (1) 기체(gas) : 매우 작은 응집력을 가지고 있으며 자유표면을 가지지 않고 주어진 공간을 가득 채우는 물질
(2) 유체(fluid) : 전단응력(τ)을 받을 때 연속적으로 변형하는 물질(정지 상태로 있을 수 없는 물질)
(3) 뉴턴 유체(Newton fluid) : 전단응력이 전단변형률과 선형적인 관계를 가지는 물질

03. 관 A에는 비중 $S_1=1.5$인 유체가 있으며, 마노미터 유체는 비중 $S_2=13.6$인 수은이고, 마노미터에서의 수은의 높이차 h_2는 20 cm이다. 이후 관 A의 압력을 종전보다 40 kPa 증가했을 때, 마노미터에서 수은의 새로운 높이차(h_2')는 약 몇 cm인가?

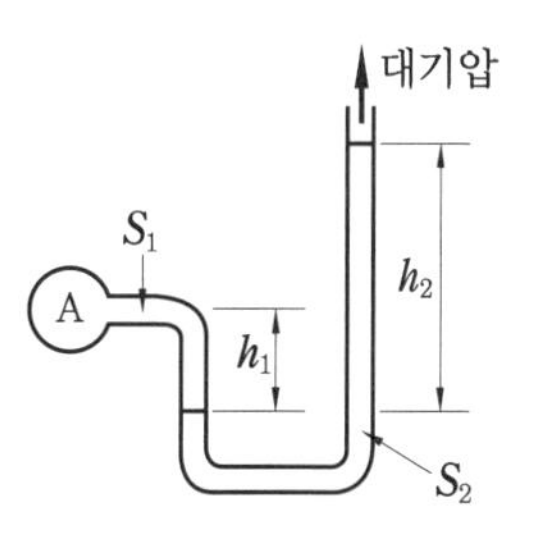

① 28.4　② 35.9
③ 46.2　④ 51.8

해설 $\Delta P=\gamma_2 h_2''=\gamma_w S_2 h_2''$

$$h_2''=\frac{\Delta P}{\gamma_w S_2}=\frac{40}{9.8\times 13.6}=0.30012\text{ m}=30.01\text{ cm}$$

$$\therefore\ h_2'=h_2+h''=20+30.01=50.01\text{ cm}$$

정답 1. ①　2. ①　3. ④

04. 이상기체의 등엔트로피 과정에 대한 설명 중 틀린 것은?

① 폴리트로픽 과정의 일종이다.
② 가역단열 과정에서 나타난다.
③ 온도가 증가하면 압력이 증가한다.
④ 온도가 증가하면 비체적이 증가한다.

해설 이상기체(ideal gas)의 등엔트로피 과정(가역단열 과정)은 온도가 증가하면 압력이 증가하고 비체적은 감소한다.

$$\frac{T_2}{T_1}=\left(\frac{P_2}{P_1}\right)^{\frac{k-1}{k}}=\left(\frac{v_1}{v_2}\right)^{k-1}$$

05. 피스톤의 지름이 각각 10 mm, 50 mm인 두 개의 유압장치가 있다. 두 피스톤 안에 작용하는 압력은 동일하고, 큰 피스톤이 1000 N의 힘을 발생시킨다고 할 때 작은 피스톤에서 발생시키는 힘은 약 몇 N인가?

① 40
② 400
③ 25000
④ 245000

해설 $P_1=P_2$, $\frac{F_1}{A_1}=\frac{F_2}{A_2}$

$$F_1=F_2\left(\frac{A_1}{A_2}\right)=F_2\left(\frac{d_1}{d_2}\right)^2=1000\left(\frac{10}{50}\right)^2=40\text{ N}$$

06. 펌프의 캐비테이션을 방지하기 위한 방법으로 틀린 것은?

① 펌프의 설치 위치를 낮추어서 흡입 양정을 작게 한다.
② 흡입관을 크게 하거나 밸브, 플랜지 등을 조정하여 흡입손실수두를 줄인다.
③ 펌프의 회전속도를 높여 흡입 속도를 크게 한다.
④ 2대 이상의 펌프를 사용한다.

해설 펌프의 공동 현상(캐비테이션)을 방지하기 위해서는 펌프의 회전속도를 낮추어 흡입속도를 줄인다.

07. 2 cm 떨어진 두 수평한 판 사이에 기름이 차 있고, 두 판 사이의 정중앙에 두께가 매우 얇은 한 변의 길이가 10 cm인 정사각형 판이 놓여 있다. 이 판을 10 cm/s의 일정한 속도로 수평하게 움직이는 데 0.02 N의 힘이 필요하다면, 기름의 점도는 약 몇 $N \cdot s/m^2$인가? (단, 정사각형 판의 두께는 무시한다.)

① 0.1
② 0.2
③ 0.01
④ 0.02

정답 4. ④ 5. ① 6. ③ 7. ①

해설 평판이 받는 전단력$(F)=2\mu A\dfrac{u}{h}$[N]

$$\mu=\frac{Fh}{2Au}=\frac{0.02\times0.01}{2\times(0.1)^2\times0.1}=0.1\ \text{Pa}\cdot\text{s}\,(\text{N}\cdot\text{s/m}^2)$$

08. 그림과 같이 스프링상수(spring constant)가 10 N/cm인 4개의 스프링으로 평판 A가 벽 B에 설치되어 있다. 이 평판에 유량 0.01 m^3/s, 속도 10 m/s인 물 제트가 평판 A의 중앙에 직각으로 충돌할 때, 물 제트에 의해 평판과 벽 사이의 단축되는 거리는 약 몇 cm인가?

① 2.5 ② 5
③ 10 ④ 40

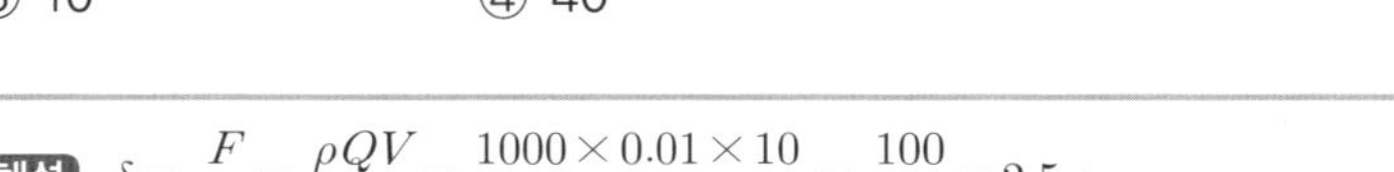

해설 $\delta=\dfrac{F}{4k}=\dfrac{\rho QV}{4k}=\dfrac{1000\times0.01\times10}{4\times10}=\dfrac{100}{40}=2.5\ \text{cm}$

09. 파이프 단면적이 2.5배로 급격하게 확대되는 구간을 지난 후의 유속이 1.2 m/s이다. 부차적 손실계수가 0.36이라면 급격확대로 인한 손실수두는 몇 m인가?

① 0.0264 ② 0.0661 ③ 0.165 ④ 0.331

해설 $Q=AV[\text{m}^3/\text{s}]$에서 $A_1V_1=A_2V_2$

$$\therefore\ V_1=V_2\left(\frac{A_2}{A_1}\right)=1.2\times2.5=3\ \text{m/s}$$

돌연확대관에서 손실수두$(h_L)=k\dfrac{V_1^2}{2g}=0.36\times\dfrac{3^2}{2\times9.8}=0.165\ \text{m}$

10. 관내에 물이 흐르고 있을 때, 오른쪽 그림과 같이 액주계를 설치하였다. 관내에서 물의 유속은 약 몇 m/s인가?

① 2.6
② 7
③ 11.7
④ 137.2

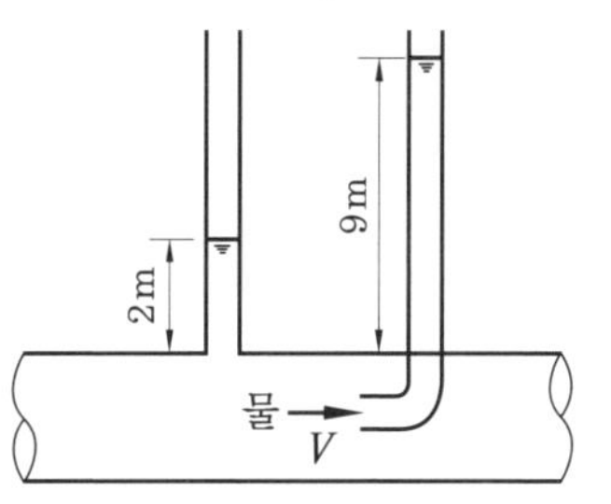

해설 $V=\sqrt{2g\Delta h}=\sqrt{2\times9.8\times7}=11.71\ \text{m/s}$

정답 8. ① 9. ③ 10. ③

11. 관로에서 20℃의 물이 수조에 5분 동안 유입되었을 때 유입된 물의 중량이 60 kN이라면 이때 유량은 몇 m^3/s인가?

① 0.015 ② 0.02 ③ 0.025 ④ 0.03

해설 $G=\gamma_w AV=\gamma_w Q[\text{kN/s}]$

$$\therefore\ Q=\frac{G}{\gamma_w}=\frac{\frac{60}{5\times 60}}{9.8}=0.02\ \text{m}^3/\text{s}$$

12. 펌프를 이용하여 10 m 높이 위에 있는 물탱크로 유량 0.3 m^3/min의 물을 퍼 올리려고 한다. 관로 내 마찰손실수두가 3.8 m이고, 펌프의 효율이 85 %일 때 펌프에 공급해야 하는 동력은 약 몇 W인가?

① 128 ② 796 ③ 677 ④ 219

해설 $$L_s=\frac{\gamma_w QH}{\eta_P}=\frac{9.8\times\left(\frac{0.3}{60}\right)\times(10+3.8)}{0.85}=0.796\ \text{kW}=796\ \text{W}$$

13. 유체가 매끈한 원관 속을 흐를 때 레이놀즈수가 1200이라면 관마찰계수는 얼마인가?

① 0.0254 ② 0.00128

③ 0.0059 ④ 0.053

해설 층류($Re<2100$)인 경우 관마찰계수(f)는 레이놀즈수(Re)만의 함수이다.

$$\therefore\ f=\frac{64}{Re}=\frac{64}{1200}=0.0533$$

14. 오른쪽 그림과 같이 30°로 경사진 0.5 m×3 m 크기의 수문 평판 AB가 있다. A 지점에서 힌지로 연결되어 있을 때 이 수문을 열기 위하여 B 점에서 수문에 직각 방향으로 가해야 할 최소 힘은 약 몇 N인가? (단, 힌지 A에서의 마찰은 무시한다.)

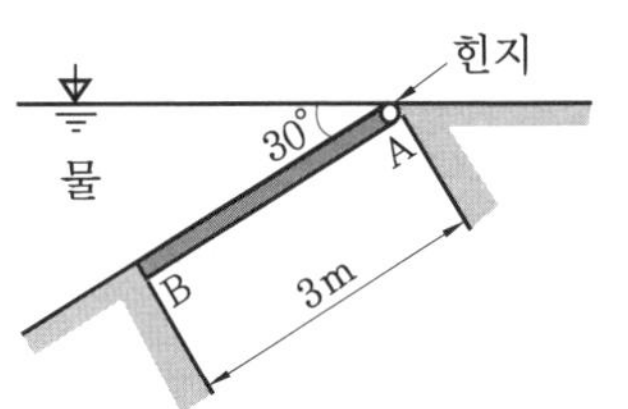

① 7350 ② 7355

③ 14700 ④ 14710

정답 11. ② 12. ② 13. ④ 14. ①

해설 $F = \gamma \bar{y} \sin\theta A = 9800 \times 1.5 \sin 30° \times (0.5 \times 3) = 11025\text{ N}$

$$y_P = \bar{y} + \frac{I_G}{A\bar{y}} = 1.5 + \frac{\frac{0.5 \times 3^3}{12}}{(0.5 \times 3) \times 1.5} = 2\text{ m}$$

$$\sum M_{Hinge} = 0$$

$$F' = \frac{F \times y_P}{3} = \frac{11025 \times 2}{3} = 7350\text{ N}$$

15. 부자(float)의 오르내림에 의해서 배관 내의 유량을 측정하는 기구의 명칭은?

① 피토관(pitot tube)
② 로터미터(rotameter)
③ 오리피스(orifice)
④ 벤투리미터(venturi meter)

해설 로터미터(rotameter)는 부자형 면적 유량계로 구조가 간단하고 용도가 넓다.

16. 이상기체의 정압비열 C_p와 정적비열 C_v와의 관계로 옳은 것은? (단, R은 이상기체 상수이고, k는 비열비이다.)

① $C_p = \frac{1}{2} C_v$
② $C_p < C_v$
③ $C_p - C_v = R$
④ $\frac{C_v}{C_p} = k$

해설 정압비열(C_p)과 정적비열(C_v)의 관계식

(1) $k = \frac{C_p}{C_v}$ (gas인 경우 $C_p > C_v$, $k > 1$)

(2) $C_p - C_v = R$

(3) $C_v = C_p - R$

(4) $C_p = C_v + R$

17. 지름 2 cm의 금속 공은 선풍기를 켠 상태에서 냉각하고, 지름 4 cm의 금속 공은 선풍기를 끄고 냉각할 때 동일 시간당 발생하는 대류 열전달량의 비(2 cm 공 : 4 cm 공)는? (단, 두 경우 온도차는 같고, 선풍기를 켜면 대류 열전달계수가 10배가 된다고 가정한다.)

① 1 : 0.3375
② 1 : 0.4
③ 1 : 5
④ 1 : 10

정답 15. ② 16. ③ 17. ②

해설 $q_1 : q_2 = \frac{q_1}{q_2} = \left(\frac{r_1}{r_2}\right)^2 \left(\frac{k_1}{k_2}\right) = \left(\frac{1}{2}\right)^2 \left(\frac{10}{1}\right) = \frac{10}{4} = 10:4 = 1:0.4$

$q_{conv} = kA\Delta T$[W]

여기서, k : 열전달계수, A : 구의 표면적($=4\pi r^2$[m^2]), ΔT : 온도차

18. 다음 중 열역학적 용어에 대한 설명으로 틀린 것은?

① 물질의 3중점(triple point)은 고체, 액체, 기체의 3상이 평형상태로 공존하는 상태의 지점을 말한다.

② 일정한 압력하에서 고체가 상변화를 일으켜 액체로 변화할 때 필요한 열을 융해열(융해 잠열)이라 한다.

③ 고체가 일정한 압력하에서 액체를 거치지 않고 직접 기체로 변화하는 데 필요한 열을 승화열이라 한다.

④ 포화액체를 정압하에서 가열할 때 온도 변화 없이 포화증기로 상변화를 일으키는 데 사용되는 열을 현열이라 한다.

해설 포화액체를 정압($P=C$)하에서 가열할 때 온도 변화 없이 포화증기로 상(phase)변화를 일으키는 데 사용되는 열은 증발열로 잠열(숨은열)이다.

19. 모세관 현상에 있어서 물이 모세관을 따라 올라가는 높이에 대한 설명으로 옳은 것은?

① 표면장력이 클수록 높이 올라간다. ② 관의 지름이 클수록 높이 올라간다.
③ 밀도가 클수록 높이 올라간다. ④ 중력의 크기와는 무관하다.

해설 모세관 현상에 의한 액면 상승 높이(h)는 표면장력(σ)에 비례하고 비중량(γ), 밀도(ρ), 관의 지름(d), 중력가속도(g)에 반비례한다.

$$h = \frac{4\sigma\cos\beta}{\gamma d} = \frac{4\sigma\cos\beta}{\rho g d}\text{[m]}$$

20. 회전속도 1000 rpm일 때 송출량 Q[m^3/min], 전양정 H[m]인 원심펌프가 상사한 조건에서 송출량이 1.1 Q[m^3/min]가 되도록 회전속도를 증가시킬 때, 전양정은 어떻게 되는가?

① 0.91H ② H ③ 1.1H ④ 1.21H

해설 $\frac{Q_2}{Q_1} = \frac{N_2}{N_1}$, $\frac{H_2}{H_1} = \left(\frac{N_2}{N_1}\right)^2$

$$\therefore\ H_2 = H_1\left(\frac{N_2}{N_1}\right)^2 = H_1(1.1)^2 = 1.21H\text{[m]}$$

정답 18. ④ 19. ① 20. ④

2019년도 시행문제

소방설비기계기사

2019년 3월 3일 (제1회)

01. 다음 중 열역학 제1법칙에 관한 설명으로 옳은 것은?

① 열은 그 자신만으로 저온에서 고온으로 이동할 수 없다.
② 일은 열로 변환시킬 수 있고 열은 일로 변환시킬 수 있다.
③ 사이클 과정에서 열이 모두 일로 변화할 수 없다.
④ 열평형 상태에 있는 물체의 온도는 같다.

해설 열역학 제1법칙(에너지 보존의 법칙) : 열과 일은 본질적으로 동일한 에너지로 열은 일로, 일은 열로 환산 가능하다.

$Q = W[\text{kJ}]$

02. 안지름 25 mm, 길이 10 m의 수평 파이프를 통해 비중 0.8, 점성계수는 5×10^{-3} kg/m · s인 기름을 유량 0.2×10^{-3} m^3/s로 수송하고자 할 때, 필요한 펌프의 최소 동력은 약 몇 W인가?

① 0.21 ② 0.58 ③ 0.77 ④ 0.81

해설 $Re = \frac{\rho V d}{\mu} = \frac{(\rho_w S)Vd}{\mu} = \frac{(1000\times0.8)\times0.407\times0.025}{5\times10^{-3}} = 1628 < 2100$ 이므로 층류

$$V = \frac{Q}{A} = \frac{0.2\times10^{-3}}{\frac{\pi}{4}(0.025)^2} = 0.407\ \text{m/s}$$

$$L_p = \Delta p Q = \left(\frac{128\mu QL}{\pi d^4}\right)Q = \frac{128\mu Q^2 L}{\pi d^4} = \frac{128\times5\times10^{-3}\times(0.2\times10^{-3})^2\times10}{\pi(0.025)^4}$$

$$= 0.209\ \text{W} \fallingdotseq 0.21\ \text{W}$$

03. 수은의 비중이 13.6일 때 수은의 비체적은 몇 m^3/kg인가?

① $\frac{1}{13.6}$ ② $\frac{1}{13.6}\times10^{-3}$ ③ 13.6 ④ 13.6×10^{-3}

해설 $v = \frac{1}{\rho} = \frac{1}{\rho_w S} = \frac{1}{1000\times13.6} = \frac{1}{13.6}\times10^{-3}\ \text{m}^3/\text{kg}$

정답 1. ② 2. ① 3. ②

04. 그림과 같은 U자관 차압 액주계에서 A와 B에 있는 유체는 물이고 그 중간에 유체는 수은(비중 13.6)이다. 또한, 그림에서 h_1 = 20 cm, h_2 = 30 cm, h_3 = 15 cm일 때 A의 압력(P_A)과 B의 압력(P_B)의 차이($P_A - P_B$)는 약 몇 kPa인가?

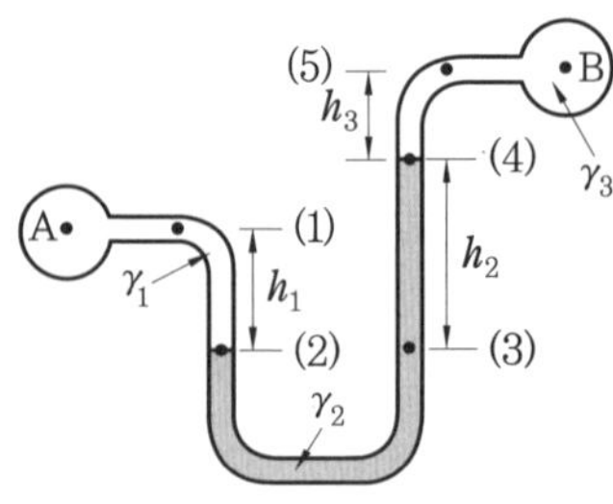

① 35.4　② 39.5
③ 44.7　④ 49.8

해설 $P_A + \gamma_w h_1 = P_B + \gamma_w h_3 + \gamma_w S_{Hg} h_2$이므로

$\therefore P_A - P_B = \gamma_w h_3 + \gamma_w S_{Hg} h_2 - \gamma_w h_1 = 9.8 \times 0.15 + 9.8 \times 13.6 \times 0.3 - 9.8 \times 0.2 = 39.5\ \text{kPa}$

05. 평균유속 2 m/s로 50 L/s 유량의 물을 흐르게 하는 데 필요한 관의 안지름은 약 몇 mm인가?

① 158　② 168　③ 178　④ 188

해설 $Q = AV = \dfrac{\pi d^2}{4} V[\text{m}^3/\text{s}]$에서

$$d = \sqrt{\frac{4Q}{\pi V}} = \sqrt{\frac{4 \times 50 \times 10^{-3}}{\pi \times 2}} = 0.178\ \text{m} = 178\ \text{mm}$$

06. 30℃에서 부피가 10 L인 이상기체를 일정한 압력으로 0℃로 냉각시키면 부피는 약 몇 L로 변하는가?

① 3　② 9　③ 12　④ 18

해설 $P = C$일 때 $\dfrac{V}{T} = C$

$$\frac{V_1}{T_1} = \frac{V_2}{T_2}$$

$$\therefore\ V_2 = V_1\left(\frac{T_2}{T_1}\right) = 10 \times \frac{273}{303} = 9\ \text{L}$$

정답 4. ②　5. ③　6. ②

07. 이상적인 카르노 사이클의 과정인 단열압축과 등온압축의 엔트로피 변화에 관한 설명으로 옳은 것은?

① 등온압축의 경우 엔트로피 변화는 없고, 단열압축의 경우 엔트로피 변화는 감소한다.
② 등온압축의 경우 엔트로피 변화는 없고, 단열압축의 경우 엔트로피 변화는 증가한다.
③ 단열압축의 경우 엔트로피 변화는 없고, 등온압축의 경우 엔트로피 변화는 감소한다.
④ 단열압축의 경우 엔트로피 변화는 없고, 등온압축의 경우 엔트로피 변화는 증가한다.

해설 단열압축인 경우 엔트로피 변화가 없고(등엔트로피), 등온압축인 경우 엔트로피 변화는 감소한다.

$$\Delta S = mR\ln\frac{V_2}{V_1} = mR\ln\frac{P_1}{P_2}\,[\text{kJ/kg}\cdot\text{K}]$$

08. 그림에서 물 탱크차가 받는 추력은 약 몇 N인가? (단, 노즐의 단면적은 0.03 m^2이며, 탱크 내의 계기압력은 40 kPa이다. 또한 노즐에서 마찰 손실은 무시한다.)

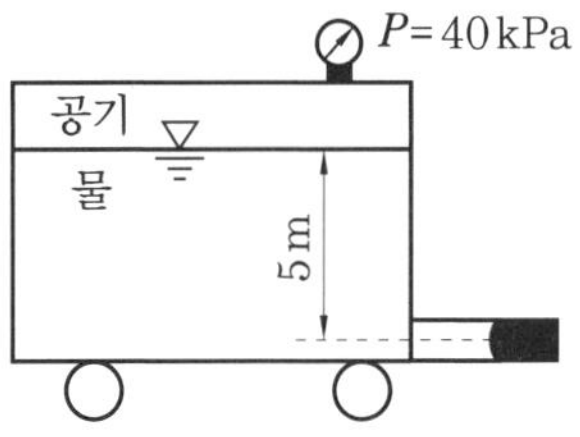

① 812　② 1489
③ 2709　④ 5343

해설 $F_{th} = \rho QV = \rho(AV)V = \rho AV^2 = \rho A(\sqrt{2gh})^2 = 2\rho gAh$

$$= 2\gamma_w Ah = 2\times 9800\times 0.03\times\left(5+\frac{40}{9.8}\right) = 5340\text{ N}$$

09. 비중이 0.877인 기름이 단면적이 변하는 원관을 흐르고 있으며 체적유량은 0.146 m^3/s이다. A점에서는 안지름이 150 mm, 압력이 91 kPa이고, B점에서는 안지름이 450 mm, 압력이 60.3 kPa이다. 또한 B점은 A점보다 3.66 m 높은 곳에 위치한다. 기름이 A점에서 B점까지 흐르는 동안의 손실수두는 약 몇 m인가? (단, 물의 비중량은 9810 N/m^3이다.)

① 3.3　② 7.2
③ 10.7　④ 14.1

정답 7. ③　8. ④　9. ①

해설 $\dfrac{P_A}{\gamma}+\dfrac{V_A^2}{2g}+Z_A=\dfrac{P_B}{\gamma}+\dfrac{V_B^2}{2g}+Z_B+h_L$

$$\frac{91\times10^3}{9810\times0.877}+\frac{(8.26)^2}{2\times9.81}+0=\frac{60.3\times10^3}{9810\times0.877}+\frac{(0.92)^2}{2\times9.81}+3.66+h_L$$

$$10.58+3.48=7+0.043+3.66+h_L$$

$$\therefore\ h_L=3.36\text{ m}$$

$$V_A=\frac{Q}{A_A}=\frac{0.146}{\frac{\pi}{4}(0.15)^2}=8.26\text{ m/s}$$

$$V_B=V_A\left(\frac{A_A}{A_B}\right)=V_A\left(\frac{d_A}{d_B}\right)^2=8.26\left(\frac{150}{450}\right)^2\fallingdotseq0.92\text{ m/s}$$

10. 그림과 같이 피스톤의 지름이 각각 25 cm와 5 cm이다. 작은 피스톤을 화살표 방향으로 20 cm만큼 움직일 경우 큰 피스톤이 움직이는 거리는 약 몇 mm인가?(단, 누설은 없고, 비압축성이라고 가정한다.)

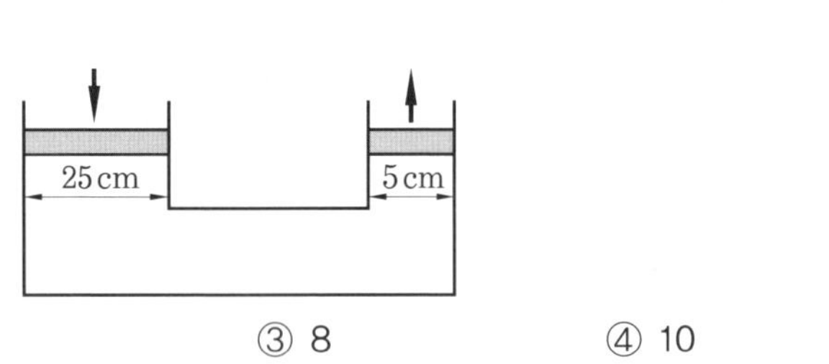

① 2 ② 4 ③ 8 ④ 10

해설 두 피스톤의 이동된 유체의 체적량은 같다.

$$A_1S_1=A_2S_2$$

$$\therefore\ S_1=S_2\left(\frac{A_2}{A_1}\right)=S_2\left(\frac{d_2}{d_1}\right)^2=20\left(\frac{5}{25}\right)^2=0.8\text{ cm}=8\text{ mm}$$

11. 스프링클러 헤드의 방수압이 4배가 되면 방수량은 몇 배가 되는가?

① $\sqrt{2}$ 배 ② 2배 ③ 4배 ④ 8배

해설 $Q=K\sqrt{P}$[L/min]

$$\frac{Q_2}{Q_1}=\frac{\sqrt{4P}}{\sqrt{P}}=\sqrt{\frac{4P}{P}}=\sqrt{4}=2$$

12. 다음 중 표준 대기압인 1기압에 가장 가까운 것은?

① 860 mmHg ② 10.33 mAq ③ 101.325 bar ④ 1.0332 kgf/m^2

정답 10. ③ 11. ② 12. ②

해설 표준 대기압(1 atm) $=760$ mmHg$(=76$ cmHg$)=1.0332$ kgf/cm$^2=10332$ kgf/m^2
$=1.01325$ bar $=1013.25$ mmbar $=101.325$ kPa $=10.33$ mAq $=14.7$ psi(lb/in^2)
※ 1 bar $=10^5$ Pa(N/m^2) $=100$ kPa

13. 안지름 10 cm의 관로에서 마찰손실수두가 속도수두와 같다면 그 관로의 길이는 약 몇 m인가? (단, 관마찰계수는 0.03이다.)

① 1.58 ② 2.54 ③ 3.33 ④ 4.52

해설 $h_L = f\dfrac{L}{d}\dfrac{V^2}{2g} = \dfrac{V^2}{2g}$에서 $L = \dfrac{d}{f} = \dfrac{0.1}{0.03} = 3.33$ m

14. 원심식 송풍기에서 회전수를 변화시킬 때 동력 변화를 구하는 식으로 옳은 것은? (단, 변화 전후의 회전수는 각각 N_1, N_2, 동력은 L_1, L_2이다.)

① $L_2 = L_1 \times \left(\dfrac{N_1}{N_2}\right)^3$ ② $L_2 = L_1 \times \left(\dfrac{N_1}{N_2}\right)^2$

③ $L_2 = L_1 \times \left(\dfrac{N_2}{N_1}\right)^3$ ④ $L_2 = L_1 \times \left(\dfrac{N_2}{N_1}\right)^2$

해설 축동력은 회전수 세제곱에 비례한다.

$$\frac{L_2}{L_1} = \left(\frac{N_2}{N_1}\right)^3 \quad \therefore\ L_2 = L_1\left(\frac{N_2}{N_1}\right)^3$$

15. 그림과 같은 1/4원형의 수문(水門) AB가 받는 수평성분 힘(F_H)과 수직성분 힘(F_V)은 각각 약 몇 kN인가? (단, 수문의 반지름은 2 m이고, 폭은 3 m이다.)

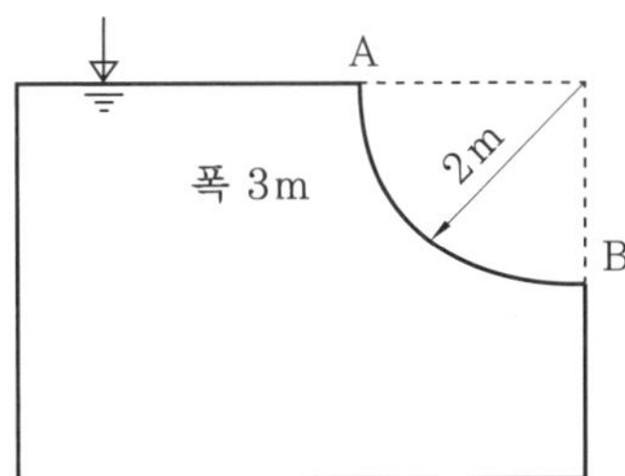

① $F_H = 24.4$, $F_V = 46.2$ ② $F_H = 24.4$, $F_V = 92.4$

③ $F_H = 58.8$, $F_V = 46.2$ ④ $F_H = 58.8$, $F_V = 92.4$

정답 13. ③ 14. ③ 15. ④

해설 $F_H=\gamma\bar{h}A=\gamma\bar{h}(rl)=9.8\times1\times(2\times3)=58.8\text{ kN}$

$F_V=\gamma V=\gamma Al=9.8\times\dfrac{\pi\times2^2}{4}\times3\fallingdotseq92.4\text{ kN}$

16. 펌프 중심으로부터 2 m 아래에 있는 물을 펌프 중심으로부터 15 m 위에 있는 송출수면으로 양수하려 한다. 관로의 전 손실수두가 6 m이고, 송출수량이 1 m^3/min라면 필요한 펌프의 동력은 약 몇 W인가?

① 2777
② 3103
③ 3430
④ 3757

해설 $L_P=\gamma_w QH=9800\times\left(\dfrac{1}{60}\right)\times23\fallingdotseq3757\text{ W}$

여기서, 전양정$(H)=H_a+h_L=(H_s+H_d)+h_L=(2+15)+6=23$

17. 일반적인 배관 시스템에서 발생되는 손실을 주손실과 부차적 손실로 구분할 때 다음 중 주손실에 속하는 것은?

① 직관에서 발생하는 마찰손실
② 파이프 입구와 출구에서의 손실
③ 단면의 확대 및 축소에 의한 손실
④ 배관 부품(엘보, 리턴벤드, 티, 리듀서, 유니언, 밸브 등)에서 발생하는 손실

해설 직관에서 발생하는 마찰손실을 주손실(main loss)이라 하고 돌연 확대, 돌연 축소, 엘보, 밸브 등 기타 배관 부품에서 생기는 손실을 통틀어 부차적 손실(minor loss)이라 한다.

18. 온도 차이 20℃, 열전도율 5 W/m · K, 두께 20 cm인 벽을 통한 열유속(heat flux)과 온도 차이 40℃, 열전도율 10 W/ m · K, 두께 t인 같은 면적을 가진 벽을 통한 열유속이 같다면 두께 t는 약 몇 cm인가?

① 10
② 20
③ 40
④ 80

해설 $q=\dfrac{Q}{A}=K\dfrac{\Delta t}{t}[\text{W/m}^2]$에서 $K_1\dfrac{\Delta t_1}{t_1}=K_2\dfrac{\Delta t}{t}$

$5\times\left(\dfrac{20}{20}\right)=10\times\left(\dfrac{40}{t}\right)$, $5t=10\times40$

$\therefore\ t=\dfrac{400}{5}=80\text{ cm}$

정답 16. ④ 17. ① 18. ④

19. 낙구식 점도계는 어떤 법칙을 이론적 근거로 하는가?

① Stokes의 법칙
② 열역학 제1법칙
③ Hagen–Poiseuille의 법칙
④ Boyle의 법칙

해설 낙구식 점도계는 스토크스 법칙(Stoke's law)을 이론적 근거로 한다.

$$\mu = \frac{(\gamma_s - \gamma_l)d^2}{18V}[\text{Pa} \cdot \text{s}]$$

20. 지면으로부터 4 m의 높이에 설치된 수평관 내로 물이 4 m/s로 흐르고 있다. 물의 압력이 78.4 kPa인 관 내의 한 점에서 전 수두는 지면을 기준으로 약 몇 m인가?

① 4.76
② 6.24
③ 8.82
④ 12.81

해설 $H = \frac{P}{\gamma} + \frac{V^2}{2g} + Z = \frac{78.4 \times 10^3}{9800} + \frac{4^2}{2 \times 9.8} + 4 = 12.81$

정답 19. ① 20. ④

소방설비기계기사 2019년 4월 27일 (제2회)

01. 오른쪽 그림과 같이 물이 들어 있는 아주 큰 탱크에 사이펀이 장치되어 있다. 출구에서의 속도 V와 관의 상부 중심 A 지점에서의 게이지 압력 p_A를 구하는 식은? (단, g는 중력가속도, ρ는 물의 밀도이며, 관의 직경은 일정하고 모든 손실은 무시한다.)

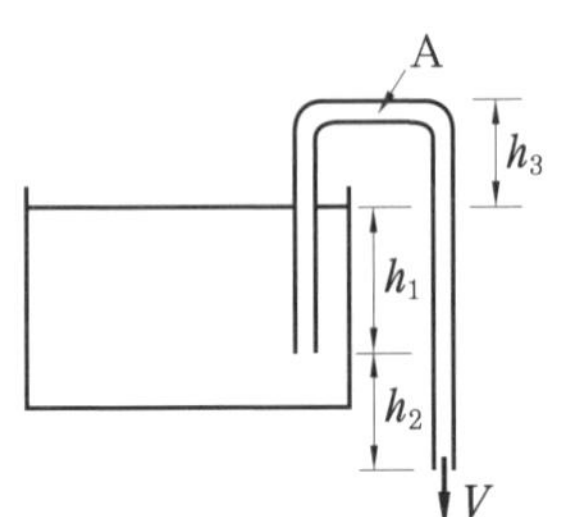

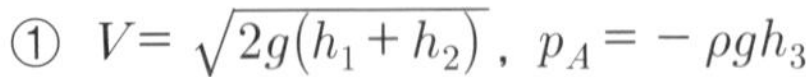

① $V=\sqrt{2g(h_1+h_2)}$, $p_A=-\rho g h_3$

② $V=\sqrt{2g(h_1+h_2)}$, $p_A=-\rho g(h_1+h_2+h_3)$

③ $V=\sqrt{2gh_2}$, $p_A=-\rho g(h_1+h_2+h_3)$

④ $V=\sqrt{2g(h_1+h_2)}$, $p_A=\rho g(h_1+h_2-h_3)$

해설 사이펀(siphon) 출구 유속(V)$=\sqrt{2g(h_1+h_2)}$ [m/s]

$p_A=-\rho g(h_1+h_2+h_3)=-\gamma(h_1+h_2+h_3)$ [kPa]

※ (−) 부호는 진공압을 의미한다.

02. 일률(시간당 에너지)의 차원을 기본 차원인 M(질량), L(길이), T(시간)로 올바르게 표시한 것은?

① L^2T^{-2} ② $MT^{-2}L^{-1}$ ③ ML^2T^{-2} ④ ML^2T^{-3}

해설 동력(일률)은 시간당 에너지를 의미하며, 동력의 단위는 $W=J/s=N\cdot m/s=kg\cdot m^2/s^3$이므로 차원은 $FLT^{-1}=(MLT^{-2})LT^{-1}=ML^2T^{-3}$이다.

03. 0.02 m^3의 체적을 갖는 액체가 강체의 실린더 속에서 730 kPa의 압력을 받고 있다. 압력이 1030 kPa로 증가되었을 때 액체의 체적이 0.019 m^3으로 축소되었다. 이때 이 액체의 체적탄성계수는 약 몇 kPa인가?

① 3000 ② 4000 ③ 5000 ④ 6000

해설 $K=-\dfrac{dP}{\dfrac{dV}{V}}=-\dfrac{P_2-P_1}{\dfrac{V_2-V_1}{V}}=\dfrac{1030-730}{-\dfrac{0.019-0.02}{0.02}}=\dfrac{1030-730}{\dfrac{0.02-0.019}{0.02}}$

$=\dfrac{(1030-730)\times 0.02}{0.02-0.019}=6000\ \text{kPa}$

정답 1. ② 2. ④ 3. ④

04. 그림과 같은 관에 비압축성 유체가 흐를 때 A 단면의 평균속도가 V_1이라면 B 단면에서의 평균속도 V_2는?(단, A 단면의 지름은 d_1이고 B단면의 지름은 d_2이다.)

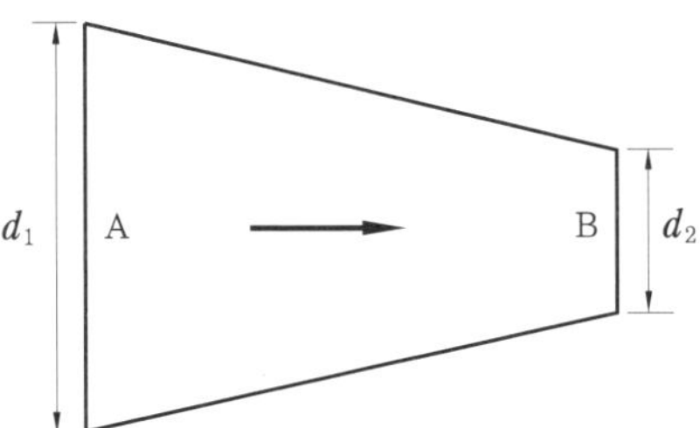

① $V_2 = \left(\frac{d_1}{d_2}\right) V_1$ ② $V_2 = \left(\frac{d_1}{d_2}\right)^2 V_1$

③ $V_2 = \left(\frac{d_2}{d_1}\right) V_1$ ④ $V_2 = \left(\frac{d_2}{d_1}\right)^2 V_1$

해설 $Q = AV[\text{m}^3/\text{s}]$ $A_1 V_1 = A_2 V_2$에서

$$V_2 = V_1\left(\frac{A_1}{A_2}\right) = V_1\left(\frac{d_1}{d_2}\right)^2 [\text{m/s}]$$

05. 10 kg의 수증기가 들어 있는 체적 2 m^3의 단단한 용기를 냉각하여 온도를 200℃에서 150℃로 낮추었다. 나중 상태에서 액체상태의 물은 약 몇 kg인가?(단, 150℃에서 물의 포화액 및 포화증기의 비체적은 각각 0.0011 m^3/kg, 0.3925 m^3/kg이다.)

① 0.508 ② 1.24 ③ 4.92 ④ 7.86

해설 $v_x = v' + x(v'' - v')[\text{m}^3/\text{kg}]$

$$x = \frac{v_x - v'}{(v'' - v')} = \frac{\left(\frac{V}{m}\right) - v'}{(v'' - v')} = \frac{\left(\frac{2}{10}\right) - 0.0011}{(0.3925 - 0.0011)} = 0.508$$

$\therefore$ 수증기량 $= mx = 10 \times 0.508 = 5.08$ kg

$\therefore$ 물의 양 $= my = m(1-x) = 10(1-0.508) = 4.92$ kg

06. 수평 원관 내 완전발달 유동에서 유동을 일으키는 힘(㉠)과 방해하는 힘(㉡)은 각각 무엇인가?

① ㉠ : 압력차에 의한 힘, ㉡ : 점성력 ② ㉠ : 중력 힘, ㉡ : 점성력

③ ㉠ : 중력 힘, ㉡ : 압력차에 의한 힘 ④ ㉠ : 압력차에 의한 힘, ㉡ : 중력 힘

해설 수평 원관 내 완전발달 유동에서 유동을 일으키는 힘은 압력차에 의한 힘이고, 유동을 방해하는 힘은 점성력이다.

정답 4. ② 5. ③ 6. ①

07. 펌프의 입구 및 출구측에 연결된 진공계와 압력계가 각각 25 mmHg와 260 kPa을 가리켰다. 이 펌프의 배출 유량이 0.15 m^3/s가 되려면 펌프의 동력은 약 몇 kW가 되어야 하는가? (단, 펌프의 입구와 출구의 높이차는 없고, 입구측 안지름은 20 cm, 출구측 안지름은 15 cm이다.)

① 3.95　② 4.32　③ 39.5　④ 43.2

해설 $Q = AV[\mathrm{m^3/s}]$에서

$$V_1 = \frac{Q}{A_1} = \frac{0.15}{\frac{\pi}{4}\times(0.2)^2} = 4.77\,\mathrm{m/s},\quad V_2 = \frac{Q}{A_2} = \frac{0.15}{\frac{\pi}{4}\times(0.15)^2} = 8.49\,\mathrm{m/s}$$

$760 : 101.325 = 25 : P_1$에서 $P_1 = \frac{25}{760}\times 101.325 = 3.33\,\mathrm{kPa}$

$$H_P = \frac{V_2^2 - V_1^2}{2g} + \frac{P_2 - P_1}{\gamma} = \frac{(8.49)^2 - (4.77)^2}{2\times 9.8} + \frac{260-(-3.33)}{9.8} = 29.39\,\mathrm{m}$$

$\therefore\ L_P = \gamma_w Q H_P = 9.8\times 0.15\times 29.39 \fallingdotseq 43.2\,\mathrm{kW}$

08. 비중병의 무게가 비었을 때는 2 N이고, 액체로 충만되어 있을 때는 8 N이다. 액체의 체적이 0.5 L이면 이 액체의 비중량은 약 몇 N/m^3인가?

① 11000　② 11500　③ 12000　④ 12500

해설 $\gamma = \frac{W_2 - W_1}{V} = \frac{8-2}{0.5\times 10^{-3}} = 12000\,\mathrm{N/m^3}$

※ $1\,\mathrm{L} = 1\times 10^{-3}\,\mathrm{m^3}$

09. 단면적이 A와 $2A$인 U자형 관에 밀도가 d인 기름이 담겨져 있다. 단면적이 $2A$인 관에 관벽과는 마찰이 없는 물체를 놓았더니 그림과 같이 평형을 이루었다. 이때 이 물체의 질량은 얼마인가?

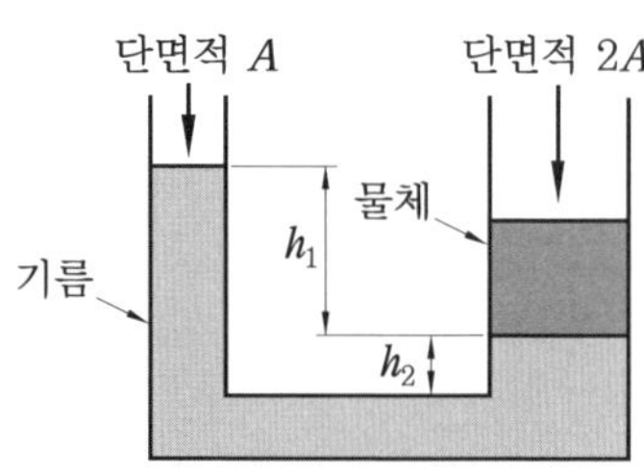

① $2Ah_1d$　② Ah_1d

③ $A(h_1+h_2)d$　④ $A(h_1-h_2)d$

정답 7. ④　8. ③　9. ①

해설 파스칼의 원리

$P_1 = \dfrac{F_1}{A_1}$, $P_2 = \dfrac{F_2}{A_2}(P_1 = P_2)$

$\dfrac{F_1}{A_1} = \dfrac{F_2}{A_2}$, $F_2 = F_1 \times \dfrac{A_2}{A_1} = F_1 \times \dfrac{2A_1}{A_1} = 2F_1$

$F_1 = dV = dAh_1$, $F_2 = 2F_1 = 2dAh_1$

10. 어떤 용기 내의 이산화탄소(45 kg)가 방호공간에 가스 상태로 방출되고 있다. 방출 온도와 압력이 15℃, 101 kPa일 때 방출가스의 체적은 약 몇 m^3인가?(단, 일반 기체상수는 8314 J/kmol·K이다.)

① 2.2 ② 12.2
③ 20.2 ④ 24.3

해설 $PV = mRT$에서 $V = \dfrac{mRT}{P} = \dfrac{45 \times \left(\dfrac{8.314}{44}\right) \times (15 + 273.15)}{101} \fallingdotseq 24.3\ \text{m}^3$

11. 수평관의 길이가 100 m이고, 안지름이 100 mm인 소화설비 배관 내를 평균유속 2 m/s로 물이 흐를 때 마찰손실수두는 약 몇 m인가?(단, 관의 마찰계수는 0.05이다.)

① 9.2 ② 10.2
③ 11.2 ④ 12.2

해설 $h_L = f\dfrac{L}{d}\dfrac{V^2}{2g} = 0.05 \times \dfrac{100}{0.1} \times \dfrac{2^2}{2 \times 9.8} = 10.2\ \text{m}$

12. 출구 단면적이 0.02 m^2인 수평 노즐을 통하여 물이 수평 방향으로 8 m/s의 속도로 노즐 출구에 놓여있는 수직 평판에 분사될 때 평판에 작용하는 힘은 약 몇 N인가?

① 800 ② 1280
③ 2560 ④ 12544

해설 직각 고정 평판에 작용하는 힘

$\Sigma F = \rho Q(V_2 - V_1)$

$-F = \rho Q(0 - V)$

$\therefore\ F = \rho QV = \rho(AV)V = \rho AV^2 = 1000 \times 0.02 \times 8^2 = 1280\ \text{N}$

정답 10. ④ 11. ② 12. ②

13. 물의 온도에 상응하는 증기압보다 낮은 부분이 발생하면 물은 증발되고 물속에 있던 공기와 물이 분리되어 기포가 발생하는 펌프의 현상은?

① 피드백(feed back)
② 서징 현상(surging)
③ 공동 현상(cavitation)
④ 수격 작용(water hammering)

해설 ② 서징 현상 : 펌프(송풍기)가 운전 중에 일정 주기로 압력과 유량이 변하는 현상(맥동 현상)

④ 수격 작용 : 물이 파이프 속을 꽉 차서 흐를 때 정전 등의 원인으로 유속이 급격히 변하면서 물에 심한 압력 변화가 생기고 큰 소음이 발생하는 현상

14. 피토관을 사용하여 일정 속도로 흐르고 있는 물의 유속(V)을 측정하기 위해 오른쪽 그림과 같이 비중 S인 유체를 갖는 액주계를 설치하였다. $S=2$일 때 액주의 높이 차이 $H=h$가 되면 $S=3$일 때 액주의 높이 차(H)는 얼마가 되는가?

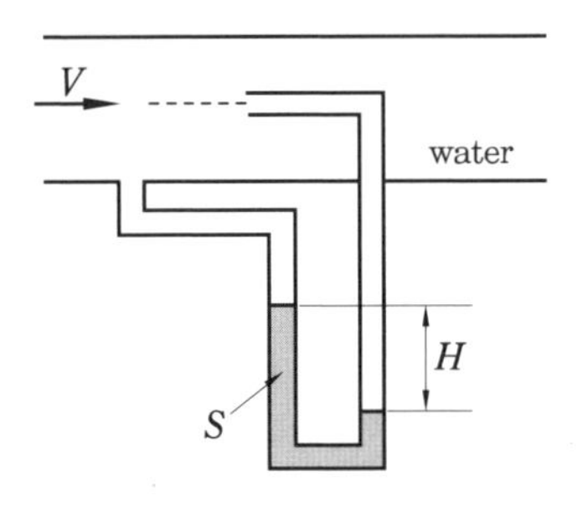

① $\frac{h}{9}$
② $\frac{h}{\sqrt{3}}$
③ $\frac{h}{3}$
④ $\frac{h}{2}$

해설 피토관 유속 $V=\sqrt{2g\left(\frac{S_2-S_1}{S_1}\right)h}$

여기서, S_1 : 배관 내 유체 비중, S_2 : 피토관 내 유체 비중

(1) $S_1=1$, $S_2=2$, $H=h$일 때 유속(V_1) $=\sqrt{2g\left(\frac{2-1}{1}\right)h}=\sqrt{2gh}$

(2) $S_1=1$, $S_2=3$, $H=h$일 때 유속(V_2) $=\sqrt{2g\frac{(3-1)}{1}H}=\sqrt{4gH}$

$V_1=V_2$이므로 $\sqrt{2gh}=\sqrt{4gH}$, $2gh=4gH$

$\therefore\ H=\frac{2gh}{4g}=\frac{h}{2}$

15. 점성계수와 동점성계수에 관한 설명으로 올바른 것은?

① 동점성계수 = 점성계수×밀도
② 점성계수 = 동점성계수×중력가속도
③ 동점성계수 = $\frac{\text{점성계수}}{\text{밀도}}$
④ 점성계수 = $\frac{\text{동점성계수}}{\text{중력가속도}}$

정답 13. ③ 14. ④ 15. ③

해설 $\nu = \frac{\mu}{\rho} = \frac{\mu}{\frac{\gamma}{g}} = \frac{\mu g}{\gamma} [\text{m}^2/\text{s}]$

여기서, γ : 동점성계수(m^2/s), μ : 점성계수(Pa · s), ρ : 밀도($\text{kg/m}^3 = \text{N} \cdot \text{s}^2/\text{m}^4$)

16. 안지름이 25 mm인 노즐 선단에서의 방수 압력은 계기 압력으로 5.8×10^5 Pa이다. 이때 방수량은 약 m^3/s인가?

① 0.017 ② 0.17
③ 0.034 ④ 0.34

해설 $Q = 2.086 D^2 \sqrt{P} [\text{L/min}]$

여기서, D : 안지름(mm), P : 방수압력($\text{MPa} = \text{N/mm}^2$)

$\therefore \ Q = 2.086 \times 25^2 \sqrt{0.58} \fallingdotseq 993 \text{ L/min}$

$= 993 \times 10^{-3} \text{ m}^3/60\text{s} \fallingdotseq 0.017 \text{ m}^3/\text{s}$

※ $Q = 0.653 D^2 \sqrt{P} [\text{L/min}]$

여기서, D : 안지름(mm), P : 방수압력(kgf/cm^2)

17. 외부 표면의 온도가 24℃, 내부 표면의 온도가 24.5℃일 때, 높이 1.5 m, 폭 1.5 m, 두께 0.5 cm인 유리창을 통한 열전달률은 약 몇 W인가? (단, 유리창의 열전도계수는 0.8 W/m · K이다.)

① 180 ② 200
③ 1800 ④ 2000

해설 $q_c = KA \frac{(t_i - t_o)}{L} = 0.8 \times (1.5 \times 1.5) \times \frac{(24.5 - 24)}{0.005} = 180 \text{ W}$

18. 압력 2 MPa인 수증기 건도가 0.2일 때 엔탈피는 몇 kJ/kg인가? (단, 포화증기 엔탈피는 2780.5 kJ/kg이고, 포화액의 엔탈피는 910 kJ/kg이다.)

① 1284 ② 1466
③ 1845 ④ 2406

해설 $h_x = h' + x(h'' - h')$

$= 910 + 0.2(2780.5 - 910) = 1284.1 \text{ kJ/kg}$

정답 16. ① 17. ① 18. ①

19. 그림에서 물에 의하여 점 B에서 힌지된 사분원 모양의 수문이 평형을 유지하기 위하여 수면에서 수문을 잡아 당겨야 하는 힘 T는 약 몇 kN인가?(단, 수문의 폭은 1 m, 반지름($r=\overline{\mathrm{OB}}$)은 2 m, 4분원의 중심은 O점에서 왼쪽으로 $\dfrac{4r}{3\pi}$인 곳에 있다.)

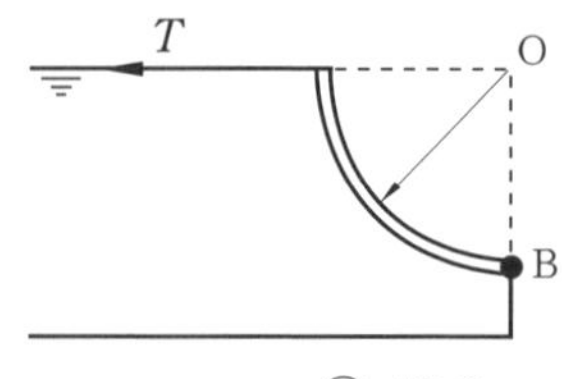

① 1.96 ② 9.8 ③ 19.6 ④ 29.4

해설 (1) $F_H = \gamma \bar{h} A = \gamma \dfrac{r}{2}(r \times 1) = \dfrac{\gamma r^2}{2}$ [N]

(2) $F_V = \gamma V = \gamma\left(\dfrac{\pi r^2}{4} \times 1\right) = \dfrac{\gamma \pi r^2}{4}$ [N]

$\sum M_B = 0,\ F_H \dfrac{r}{3} + F_V\left(\dfrac{4r_0}{3\pi}\right) = Tr$

$\dfrac{\gamma r^2}{2} \cdot \dfrac{r}{3} + \dfrac{\gamma \pi r^2}{4}\left(\dfrac{4r}{3\pi}\right) = Tr$

$\therefore T = \dfrac{\gamma r^2}{2} = \dfrac{9800 \times 2^2}{2} = 19600\ \mathrm{N} = 19.6\ \mathrm{kN}$

20. 관내의 흐름에서 부차적 손실에 해당하지 않는 것은?

① 곡선부에 의한 손실
② 직선 원관 내의 손실
③ 유동단면의 장애물에 의한 손실
④ 관 단면의 급격한 확대에 의한 손실

해설 직선 원관 내의 손실은 주손실(main loss)에 해당한다. 직관 이외의 단면 변화, 돌연확대관, 돌연축소관, 밸브, 엘보(elbow), 곡관부(bend), 기타 배관 부품에서 생기는 손실을 통틀어 부차적 손실(minor loss)이라고 하며, 손실수두(h_L)는 속도수두$\left(\dfrac{V^2}{2g}\right)$에 비례한다$\left(h_L \propto \dfrac{V^2}{2g}\right)$.

정답 19. ③ 20. ②

소방설비기계기사 2019년 9월 21일(제4회)

01. 아래 그림과 같이 두 개의 가벼운 공 사이로 빠른 기류를 불어 넣으면 두 개의 공은 어떻게 되겠는가?

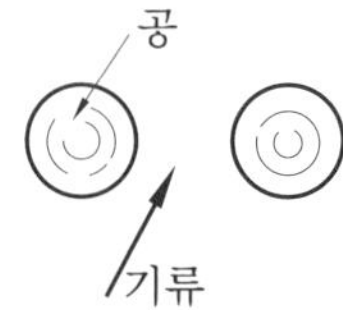

① 뉴턴의 법칙에 따라 벌어진다.
② 뉴턴의 법칙에 따라 가까워진다.
③ 베르누이의 법칙에 따라 벌어진다.
④ 베르누이의 법칙에 따라 가까워진다.

해설 베르누이의 법칙$\left(\frac{P}{\gamma}+\frac{V^2}{2g}+Z=C\right)$에서 공기의 속도가 증가하면 압력은 감소하므로 두 개의 공은 가까워진다.

02. 다음 중 유체 기계들의 압력 상승이 일반적으로 큰 것부터 순서대로 바르게 나열한 것은 어느 것인가?

① 압축기(compressor)>블로어(blower) >팬(fan)
② 블로어(blower)>압축기(compressor) >팬(fan)
③ 팬(fan)>블로어(blower)>압축기(compressor)
④ 팬(fan)>압축기(compressor)>블로어(blower)

해설 압축기(0.1 MPa 이상)>블로어(0.01~0.1 MPa) >팬(0.01 MPa 미만)

03. 표면적이 같은 두 물체가 있다. 표면온도가 2000 K인 물체가 내는 복사에너지는 표면온도가 1000 K인 물체가 내는 복사에너지의 몇 배인가?

① 4　② 8　③ 16　④ 32

해설 슈테판-볼츠만(Stefan-Boltzmann)의 법칙

$q_R=\varepsilon A\sigma T^4$

$q_R \propto T^4$(복사열은 흑체 표면의 절대온도 4승에 비례한다.)

$$\therefore \frac{q_{R_2}}{q_{R_1}}=\left(\frac{T_2}{T_1}\right)^4=\left(\frac{2000}{1000}\right)^4=16$$

정답 1. ④　2. ①　3. ③

04. 이상기체의 폴리트로픽 변화 'PV^n = 일정'에서 $n=1$인 경우 어느 변화에 속하는가? (단, P는 압력, V는 부피, n은 폴리트로프 지수를 나타낸다.)

① 단열변화 ② 등온변화
③ 정적변화 ④ 정압변화

해설 $PV^n=C$에서

(1) $n=0$일 때 등압변화($P=C$)
(2) $n=1$일 때 등온변화($PV=C$)
(3) $n=k$일 때 가역단열변화($PV^k=C$)
(4) $n=\infty$일 때 등적변화($V=C$)

05. 지름이 75 mm인 관로 속에 평균속도 4 m/s로 흐르고 있을 때 유량(kg/s)은?

① 15.52 ② 16.92
③ 17.67 ④ 18.52

해설 $\dot{m}=\rho AV=\rho\dfrac{\pi d^2}{4}V=1000\times\dfrac{\pi}{4}(0.075)^2\times 4=17.67\ \text{kg/s}$

06. 초기에 비어 있는 체적이 0.1 m^3인 견고한 용기 안에 공기(이상기체)를 서서히 주입한다. 공기 1 kg을 넣었을 때 용기 안의 온도가 300 K가 되었다면 이때 용기 안의 압력(kPa)은? (단, 공기의 기체상수는 0.287 kJ/kg · K이다.)

① 287 ② 300
③ 448 ④ 861

해설 $PV=mRT$에서

$$P=\frac{mRT}{V}=\frac{1\times 0.287\times 300}{0.1}=861\ \text{kPa}$$

07. 다음 중 Stokes의 법칙과 관계되는 점도계는?

① Ostwald 점도계 ② 낙구식 점도계
③ Saybolt 점도계 ④ 회전식 점도계

해설 스토크스 법칙(Stoke's law)을 이용한 점도계는 낙구식 점도계이다.

$$\mu=\frac{d^2(\gamma_s-\gamma_l)}{18V}\ [\text{Pa}\cdot\text{s}]$$

정답 4. ② 5. ③ 6. ④ 7. ②

08. 피토관으로 파이프 중심선에서 흐르는 물의 유속을 측정할 때 피토관의 액주높이가 5.2 m, 정압튜브의 액주높이가 4.2 m를 나타낸다면 유속(m/s)은? (단, 속도계수(C_v)는 0.97이다.)

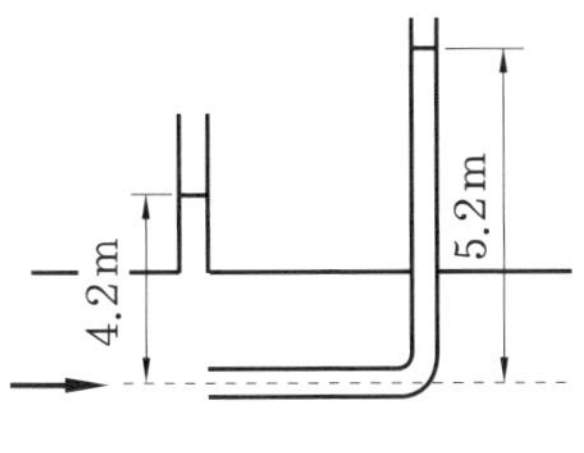

① 4.3 ② 3.5 ③ 2.8 ④ 1.9

해설 $V = C_v\sqrt{2g(Z_2 - Z_1)} = 0.97\sqrt{2 \times 9.8(5.2 - 4.2)} \fallingdotseq 4.3\ \text{m/s}$

09. 그림의 역U자관 마노미터에서 압력 차($P_x - P_y$)는 약 몇 Pa인가?

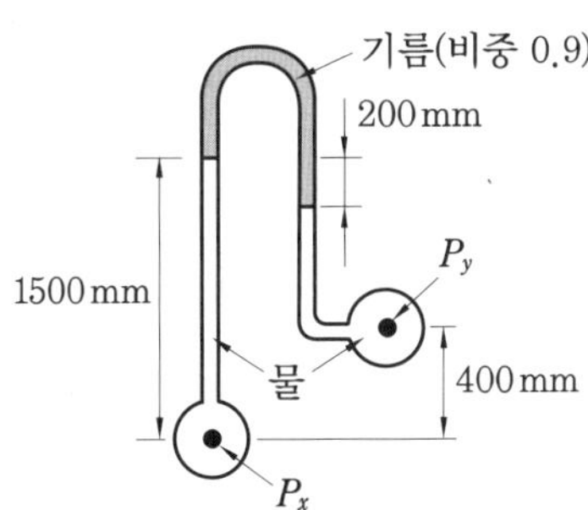

① 3215 ② 4116 ③ 5045 ④ 6826

해설 $P_A = P_B$이므로

$P_x - \gamma_w h_1 = P_y - \gamma_w h_2 - \gamma_w S h_3$

$\therefore\ P_x - P_y = \gamma_w h_1 - \gamma_w h_2 - \gamma_w S h_3 = 9800 \times 1.5 - 9800 \times 0.9 - 9800 \times 0.9 \times 0.2 = 4116\ \text{Pa}$

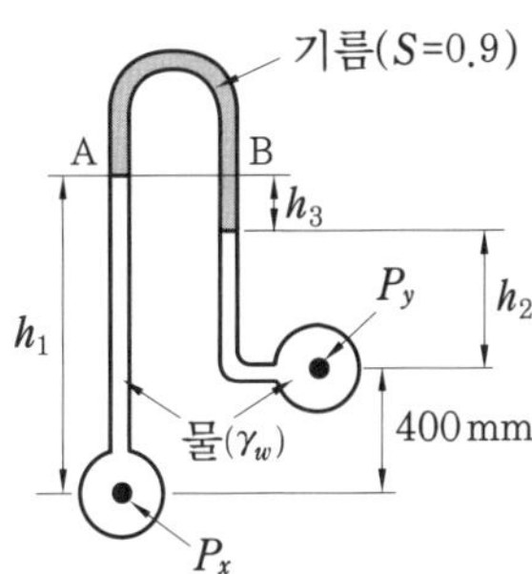

정답 8. ① 9. ②

10. 지름이 다른 두 개의 피스톤이 그림과 같이 연결되어 있다. "1" 부분의 피스톤의 지름이 "2" 부분의 2배일 때, 각 피스톤에 작용하는 힘 F_1과 F_2의 크기의 관계는?

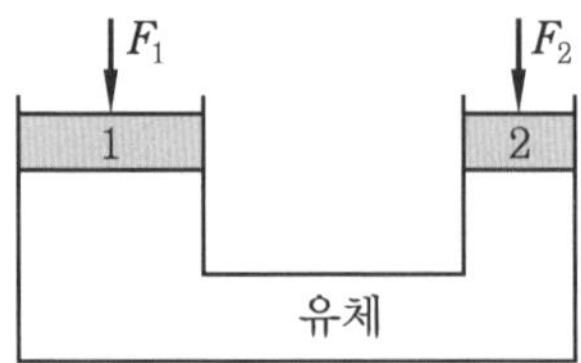

① $F_1 = F_2$　　② $F_1 = 2F_2$
③ $F_1 = 4F_2$　　④ $4F_1 = F_2$

해설 파스칼의 원리를 적용하면

$P_1 = P_2$

$\frac{F_1}{A_1} = \frac{F_2}{A_2}$

$F_1 = F_2\left(\frac{A_1}{A_2}\right) = F_2\left(\frac{D_1}{D_2}\right)^2 = F_2(2)^2 = 4F_2$

$\therefore\ F_1 = 4F_2$

11. 용량 2000 L의 탱크에 물을 가득 채운 소방차가 화재 현장에 출동하여 노즐압력 390 kPa(계기압력), 노즐구경 2.5 cm를 사용하여 방수한다면 소방차 내의 물이 전부 방수되는 데 걸리는 시간은?

① 약 2분 26초　　② 약 3분 35초
③ 약 4분 12초　　④ 약 5분 44초

해설 물탱크 용량(Q) $= 2000\ \mathrm{L}$

방출압력(P) $= 390\ \mathrm{kPa} = 390 \times 10^3\ \mathrm{Pa(N/m^2)} = 39\ \mathrm{N/cm^2} = 3.98\ \mathrm{kgf/cm^2}$

방수량(Q) $= 0.653D^2\sqrt{P} = 0.653 \times 25^2\sqrt{3.98} = 814.2\ \mathrm{L/min}$

$\therefore$ 방수시간(t) $= \frac{2000}{814.2} = 2.456\ \mathrm{min}$(분) ≒ 2분 27초

12. 거리가 1000 m 되는 곳에 안지름 20 cm의 관을 통하여 물을 수평으로 수송하려 한다. 한 시간에 800 $\mathrm{m^3}$를 보내기 위해 필요한 압력(kPa)은? (단, 관의 마찰계수는 0.030이다.)

① 1370　　② 2010
③ 3750　　④ 4580

정답 10. ③　11. ①　12. ③

해설 $\Delta P = f\frac{L}{d}\frac{\gamma V^2}{2g} = 0.03 \times \frac{1000}{0.2} \times \frac{9.8(7.07)^2}{2 \times 9.8} \fallingdotseq 3750\,\text{kPa}$

$Q = AV[\text{m}^3/\text{s}]$에서 $V = \frac{Q}{A} = \frac{\frac{800}{3600}}{\frac{\pi}{4}(0.2)^2} \fallingdotseq 7.07\,\text{m/s}$

13. 글로브 밸브에 의한 손실을 지름이 10 cm이고 관 마찰계수가 0.025인 관의 길이로 환산하면 상당길이가 40 m가 된다. 이 밸브의 부차적 손실계수는?

① 0.25　　② 1
③ 2.5　　④ 10

해설 $L_e = \frac{kd}{f}$[m]에서

$k = \frac{L_e f}{d} = \frac{40 \times 0.025}{0.1} = 10$

14. 체적탄성계수가 2×10^9 Pa인 물의 체적을 3 % 감소시키려면 몇 MPa의 압력을 가하여야 하는가?

① 25　　② 30
③ 45　　④ 60

해설 체적탄성계수$(E) = -\frac{dP}{\frac{dV}{V}}$[Pa]

$dP = E \times \left(-\frac{dV}{V}\right) = 2 \times 10^9 \times \left(\frac{3}{100}\right) = 60000000\,\text{Pa} = 60\,\text{MPa}$

15. 물질의 열역학적 변화에 대한 설명으로 틀린 것은?

① 마찰은 비가역성의 원인이 될 수 있다.
② 열역학 제1법칙은 에너지 보존에 대한 것이다.
③ 이상기체는 이상기체 상태방정식을 만족한다.
④ 가역단열과정은 엔트로피가 증가하는 과정이다.

해설 가역단열과정은 어떤 계(system)에서 경계를 통한 외부와 열의 출입이 없는 과정으로 등엔트로피과정$(S = C)$이다.

정답 13. ④　14. ④　15. ④

16. 폭이 4 m이고 반경이 1 m인 그림과 같은 1/4원형 모양으로 설치된 수문 AB가 있다. 이 수문이 받는 수직방향 분력 F_V의 크기(N)는?

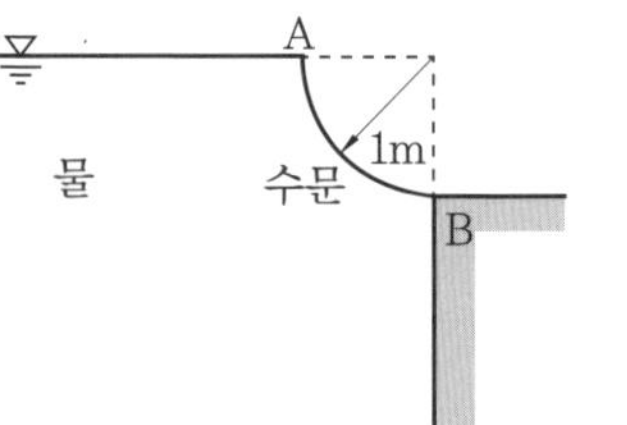

① 7613 ② 9801
③ 30787 ④ 123000

해설 $F_V = \gamma V = \gamma\left(\frac{\pi r^2}{4} l\right) = 9800\left(\frac{\pi \times 1^2}{4} \times 4\right) = 30787.6\text{ N}$

17. 다음 단위 중 3가지는 동일한 단위이고 나머지 하나는 다른 단위이다. 이 중 동일한 단위가 아닌 것은?

① J ② N·s
③ Pa·m^3 ④ kg·m^2/s^2

해설 ① J = N·m
③ Pa·m^3 = N/m^2 × m^3 = N·m
④ kg·m^2/s^2 = kg·m/s^2·m = N·m(1 N = 1 kg × 1 m/s^2)

18. 전양정이 60 m, 유량이 6 m^3/min, 효율이 60 %인 펌프를 작동시키는 데 필요한 동력(kW)은?

① 44 ② 60
③ 98 ④ 117

해설 펌프 축동력$(L_s) = \frac{9.8QH}{\eta_P} = \frac{9.8 \times \left(\frac{6}{60}\right) \times 60}{0.6} = 98\text{ kW}$

19. 지름이 150 mm인 원관에 비중이 0.85, 동점성계수가 $1.33 \times 10^{-4}\ m^2/s$인 기름이 0.01 m^3/s의 유량으로 흐르고 있다. 이때 관마찰계수는?(단, 임계 레이놀즈수는 2100이다.)

① 0.10 ② 0.14
③ 0.18 ④ 0.22

정답 16. ③ 17. ② 18. ③ 19. ①

해설 $Q=AV[\mathrm{m^3/s}]$에서 $V=\dfrac{Q}{A}=\dfrac{Q}{\dfrac{\pi d^2}{4}}=\dfrac{4Q}{\pi d^2}=\dfrac{4\times 0.01}{\pi(0.15)^2}=0.57\ \mathrm{m/s}$

$Re=\dfrac{\rho Vd}{\mu}=\dfrac{Vd}{\nu}=\dfrac{0.57\times 0.15}{1.33\times 10^{-4}}\fallingdotseq 642.86<2100$이므로 층류

층류이므로 관마찰계수(f)는 레이놀즈수(Re)만의 함수이다.

$\therefore\ f=\dfrac{64}{Re}=\dfrac{64}{642.86}\fallingdotseq 0.1$

20. 검사체적(control volume)에 대한 운동량 방정식(momentum equation)과 가장 관계가 깊은 법칙은?

① 열역학 제2법칙
② 질량보존의 법칙
③ 에너지보존의 법칙
④ 뉴턴(Newton)의 법칙

해설 검사체적에 대한 운동량 방정식은 뉴턴의 운동 제2법칙(가속도의 법칙)과 관계있다.

$F=ma=m\dfrac{dV}{dt}=\dfrac{d(mV)}{dt}$

$Fdt=d(mV)$

여기서, Fdt : 역적(impulse) 또는 충격력, $d(mV)$: 운동량의 변화

정답 20. ④

2020년도 시행문제

소방설비기계기사 2020년 6월 6일 (제1회)

01. 240 mmHg의 절대압력은 계기압력으로 약 몇 kPa인가? (단, 대기압은 760 mmHg이고, 수은의 비중은 13.6이다.)

① −32.0 ② 32.0 ③ −69.3 ④ 69.3

해설 $P_a = P_0 + P_g = 240 - 760 = -520\,\mathrm{mmHg}$

$760 : 101.325 = -520 : P_g$

$P_g = \dfrac{-520}{760} \times 101.325 = -69.3\,\mathrm{kPa}$

별해 $P_g = -\gamma_{Hg} h = -\gamma_w S_{Hg} h = -9.8 \times 13.6 \times 0.52 = -69.3\,\mathrm{kPa}$

02. 다음 (㉠), (㉡)에 알맞은 것은?

> 파이프 속을 유체가 흐를 때 파이프 끝의 밸브를 갑자기 닫으면 유체의 (㉠) 에너지가 압력으로 변환되면서 밸브 직전에서 높은 압력이 발생하고 상류로 압축파가 전달되는 (㉡) 현상이 발생한다.

① ㉠ 운동, ㉡ 서징 ② ㉠ 운동, ㉡ 수격 작용
③ ㉠ 위치, ㉡ 서징 ④ ㉠ 위치, ㉡ 수격 작용

해설 수격 현상 : 펌프의 운전 중 정전 등으로 펌프가 급히 정지하는 경우 관내의 물이 역류하여 역지변이 막힘으로 배관 내의 유체의 운동에너지가 압력에너지로 변하여 고압을 발생시키고, 소음과 진동을 수반하는 현상

03. 표준대기압 상태인 어떤 지방의 호수 밑 72.4 m에 있던 공기의 기포가 수면으로 올라오면 기포의 부피는 최초 부피의 몇 배가 되는가? (단, 기포 내의 공기는 보일의 법칙을 따른다.)

① 2 ② 4 ③ 7 ④ 8

해설 $\dfrac{V}{V_0} = \dfrac{P_0}{P} = \dfrac{9.8(10.33 + 72.4)}{101.325} = \dfrac{810.754}{101.325} = 8$

정답 1. ③ 2. ② 3. ④

04. 펌프의 일과 손실을 고려할 때 베르누이 수정 방정식을 바르게 나타낸 것은? (단, H_P와 H_L은 펌프의 수두와 손실수두를 나타내며, 하첨자 1, 2는 각각 펌프의 전후 위치를 나타낸다.)

① $\frac{v_1^2}{2g}+\frac{P_1}{\gamma}+z_1=\frac{v_2^2}{2g}+\frac{P_2}{\gamma}+H_L$

② $\frac{v_1^2}{2g}+\frac{P_1}{\gamma}+z_1+H_P=\frac{v_2^2}{2g}+\frac{P_2}{\gamma}+H_L$

③ $\frac{v_1^2}{2g}+\frac{P_1}{\gamma}+H_P=\frac{v_2^2}{2g}+\frac{P_2}{\gamma}+z_2+H_L$

④ $\frac{v_1^2}{2g}+\frac{P_1}{\gamma}+z_1+H_P=\frac{v_2^2}{2g}+\frac{P_2}{\gamma}+z_2+H_L$

해설 펌프를 설치하고 손실수두(H_L)를 고려한 경우 수정 베르누이 방정식은 다음과 같다.

$$\frac{v_1^2}{2g}+\frac{P_1}{\gamma}+z_1+H_P=\frac{v_2^2}{2g}+\frac{P_2}{\gamma}+z_2+H_L$$

05. 지름 10 cm의 호스에 출구 지름이 3 cm인 노즐이 부착되어 있고, 1500 L/min의 물이 대기 중으로 뿜어져 나온다. 이때 4개의 플랜지 볼트를 사용하여 노즐을 호스에 부착하고 있다면 볼트 1개에 작용되는 힘의 크기(N)는? (단, 유동에서 마찰이 존재하지 않는다고 가정한다.)

① 58.3 ② 899.4 ③ 1018.4 ④ 4098.2

해설 $F_B=\frac{\gamma A_1 Q^2}{2g}\left(\frac{A_1-A_2}{A_1A_2}\right)^2=\frac{\rho A_1 Q^2}{2}\left(\frac{A_1-A_2}{A_1A_2}\right)^2$

$$=\frac{1000\times\frac{\pi}{4}(0.1)^2\times\left(\frac{1500}{60}\times10^{-3}\right)^2}{2}\times\left(\frac{\frac{\pi}{4}(0.1)^2-\frac{\pi}{4}(0.03)^2}{\frac{\pi}{4}(0.1)^2\times\frac{\pi}{4}(0.03)^2}\right)^2=4073.6\text{N}$$

$\therefore$ 볼트 1개에 작용되는 힘$(F)=\frac{F_B}{4}=\frac{4073.6}{4}=1018.4\text{N}$

06. 다음 중 배관의 유량을 측정하는 계측 장치가 아닌 것은?

① 로터미터(rotameter) ② 유동노즐(flow nozzle)
③ 마노미터(manometer) ④ 오리피스(orifice)

해설 마노미터(manometer)는 압력 측정용 액주계이다.

정답 4. ④ 5. ③ 6. ③

07. 점성에 관한 설명으로 틀린 것은?

① 액체의 점성은 분자간 결합력에 관계된다.
② 기체의 점성은 분자간 운동량 교환에 관계된다.
③ 온도가 증가하면 기체의 점성은 감소된다.
④ 온도가 증가하면 액체의 점성은 감소된다.

해설 온도가 증가하면 액체의 점성은 감소하고, 기체의 점성은 증가한다.

08. 펌프의 입구에서 진공계의 계기압력은 −160 mmHg, 출구에서 압력계의 계기압력은 300 kPa, 송출 유량은 10 m^3/min일 때 펌프의 수동력(kW)은? (단, 진공계와 압력계 사이의 수직거리는 2 m이고, 흡입관과 송출관의 직경은 같으며, 손실을 무시한다.)

① 5.7　② 56.8　③ 557　④ 3400

해설 $L_w = 9.8QH_p = 9.8 \times \left(\frac{10}{60}\right) \times 34.79 = 56.82\,\text{kW}$

$$H_p = \frac{P_2 - P_1}{\gamma} + (Z_2 - Z_1) = \frac{300 - (-9.8 \times 13.6 \times 0.16)}{9.8} + 2 = 34.79\,\text{m}$$

09. 압력이 100 kPa이고 온도가 20℃인 이산화탄소를 완전기체라고 가정할 때 밀도(kg/m^3)는? (단, 이산화탄소의 기체상수는 188.95 J/kg·K이다.)

① 1.1　② 1.8　③ 2.56　④ 3.8

해설 $\rho = \frac{P}{RT} = \frac{100 \times 10^3}{188.95 \times (20 + 273)} = 1.81\,\text{kg/m}^3$

10. −10℃, 6기압의 이산화탄소 10 kg이 분사노즐에서 1기압까지 가역 단열팽창하였다면 팽창 후의 온도는 몇 ℃가 되겠는가? (단, 이산화탄소의 비열비는 1.289이다.)

① −85　② −97　③ −105　④ −115

해설 $\frac{T_2}{T_1} = \left(\frac{P_2}{P_1}\right)^{\frac{k-1}{k}}$ 에서

$$T_2 = T_1\left(\frac{P_2}{P_1}\right)^{\frac{k-1}{k}} = 263\left(\frac{1}{6}\right)^{\frac{1.289-1}{1.289}} = 176\text{K} = (176 - 273)℃ = -97℃$$

정답 7. ③　8. ②　9. ②　10. ②

11. 비중이 0.85이고 동점성계수가 3×10^{-4} m^2/s인 기름이 직경 10 cm의 수평 원형관 내에 20 L/s로 흐른다. 이 원형관의 100 m 길이에서의 수두손실(m)은? (단, 정상 비압축성 유동이다.)

① 16.6 ② 25.0 ③ 49.8 ④ 82.2

해설 $h_L = f\dfrac{L}{d}\dfrac{V^2}{2g} = 0.075\times\dfrac{100}{0.1}\times\dfrac{(2.55)^2}{2\times9.8} \fallingdotseq 25\,\text{m}$

$f = \dfrac{64}{Re} = \dfrac{64}{848.33} = 0.075$

$Re = \dfrac{Vd}{\nu} = \dfrac{4Q}{\pi d\nu} = \dfrac{4\times20\times10^{-3}}{\pi\times0.1\times3\times10^{-4}} = 848.83 < 2100$이므로 층류

$Q = AV[\text{m}^3/\text{s}]$에서 $V = \dfrac{Q}{A} = \dfrac{Q}{\dfrac{\pi d^2}{4}} = \dfrac{4Q}{\pi d^2} = \dfrac{4\times20\times10^{-3}}{\pi(0.1)^2} \fallingdotseq 2.55\,\text{m/s}$

12. 그림과 같이 길이 5 m, 입구 직경(D_1) 30 cm, 출구 직경(D_2) 16 cm인 직관을 수평면과 30° 기울어지게 설치하였다. 입구에서 0.3 m^3/s로 유입되어 출구에서 대기 중으로 분출된다면 입구에서의 압력(kPa)은? (단, 대기는 표준대기압 상태이고 마찰손실은 없다.)

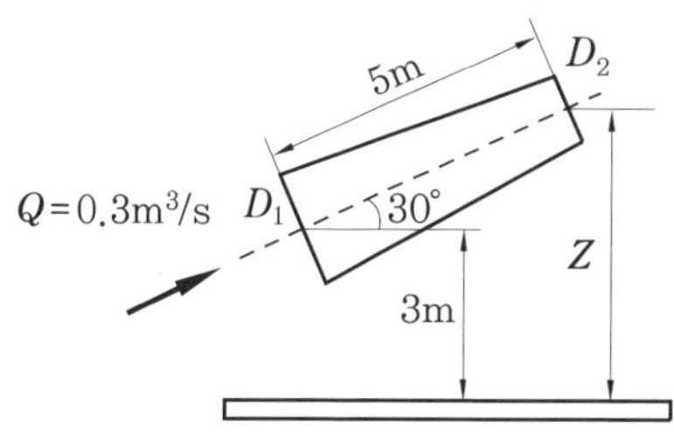

① 24.5 ② 102 ③ 127 ④ 228

해설 $\dfrac{P_1}{\gamma} + \dfrac{V_1^2}{2g} + Z_1 = \dfrac{P_2}{\gamma} + \dfrac{V_2^2}{2g} + Z_2$

$P_1 = \dfrac{\gamma}{2g}(V_2^2 - V_1^2) + \gamma(Z_2 - Z_1) + P_2$

$= \dfrac{9.8}{2\times9.8}(14.92^2 - 4.24^2) + 9.8(5.5-3) + 101.325$

$\fallingdotseq 228.325\,\text{kPa}$

여기서, $V_2 = \dfrac{Q}{A_2} = \dfrac{0.3}{\dfrac{\pi}{4}\times0.16^2} = 14.92\,\text{m/s}$, $V_1 = \dfrac{Q}{A_1} = \dfrac{0.3}{\dfrac{\pi}{4}\times0.3^2} = 4.24\,\text{m/s}$

$Z_2 = 3 + 5\sin30° = 5.5\,\text{m}$, $Z_1 = 3\,\text{m}$

정답 11. ② 12. ④

13. 회전속도 N[rpm]일 때 송출량 Q[m^3/min], 전양정 H[m]인 원심펌프를 상사한 조건에서 회전속도를 1.4N[rpm]으로 바꾸어 작동할 때 (㉠) 유량과 (㉡) 전양정은?

① ㉠ 1.4Q, ㉡ 1.4H
② ㉠ 1.4Q, ㉡ 1.96H
③ ㉠ 1.96Q, ㉡ 1.4H
④ ㉠ 1.96Q, ㉡ 1.96H

해설 펌프 상사 법칙

(1) $\dfrac{Q_2}{Q_1} = \dfrac{N_2}{N_1} = \dfrac{1.4N_1}{N_1} = 1.4 \rightarrow Q_2 = 1.4Q_1 = 1.4Q$

(2) $\dfrac{H_2}{H_1} = \left(\dfrac{N_2}{N_1}\right)^2 = \left(\dfrac{1.4N_1}{N_1}\right)^2 = 1.96 \rightarrow H_2 = 1.96H_1 = 1.96H$

14. 과열증기에 대한 설명으로 틀린 것은?

① 과열증기의 압력은 해당온도에서의 포화압력보다 높다.
② 과열증기의 온도는 해당압력에서의 포화온도보다 높다.
③ 과열증기의 비체적은 해당온도에서의 포화증기의 비체적보다 크다.
④ 과열증기의 엔탈피는 해당압력에서의 포화증기의 엔탈피보다 크다.

해설 과열증기의 압력은 해당온도에서의 포화압력과 같다.

15. 오른쪽 그림과 같이 단면 A에서 정압이 500 kPa이고 10 m/s로 난류의 물이 흐르고 있을 때 단면 B에서의 유속(m/s)은?

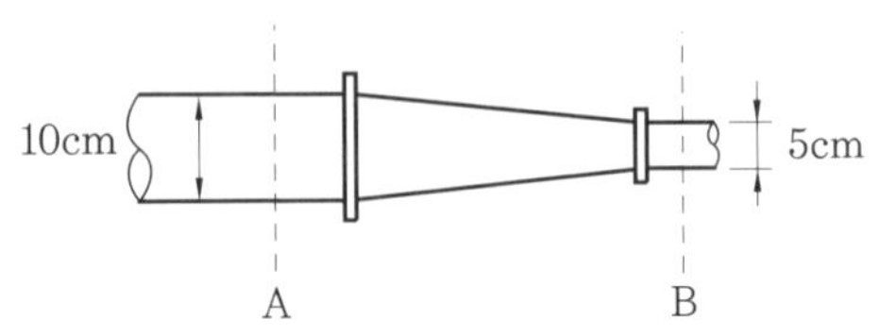

① 20
② 40
③ 60
④ 80

해설 $A_AV_A = A_BV_B$에서 $V_B = V_A\left(\dfrac{A_A}{A_B}\right) = V_A\left(\dfrac{D_A}{D_B}\right)^2 = 10\left(\dfrac{10}{5}\right)^2 = 40\,\text{m/s}$

16. 온도 차이가 ΔT, 열전도율이 k_1, 두께 x인 벽을 통한 열유속(heat flux)과 온도 차이가 2ΔT, 열전도율이 k_2, 두께 0.5x인 벽을 통한 열유속이 서로 같다면 두 재질의 열전도율비 k_1/k_2의 값은?

① 1
② 2
③ 4
④ 8

정답 13. ② 14. ① 15. ② 16. ③

해설 열유속(heat flux) $q=k\dfrac{\Delta T}{x}$[W/m²]

$$k_1\frac{\Delta T_1}{x_1}=k_2\frac{\Delta T_2}{x_2} \text{ 이므로 } \frac{k_1}{k_2}=\frac{x_1}{x_2}\cdot\frac{\Delta T_2}{\Delta T_1}=\frac{x}{0.5x}\cdot\frac{2\Delta T}{\Delta T}=4(k_1=4k_2)$$

17. 관의 길이가 l이고, 지름이 d, 관마찰계수가 f일 때, 총손실수두 H[m]를 식으로 바르게 나타낸 것은 어느 것인가? (단, 입구 손실계수가 0.5, 출구 손실계수가 1.0, 속도수두는 $\dfrac{V^2}{2g}$이다.)

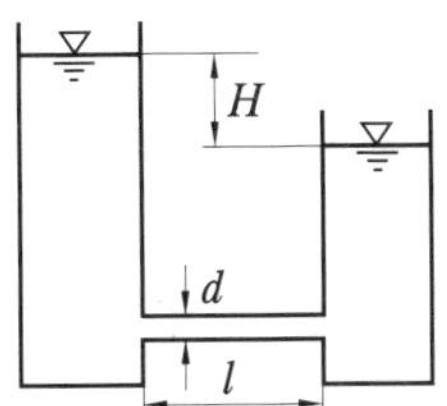

① $\left(1.5+f\dfrac{l}{d}\right)\dfrac{V^2}{2g}$ ② $\left(f\dfrac{l}{d}+1\right)\dfrac{V^2}{2g}$

③ $\left(0.5+f\dfrac{l}{d}\right)\dfrac{V^2}{2g}$ ④ $\left(f\dfrac{l}{d}\right)\dfrac{V^2}{2g}$

해설 총손실수두(H)=돌연축소관 손실수두(h_1)+직관 주손실(h_L)+돌연확대관 손실수두(h_2)

$$=0.5\times\frac{V^2}{2g}+f\frac{l}{d}\times\frac{V^2}{2g}+1\times\frac{V^2}{2g}=\left(1.5+f\frac{l}{d}\right)\times\frac{V^2}{2g}\text{[m]}$$

18. 다음 그림에서 A, B점의 압력차(kPa)는? (단, A는 비중 1의 물, B는 비중 0.899의 벤젠이다.)

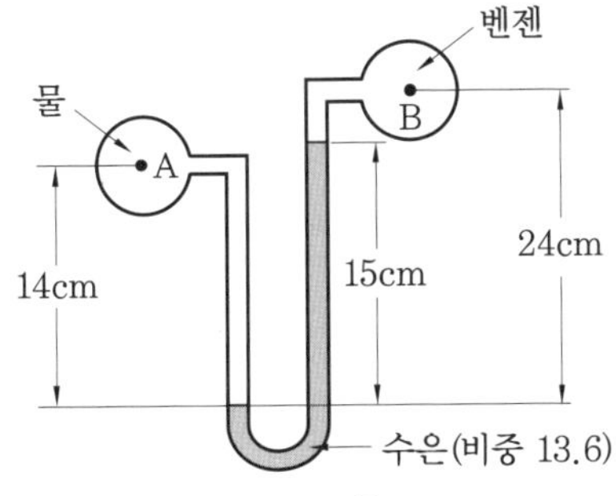

① 278.7 ② 191.4 ③ 23.07 ④ 19.4

정답 17. ① 18. ④

해설 $P_A + 9.8 \times 0.14 = P_B + (9.8 \times 0.899) \times 0.09 + (9.8 \times 13.6) \times 0.15$

$\therefore\ P_A - P_B = (9.8 \times 0.899) \times 0.09 + (9.8 \times 13.6) \times 0.15 - 9.8 \times 0.14 = 19.41\,\text{kPa}$

19. 비중이 0.8인 액체가 한 변이 10 cm인 정육면체 모양 그릇의 반을 채울 때 액체의 질량(kg)은?

① 0.4 ② 0.8 ③ 400 ④ 800

해설 $\rho = \dfrac{m}{V}[\text{kg/m}^3]$에서

$m = \rho V = (1000 \times 0.8) \times (0.1 \times 0.1 \times 0.05) = 0.4\,\text{kg}$

20. 그림과 같이 수족관에 직경 3 m의 투시경이 설치되어 있다. 이 투시경에 작용하는 힘(kN)은?

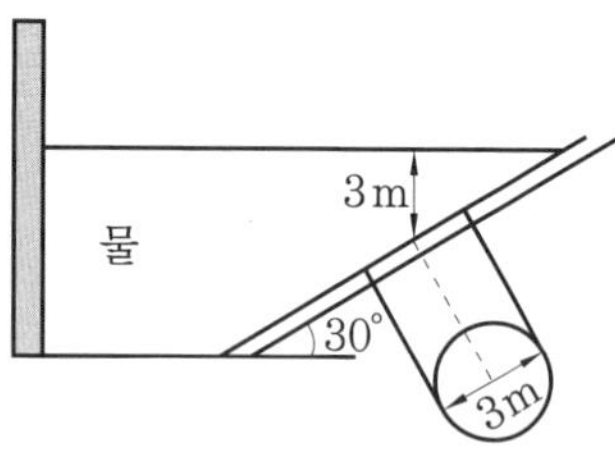

① 207.8 ② 123.9 ③ 87.1 ④ 52.4

해설 $F = \gamma \bar{h} A = 9.8 \times 3 \times \dfrac{\pi}{4} \times 3^2 \fallingdotseq 207.8\,\text{kN}$

정답 19. ① 20. ①

소방설비기계기사 2020년 8월 22일 (제3회)

01. 체적 0.1 m^3의 밀폐 용기 안에 기체상수가 0.4615 kJ/kg · K인 기체 1 kg이 압력 2 MPa, 온도 250℃ 상태로 들어 있다. 이때 이 기체의 압축계수(또는 압축성인자)는?

① 0.578 ② 0.828 ③ 1.21 ④ 1.73

해설 $Pv = ZRT$에서 압축성인자$(Z) = \frac{Pv}{RT} = \frac{2 \times 10^3 \times 0.1}{0.4615 \times (250 + 273)} = 0.828$

$v = \frac{V}{m} = \frac{0.1}{1} = 0.1\,\text{m}^3/\text{kg}$

02. 물의 체적탄성계수가 2.5 GPa일 때 물의 체적을 1% 감소시키기 위해선 얼마의 압력(MPa)을 가하여야 하는가?

① 20 ② 25 ③ 30 ④ 35

해설 $E = -\frac{dP}{\frac{dV}{V}}$ [MPa]에서 $dP = E\left(-\frac{dV}{V}\right) = 2.5 \times 10^3 \times \frac{1}{100} = 25\,\text{MPa}$

03. 안지름 40 mm의 배관 속을 정상류의 물이 매분 150 L로 흐를 때의 평균유속(m/s)은 얼마인가?

① 0.99 ② 1.99 ③ 2.45 ④ 3.01

해설 $Q = AV$[m^3/s]에서 $V = \frac{Q}{A} = \frac{Q}{\frac{\pi d^2}{4}} = \frac{4Q}{\pi d^2} = \frac{4 \times \frac{150 \times 10^{-3}}{60}}{\pi \times 0.04^2} = 1.99\,\text{m/s}$

04. 원심 펌프를 이용하여 0.2 m^3/s로 저수지의 물을 2 m 위의 물 탱크로 퍼 올리고자 한다. 펌프의 효율이 80 %라고 하면 펌프에 공급해야 하는 동력(kW)은?

① 1.96 ② 3.14 ③ 3.92 ④ 4.90

해설 펌프 축동력(kW) $= \frac{\gamma_w QH}{\eta_p} = \frac{9.8QH}{\eta_p} = \frac{9.8 \times 0.2 \times 2}{0.8} = 4.90\,\text{kW}$

여기서, 물의 비중량$(\gamma_w) = 9800\,\text{N/m}^3 = 9.8\,\text{kN/m}^3$

정답 1. ② 2. ② 3. ② 4. ④

05. 원관에서 길이가 2배, 속도가 2배가 되면 손실수두는 원래의 몇 배가 되는가?(단, 두 경우 모두 완전발달 난류유동에 해당되며, 관 마찰계수는 일정하다.)

① 동일하다. ② 2배 ③ 4배 ④ 8배

해설 $h_L = f\dfrac{L}{d}\dfrac{V^2}{2g}$[m]이므로 $\therefore\ \dfrac{h_{L2}}{h_{L1}} = \left(\dfrac{L_2}{L_1}\right)\left(\dfrac{V_2}{V_1}\right)^2 = 2\times 2^2 = 8$

06. 펌프가 운전 중에 한숨을 쉬는 것과 같은 상태가 되어 펌프 입구의 진공계 및 출구의 압력계 지침이 흔들리고 송출유량도 주기적으로 변화하는 이상 현상을 무엇이라고 하는가?

① 공동 현상(cavitation) ② 수격 작용(water hammering)
③ 맥동 현상(surging) ④ 언밸런스(unbalance)

해설 맥동 현상(surging)이란 펌프가 운전 중에 한숨을 쉬는 것과 같은 상태가 되어 펌프 입구의 진공계(연성계) 및 출구의 압력계 지침이 흔들리고 송출유량(토출유량)도 주기적으로 변화하며 소음과 진동을 일으키는 이상 현상을 말한다.

07. 터보팬을 6000 rpm으로 회전시킬 경우, 풍량은 0.5 m^3/min, 축동력은 0.049 kW이었다. 만약 터보팬의 회전수를 8000 rpm으로 바꾸어 회전시킬 경우 축동력(kW)은 얼마인가?

① 0.0207 ② 0.207 ③ 0.116 ④ 1.161

해설 압축기의 상사 법칙에서 축동력은 회전수의 세제곱에 비례한다. → $\dfrac{L_{s2}}{L_{s1}} = \left(\dfrac{N_2}{N_1}\right)^3$

$$\therefore\ L_{s2} = L_{s1}\left(\frac{N_2}{N_1}\right)^3 = 0.049\left(\frac{8000}{6000}\right)^3 = 0.116\,\text{kW}$$

08. 어떤 기체를 20℃에서 등온압축하여 절대압력이 0.2 MPa에서 1 MPa로 변할 때 체적은 초기 체적과 비교하여 어떻게 변화하는가?

① 5배로 증가한다. ② 10배로 증가한다.
③ $\dfrac{1}{5}$로 감소한다. ④ $\dfrac{1}{10}$로 감소한다.

정답 5. ④ 6. ③ 7. ③ 8. ③

해설 등온변화이므로 Boyle's law($PV=C$)를 적용한다.

$P_1V_1=P_2V_2$에서 $\frac{V_2}{V_1}=\frac{P_1}{P_2}=\frac{0.2}{1}=\frac{2}{10}=\frac{1}{5}$

$\therefore V_2=\frac{1}{5}V_1$(나중 체적은 초기 체적의 $\frac{1}{5}$로 감소한다.)

09. 원관 속의 흐름에서 관의 직경, 유체의 속도, 유체의 밀도, 유체의 점성계수가 각각 D, V, ρ, μ로 표시될 때 층류 흐름의 마찰계수(f)는 어떻게 표현될 수 있는가?

① $f=\frac{64\mu}{DV\rho}$　② $f=\frac{64\rho}{DV\mu}$

③ $f=\frac{64D}{V\rho\mu}$　④ $f=\frac{64}{DV\rho\mu}$

해설 원관(pipe) 유동에서 층류($Re<2100$)인 경우 관마찰계수(f)는 레이놀즈수(Re)만의 함수이므로 $f=\frac{64}{Re}=\frac{64\mu}{DV\rho}$

10. 그림과 같이 매우 큰 탱크에 연결된 길이 100 m, 안지름 20 cm인 원관에 부차적 손실계수가 5인 밸브 A가 부착되어 있다. 관 입구에서의 부차적 손실계수가 0.5, 관마찰계수는 0.02이고, 평균속도가 2 m/s일 때 물의 높이 H[m]는?

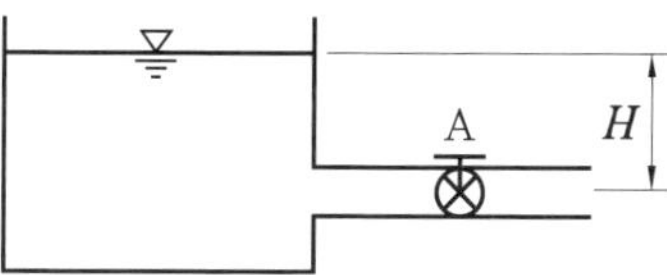

① 1.48　② 2.14　③ 2.81　④ 3.36

해설 $H=(k_1+f\frac{L}{d}+k_2)\frac{V^2}{2g}=(0.5+0.02\times\frac{100}{0.2}+5)\times\frac{2^2}{2\times9.8}=3.16\text{m}$

11. 마그네슘은 절대온도 293 K에서 열전도도가 156 W/m · K, 밀도는 1740 kg/m^{3}이고, 비열이 1017J/kg · K일 때 열확산계수(m^2/s)는?

① 8.96×10^{-2}　② 1.53×10^{-1}　③ 8.81×10^{-5}　④ 8.81×10^{-4}

정답 9. ①　10. ④　11. ③

해설 열확산계수$(\alpha)=\frac{\lambda}{\rho C_p}=\frac{156}{1740\times1017}=8.81\times10^{-5}\mathrm{m^2/s}$

12. 그림과 같이 반지름 1 m, 폭(y 방향) 2 m인 곡면 AB에 작용하는 물에 의한 힘의 수직성분(z 방향) F_z와 수평성분(x 방향) F_x와의 비(F_z/F_x)는 얼마인가?

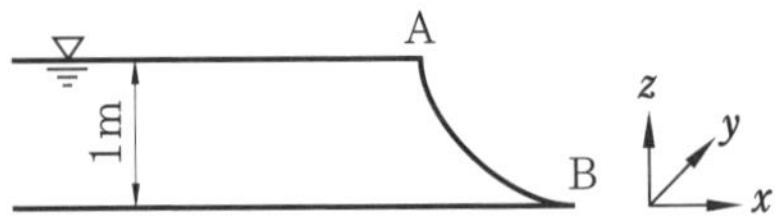

① $\frac{\pi}{2}$ ② $\frac{2}{\pi}$ ③ 2π ④ $\frac{1}{2\pi}$

해설 $F_z=\gamma V=\gamma\times\frac{\pi\times1^2}{4}\times2=\frac{\pi}{2}\gamma[\mathrm{N}]$, $F_x=\gamma\bar{h}A=\gamma\times\frac{1}{2}\times(1\times2)=\gamma[\mathrm{N}]$

$\therefore\ \frac{F_z}{F_x}=\frac{\pi}{2}$

13. 대기압하에서 10℃의 물 2 kg이 전부 증발하여 100℃의 수증기로 되는 동안 흡수되는 열량(kJ)은 얼마인가?(단, 물의 비열은 4.2 kJ/kg · K, 기화열은 2250 kJ/kg이다.)

① 756 ② 2638 ③ 5256 ④ 5360

해설 $Q=mC(t_2-t_1)+m\gamma_0=m[C(t_2-t_1)+\gamma_0]$

$=2[4.2(100-10)+2250]=2\times2628=5256\mathrm{kJ}$

14. 경사진 관로의 유체 흐름에서 수력기울기선의 위치로 옳은 것은?

① 언제나 에너지선보다 위에 있다.
② 에너지선보다 속도수두만큼 아래에 있다.
③ 항상 수평이 된다.
④ 개수로의 수면보다 속도수두만큼 위에 있다.

해설 수력구배선(H.G.L)은 에너지선(E.L)보다 속도수두$\left(\frac{V^2}{2g}\right)$만큼 아래에 있다.

$\mathrm{H.G.L}=\mathrm{E.L}-\frac{V^2}{2g}$

정답 12. ① 13. ③ 14. ②

15. 오른쪽 그림과 같이 폭(b)이 1 m이고 깊이(h_0) 1 m로 물이 들어 있는 수조가 트럭 위에 실려 있다. 이 트럭이 7 m/s^{2}의 가속도로 달릴 때 물의 최대 높이(h_2)와 최소 높이(h_1)는 각각 몇 m인가?

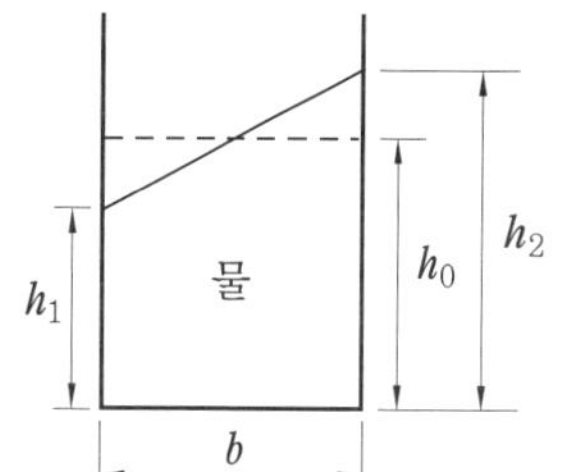

① h_1 =0.643 m, h_2 =1.413 m

② h_1 =0.643 m, h_2 =1.357 m

③ h_1 =0.676 m, h_2 =1.413 m

④ h_1 =0.676 m, h_2 =1.357 m

해설 $\tan\theta = \frac{a_x}{g} = \frac{h_2 - h_0}{\frac{b}{2}}$ 에서 $h_2 - h_0 = \frac{a_x \times \frac{b}{2}}{g} = \frac{7 \times \frac{1}{2}}{9.8} = 0.357\text{m}$

$\therefore\ h_2 = h_0 + 0.357 = 1.357\text{m}$

$\therefore\ h_1 = h_0 - 0.357 = 1 - 0.357 = 0.643\text{m}$

16. 유체의 거동을 해석하는 데 있어서 비점성 유체에 대한 설명으로 옳은 것은?

① 실제 유체를 말한다.

② 전단응력이 존재하는 유체를 말한다.

③ 유체 유동 시 마찰저항이 속도 기울기에 비례하는 유체이다.

④ 유체 유동 시 마찰저항을 무시한 유체를 말한다.

해설 유체의 운동에서 점성(마찰저항)을 무시할 수 있는 유체를 완전 유체(perfect fluid) 또는 이상 유체(ideal fluid)라 하고, 점성을 무시할 수 없는 유체를 실제 유체(real fluid)라 한다.

17. 출구 단면적이 0.0004 m^{2}인 소방 호스로부터 25 m/s의 속도로 수평으로 분출되는 물제트가 수직으로 세워진 평판과 충돌한다. 평판을 고정시키기 위한 힘(F)은 몇 N인가?

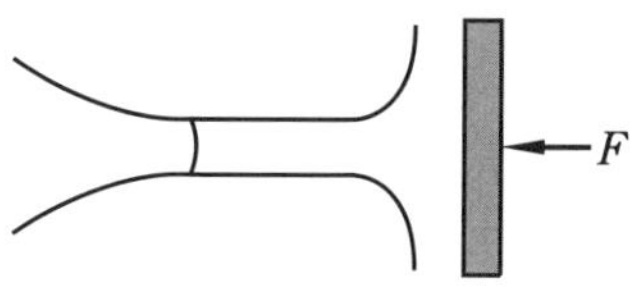

① 150 ② 200 ③ 250 ④ 300

해설 $F = \rho QV = \rho AV^2 = 1000 \times 0.0004 \times 25^2 = 250\text{N}$

정답 15. ② 16. ④ 17. ③

18. 두 개의 가벼운 공을 그림과 같이 실로 매달아 놓았다. 두 개의 공 사이로 공기를 불어 넣으면 공은 어떻게 되겠는가?

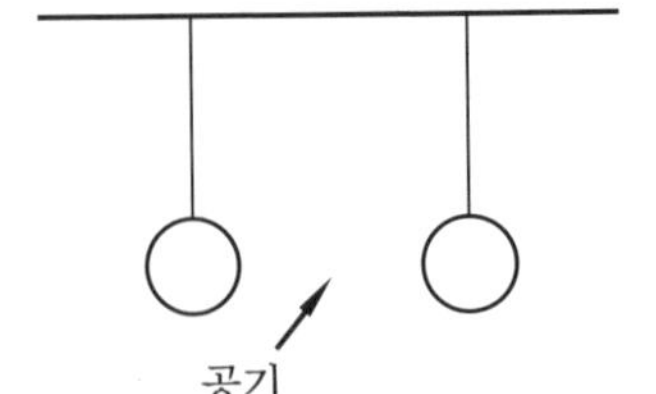

① 파스칼의 법칙에 따라 벌어진다.
② 파스칼의 법칙에 따라 가까워진다.
③ 베르누이의 법칙에 따라 벌어진다.
④ 베르누이의 법칙에 따라 가까워진다.

해설 베르누이의 법칙에 따라 압력수두, 속도수두, 위치수두의 합은 일정하므로 노즐에 의하여 두 공 사이에 속도가 증가하면 반면에 압력은 감소한다. 그러므로 공 바깥쪽의 압력보다 낮아지므로 공은 달라붙는다.

19. 다음 중 뉴턴(Newton)의 점성 법칙을 이용하여 만든 회전 원통식 점도계는?

① 세이볼트(Saybolt) 점도계 ② 오스트발트(Ostwald) 점도계
③ 레드우드(Redwood) 점도계 ④ 맥미첼(MacMichael) 점도계

해설 (1) 뉴턴(Newton)의 점성 법칙을 이용한 점도계
- 스토머 점도계
- 맥미첼(MacMichael) 점도계

(2) 하겐-푸아죄유(Hagen-Poiseuille)의 원리를 이용한 점도계
- 세이볼트(Saybolt) 점도계
- 오스트발트(Ostwald) 점도계

(3) 스토크스 법칙의 원리를 이용한 점도계 : 낙구식 점도계

20. 오른쪽 그림과 같이 수은 마노미터를 이용하여 물의 유속을 측정하고자 한다. 마노미터에서 측정한 높이차(h)가 30 mm일 때 오리피스 전후의 압력(kPa) 차이는? (단, 수은의 비중은 13.6이다.)

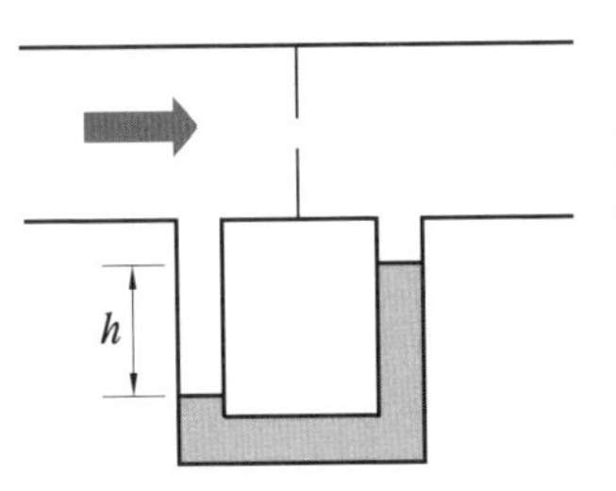

① 3.4 ② 3.7
③ 3.9 ④ 4.4

해설 $\Delta P = (\gamma_{Hg} - \gamma_w)h = \gamma_w h\left(\frac{\gamma_{Hg}}{\gamma_w} - 1\right) = \gamma_w h\left(\frac{S_{Hg}}{S_w} - 1\right)$

$= 9.8 \times 0.03\left(\frac{13.6}{1} - 1\right) = 3.7\text{kPa}$

정답 18. ④ 19. ④ 20. ②

소방설비기계기사 2020년 9월 27일(제4회)

01. 오른쪽 그림과 같이 수조의 밑부분에 구멍을 뚫고 물을 유량 Q로 방출시키고 있다. 손실을 무시할 때 수위가 처음 높이의 1/2로 되었을 때 방출되는 유량은 어떻게 되는가?

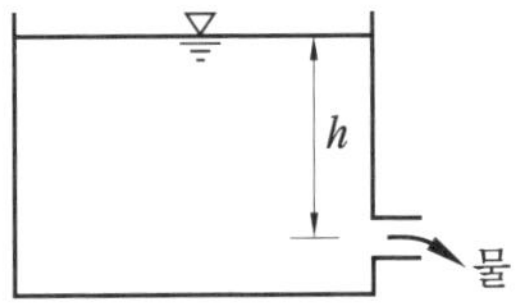

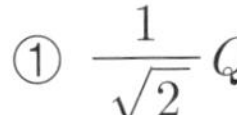

① $\frac{1}{\sqrt{2}}Q$　　② $\frac{1}{2}Q$

③ $\frac{1}{\sqrt{3}}Q$　　④ $\frac{1}{3}Q$

해설 $Q_1 = AV_1 = A\sqrt{2gh}\,[\mathrm{m^3/s}]$, $Q_2 = AV_2 = A\sqrt{2g \cdot \frac{h}{2}}\,[\mathrm{m^3/s}]$

$\therefore \frac{Q_2}{Q_1} = \frac{A\sqrt{gh}}{A\sqrt{2gh}} = \frac{1}{\sqrt{2}}$ 이므로 $Q_2 = \frac{1}{\sqrt{2}}Q_1 = \frac{1}{\sqrt{2}}Q$

02. 다음 중 등엔트로피 과정은 어느 과정인가?

① 가역 단열과정　　② 가역 등온과정

③ 비가역 단열과정　　④ 비가역 등온과정

해설 등엔트로피 과정은 $S_1 = S_2 (S = \mathrm{constant})$이므로

$\Delta S = S_2 - S_1 = \frac{\delta Q}{T}[\mathrm{kJ/K}] = 0$

$\therefore\ \delta Q = 0$이므로 가역 단열과정이다.

03. 비중이 0.95인 액체가 흐르는 곳에 그림과 같이 피토 튜브를 직각으로 설치하였을 때 h가 150 mm, H가 30 mm로 나타났다면 점 1위치에서의 유속(m/s)은?

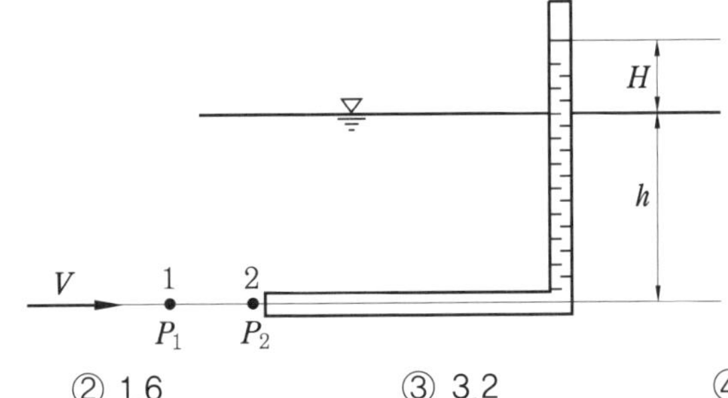

① 0.8　　② 1.6　　③ 3.2　　④ 4.2

정답 1. ①　2. ①　3. ①

해설 $\dfrac{P_1}{\gamma}+\dfrac{V_1^2}{2g}=\dfrac{P_2}{\gamma}+\dfrac{V_2^2}{2g}$

여기서, $\dfrac{P_1}{\gamma}=h$, $\dfrac{P_2}{\gamma}=H+h$, $V_2=0$

$h+\dfrac{V_1^2}{2g}=H+h+0$

$\therefore\ V_1=\sqrt{2gH}=\sqrt{2\times9.8\times0.03}=0.767\fallingdotseq0.8\,\mathrm{m/s}$

04. 어떤 밀폐계가 압력 200 kPa, 체적 0.1 m^3인 상태에서 100 kPa, 0.3 m^3인 상태까지 가역적으로 팽창하였다. 이 과정이 $P-V$ 선도에서 직선으로 표시된다면 이 과정 동안에 계가 한 일(kJ)은?

① 20 ② 30
③ 45 ④ 60

해설 ${}_1W_2=\dfrac{(P_1-P_2)\times(V_2-V_1)}{2}+P_2(V_2-V_1)$

$=\dfrac{(200-100)\times(0.3-0.1)}{2}+100(0.3-0.1)=10+20=30\,\mathrm{kJ}$

05. 유체에 관한 설명으로 틀린 것은?

① 실제 유체는 유동할 때 마찰로 인한 손실이 생긴다.
② 이상 유체는 높은 압력에서 밀도가 변화하는 유체이다.
③ 유체에 압력을 가하면 체적이 줄어드는 유체는 압축성 유체이다.
④ 전단력을 받았을 때 저항하지 못하고 연속적으로 변형하는 물질을 유체라 한다.

해설 이상 유체(ideal fluid)란 점성이 없고 비압축성인 유체로 밀도 변화가 없다.

06. 대기압에서 10℃의 물 10 kg을 70℃까지 가열할 경우 엔트로피 증가량(kJ/K)은? (단, 물의 정압비열은 4.18 kJ/kg · K이다.)

① 0.43 ② 8.03
③ 81.3 ④ 2508.1

해설 $\Delta S=\dfrac{\delta Q}{T}=\dfrac{mC_p dT}{T}=mC_p\ln\dfrac{T_2}{T_1}$

$=10\times4.18\times\ln\dfrac{343}{283}\fallingdotseq8.04\,\mathrm{kJ/K}$

정답 4. ② 5. ② 6. ②

07. 물속에 수직으로 완전히 잠긴 원판의 도심과 압력중심 사이의 최대 거리는 얼마인가?(단, 원판의 반지름은 R이며, 이 원판의 면적관성모멘트는 $I_{xc}=\dfrac{\pi R^4}{4}$ 이다.)

① $\dfrac{R}{8}$ ② $\dfrac{R}{4}$ ③ $\dfrac{R}{2}$ ④ $\dfrac{2R}{3}$

해설 $y_p=\bar{y}+\dfrac{I_{xc}}{A\bar{y}}$ 에서 $y_p-\bar{y}=\dfrac{I_{xc}}{A\bar{y}}=\dfrac{\dfrac{\pi R^4}{4}}{\pi R^3}=\dfrac{R}{4}[\text{m}]$

※ $A\bar{y}=(\pi R^2)R=\pi R^3$

08. 점성계수가 0.101 N · s/m², 비중이 0.85인 기름이 내경 300 mm, 길이 3 km의 주철관 내부를 0.0444 m³/s의 유량으로 흐를 때 손실수두(m)는?

① 7.1 ② 7.7
③ 8.1 ④ 8.9

해설 $V=\dfrac{Q}{A}=\dfrac{0.0444}{\dfrac{\pi}{4}\times(0.3)^2}\fallingdotseq 0.63\text{m/s}$

$Re=\dfrac{\rho VD}{\mu}=\dfrac{850\times0.63\times0.3}{0.101}=1591<2100$

$\therefore\ h_L=f\dfrac{L}{d}\dfrac{V^2}{2g}=\left(\dfrac{64}{Re}\right)\dfrac{L}{d}\dfrac{V^2}{2g}=\left(\dfrac{64}{1591}\right)\times\dfrac{3000}{0.3}\times\dfrac{(0.63)^2}{2\times9.8}=8.15\text{m}$

09. 오른쪽 그림과 같은 곡관에 물이 흐르고 있을 때 계기압력으로 P_1이 98 kPa이고, P_2가 29.42 kPa이면 이 곡관을 고정시키는 데 필요한 힘은 몇 N인가?(단, 높이차 및 모든 손실은 무시한다.)

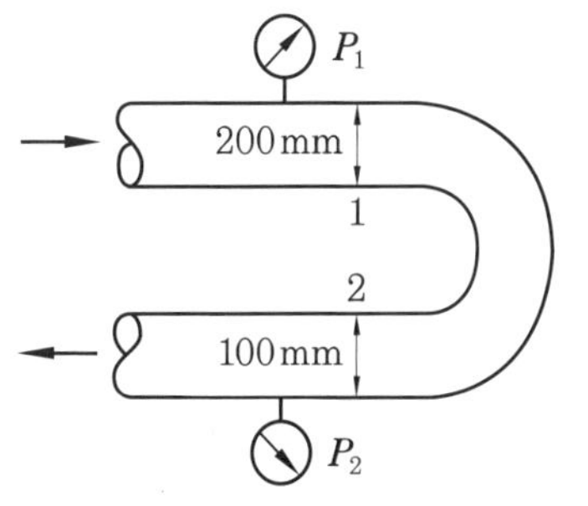

① 4141 ② 4314

③ 4565 ④ 4744

해설 $\dfrac{P_1}{\gamma}+\dfrac{V_1^2}{2g}+Z_1=\dfrac{P_2}{\gamma}+\dfrac{V_2^2}{2g}+Z_2(Z_1=Z_2)$에서

$\dfrac{P_1-P_2}{\gamma}=\dfrac{V_2^2-V_1^2}{2g}$

정답 7. ② 8. ③ 9. ④

$A_1 V_1 = A_2 V_2$에서 $\frac{A_2}{A_1} = \frac{V_1}{V_2} = \left(\frac{d_2}{d_1}\right)^2$

$V_2 = V_1\left(\frac{d_1}{d_2}\right)^2 = V_1\left(\frac{200}{100}\right)^2 = 4V_1[\text{m/s}]$

$\frac{98-29.42}{9.8} = \frac{16V_1^2 - V_1^2}{2\times 9.8} = \frac{15V_1^2}{19.6}$

$\therefore\ V_1 = \sqrt{\frac{19.6(98-29.42)}{15\times 9.8}} = 3.02\text{m/s},\quad V_2 = 4V_1 = 4\times 3.02 = 12.08\text{m/s}$

※ $Q = A_1 V_1 = A_2 V_2 = \frac{\pi}{4}\times(0.2)^2\times 3.02 ≒ 0.095\text{m}^3/\text{s}$

$\Sigma F = \rho Q(V_2 - V_1)$에서 $P_1A_1 - F + P_2A_2 = \rho Q(V_2 - V_1)$

$F = P_1A_1 + P_2A_2 - \rho Q(V_2 - V_1) = P_1A_1 + P_2A_2 + \rho Q(V_1 - V_2)$

$= 98000\times\frac{\pi}{4}\times(0.2)^2 + 29420\times\frac{\pi}{4}\times(0.1)^2 + 1000\times 0.095\times\{3.02-(-12.08)\} ≒ 4744\text{N}$

※ 속도의 방향 : $V_1 = 3.02\text{m/s}$ → ⊕, $V_2 = 12.08\text{m/s}$ ← ⊖

10. 물의 체적을 5% 감소시키려면 얼마의 압력(kPa)을 가하여야 하는가? (단, 물의 압축률은 $5\times 10^{-10}\ \text{m}^2/\text{N}$이다.)

① 1　② 10^2
③ 10^4　④ 10^5

해설 $\beta = \frac{1}{K} = \frac{-\frac{dV}{V}}{dP}$에서 $dP = \frac{-\frac{dV}{V}}{\beta} = \frac{0.05}{5\times 10^{-10}} = 10^8\text{Pa} = 10^5\text{kPa}$

※ $K = \frac{1}{\beta} = \frac{1}{5\times 10^{-10}} = 2\times 10^9\text{Pa} = 2\times 10^6\text{kPa}$

11. 옥내 소화전에서 노즐의 직경이 2 cm이고, 방수량이 0.5 m^3/min이라면 방수압(계기압력, kPa)은?

① 35.18　② 351.8
③ 566.4　④ 56.64

해설 방수량$(Q) = 0.653D^2\sqrt{P}$[L/min]

여기서, D : 노즐의 직경(mm), P : 방수압(kgf/cm^2)

$\therefore\ P = \left(\frac{500}{0.653\times 20^2}\right)^2 = 3.66\text{kgf/cm}^2 = 3.66\times 98\text{kPa} ≒ 358.7\text{kPa}$

정답 10. ④　11. ②

12. 공기 중에서 무게가 941 N인 돌이 물속에서 500 N이라면 이 돌의 체적(m^3)은? (단, 공기의 부력은 무시한다.)

① 0.012　　② 0.028
③ 0.034　　④ 0.045

해설 $G_a = W + F_B$에서 $F_B = G_a - W$

$$V = \frac{F_B}{\gamma_w} = \frac{G_a - W}{\gamma_w} = \frac{941 - 500}{9800} = 0.045\,\text{m}^3$$

13. 오른쪽 그림과 같이 비중이 0.8인 기름이 흐르고 있는 관에 U자관이 설치되어 있다. A점에서의 계기압력이 200 kPa일 때 높이 h[m]는 얼마인가? (단, U자관 내의 유체의 비중은 13.6이다.)

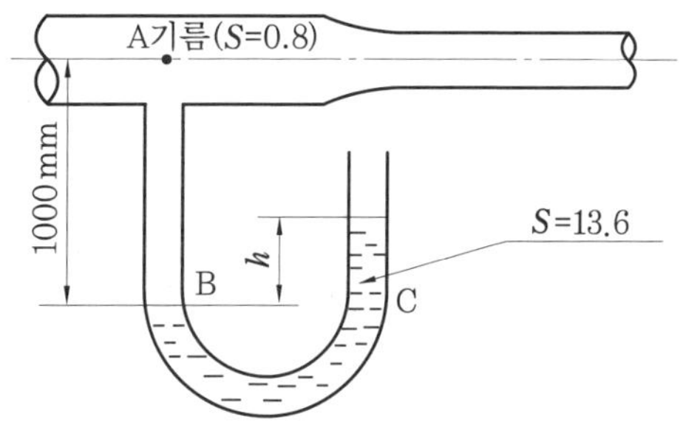

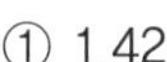
① 1.42
② 1.56
③ 2.43
④ 3.20

해설 $P_A + (9.8 \times 0.8) \times 1 = 13.6 \times 9.8h$

$200 + 7.84 = 13.6 \times 9.8h$

$$\therefore\ h = \frac{207.84}{13.6 \times 9.8} = 1.56\,\text{m}$$

14. 열전달 면적이 A이고, 온도 차이가 10℃, 벽의 열전도율이 10 W/m · K, 두께 25 cm인 벽을 통한 열류량은 100 W이다. 동일한 열전달 면적에서 온도 차이가 2배, 벽의 열전도율이 4배가 되고 벽의 두께가 2배가 되는 경우 열류량(W)은 얼마인가?

① 50　　② 200
③ 400　　④ 800

해설 $Q = \lambda A \dfrac{\Delta t}{L}$[W]

$$\frac{Q_2}{Q_1} = \left(\frac{\lambda_2}{\lambda_1}\right)\left(\frac{\Delta t_2}{\Delta t_1}\right)\left(\frac{L_1}{L_2}\right) = \left(\frac{40}{10}\right)\left(\frac{20}{10}\right)\left(\frac{25}{50}\right) = 4$$

$\therefore\ Q_2 = 4Q_1 = 4 \times 100 = 400\,\text{W}$

정답 12. ④　13. ②　14. ③

15. 지름 40 cm인 소방용 배관에 물이 80 kg/s로 흐르고 있다면 물의 유속(m/s)은?

① 6.4 ② 0.64 ③ 12.7 ④ 1.27

해설 $\dot{m} = \rho A V$에서 $V = \dfrac{\dot{m}}{\rho A} = \dfrac{80}{1000 \times \dfrac{\pi}{4}(0.4)^2} = 0.64\,\text{m/s}$

16. 지름이 400 mm인 베어링이 400 rpm으로 회전하고 있을 때 마찰에 의한 손실동력은 약 몇 kW인가? (단, 베어링과 축 사이에는 점성계수가 0.049 N · s/m^{2}인 기름이 차 있다.)

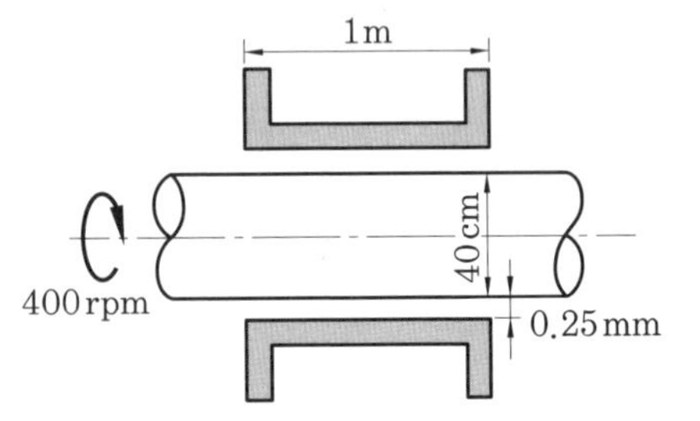

① 15.1 ② 15.6
③ 16.3 ④ 17.3

해설 회전속도$(V) = \dfrac{\pi DN}{60} = \dfrac{\pi \times 0.4 \times 400}{60} \fallingdotseq 8.38\,\text{m/s}$

전단력$(F) = \mu A \dfrac{V}{h} = \mu(\pi DL)\dfrac{V}{h} = 0.049(\pi \times 0.4 \times 1) \times \dfrac{8.38}{0.25 \times 10^{-3}} = 2064\,\text{N}$

손실동력$(\text{kW}) = \dfrac{FV}{1000} = \dfrac{2064 \times 8.38}{1000} \fallingdotseq 17.3\,\text{kW}$

17. 12층 건물의 지하 1층에 제연 설비용 배연기를 설치하였다. 이 배연기의 풍량은 500 m^3/min이고, 풍압이 290 Pa일 때 배연기의 동력(kW)은? (단, 배연기의 효율은 60 %이다.)

① 3.55 ② 4.03 ③ 5.55 ④ 6.11

해설 $H_{kW} = \dfrac{PQ}{\eta_s} = \dfrac{0.29 \times \left(\dfrac{500}{60}\right)}{0.6} \fallingdotseq 4.03\,\text{kW}$

18. 원관 내에 유체가 흐를 때 유동의 특성을 결정하는 가장 중요한 요소는?

① 관성력과 점성력 ② 압력과 관성력
③ 중력과 압력 ④ 압력과 점성력

정답 15. ② 16. ④ 17. ② 18. ①

해설 레이놀즈수(Re)는 실제(점성) 유체에서 유동의 특성을 결정하는 가장 중요한 무차원수로 관성력과 점성력의 비로 정의된다. $Re = \frac{\rho Vd}{\mu} = \frac{Vd}{\nu} = \frac{4Q}{\pi d\nu}$

19. 보기 중 배관의 출구측 형상에 따라 손실계수가 가장 큰 것은?

〈보기〉

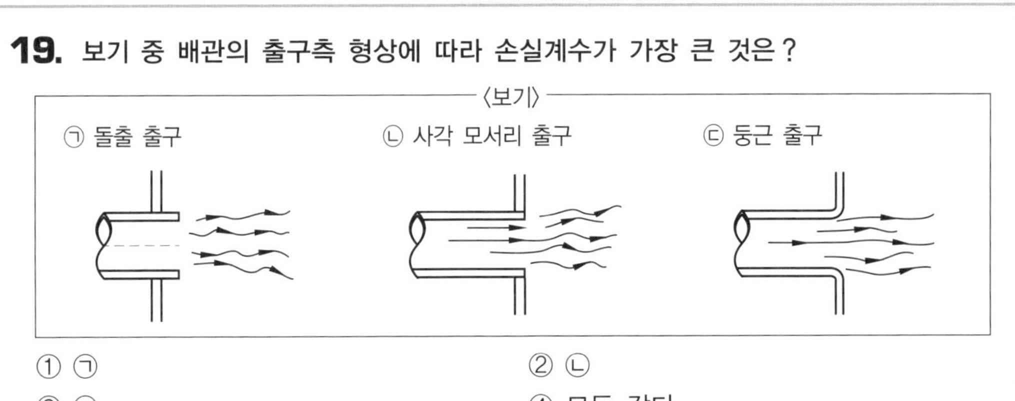

① ㉠ ② ㉡
③ ㉢ ④ 모두 같다.

해설 관로(배관)가 큰 탱크에 연결되어 있는 경우 부차적 손실은 입구측 형상에 따라 다르며, 출구측 형상과는 관계없이 속도수두에 비례한다$\left(H_L \propto \frac{V^2}{2g}\right)$. 특별한 경우를 제외하고 출구측의 부차적 손실계수(K)=1이다. 따라서 모두 같다. $H_L = K\frac{V^2}{2g}$ [m]

20. 토출량이 1800 L/min, 회전차의 회전수가 1000 rpm인 소화펌프의 회전수를 1400 rpm으로 증가시키면 토출량은 처음보다 얼마나 더 증가되는가?

① 10 % ② 20 %
③ 30 % ④ 40 %

해설 $\frac{Q_2}{Q_1} = \frac{N_2}{N_1} = \frac{1400}{1000} = 1.4$

∴ 토출량은 처음보다 40 % 증가한다.

정답 19. ④ 20. ④

소방유체역학 문제풀이

2021년 1월 10일 인쇄
2021년 1월 15일 발행

저 자 : 허원회
펴낸이 : 이정일

펴낸곳 : 도서출판 **일진사**
www.iljinsa.com
(우) 04317 서울시 용산구 효창원로 64길 6
전화 : 704-1616 / 팩스 : 715-3536
등록 : 제1979-000009호 (1979.4.2)

값 15,000원

ISBN : 978-89-429-1650-4